写作生活化　生活写作化

——作文就该这样写

王焕银　著

黄河水利出版社
·郑州·

图书在版编目(CIP)数据

写作生活化　生活写作化：作文就该这样写/王焕银著.
郑州：黄河水利出版社，2010.12
ISBN 978-7-80734-934-1

Ⅰ.①写…　Ⅱ.①王…　Ⅲ.①作文课-中小学-教学
参考资料　Ⅳ.①G634.343

中国版本图书馆 CIP 数据核字（2010）第 225362 号

出 版 社:黄河水利出版社
地址:河南省郑州市顺河路黄委会综合楼 14 层　邮政编码:450003
发行单位:黄河水利出版社
发行部电话:0371-66026940、66020550、66028024、66022620(传真)
E-mail:hhslcbs@126.com
承印单位:黄河水利委员会印刷厂
开本:890 mm×1 240 mm　1/32
印张:9.875
字数:284 千字　印数:1—2 000
版次:2010 年12 月第 1 版　印次:2010 年 12 月第 1 次印刷

定价: 20.00 元

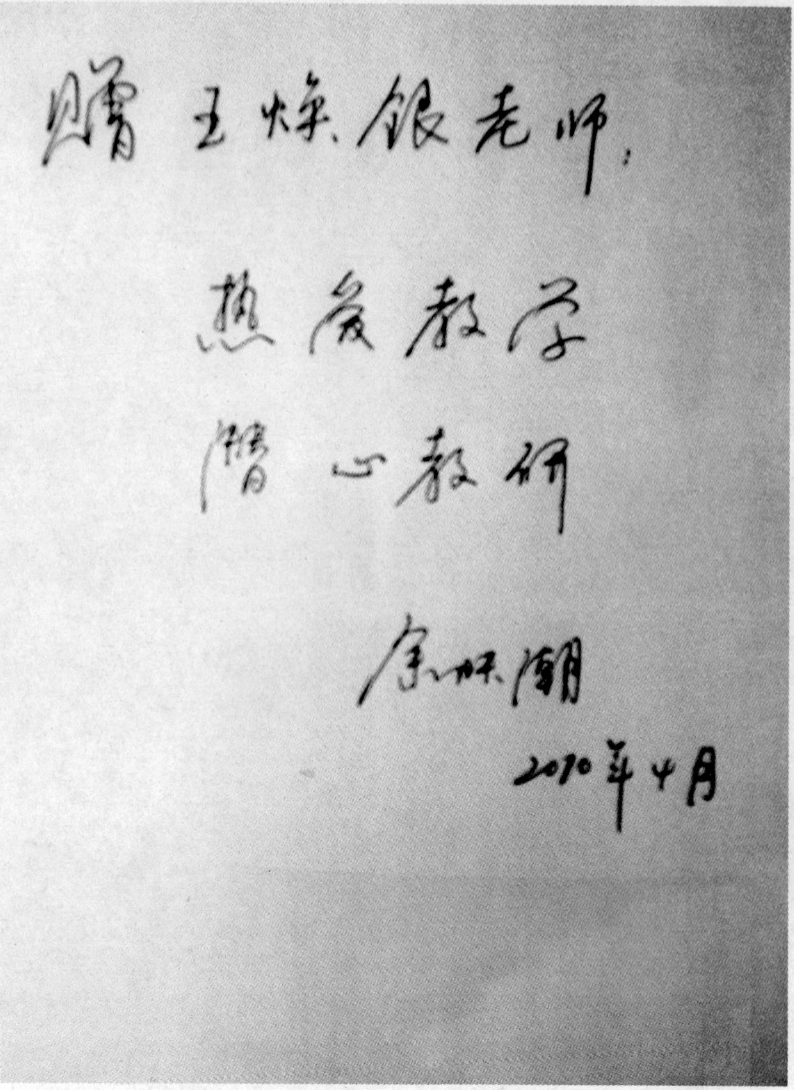

赠王焕银老师：

热爱教学

潜心教研

康林湖

2010年4月

序

设计周密　细节到位
——对《写作生活化　生活写作化》的看法

王焕银同志为河南省濮阳市华龙区教委教研室的中学语文教研员，多年来潜心研究中学语文教学，在作文教学的研究上尤有突破。

王焕银同志所研究的中小学作文教学体系的主要内容为：

一、每日积累

二、三分钟训练

三、课堂仿写屋

四、十分钟训练

五、两课时，三环节，六步骤——单元训练重点

六、日记训练

七、自由写作训练

八、写作收获篇（每周回顾）

九、评改

十、中小学写作一体化梯度训练提纲

这个训练体系设计周密，细节到位。

如“十分钟训练”的具体内容：

分年级要求如下（字数为最高要求，没有最低字数要求）：

小学一至六年级逐级要求如下：

(1) 写一句完整的话，并尝试运用学过的词语写一个片段

(2) 写完整的片段，并尝试写一段完整的话

(3) 写一段完整的话，试图加上开头和结尾

(4) 尝试写篇（200～300字）

(5) 写通顺，写清楚（400字）

(6) 写形象，有中心（500字）

中学七至九年级要求如下：

(1) 写通顺、清楚（400字）

(2) 写具体、形象（500字）

(3) 写有中心、有新意（600字）

又如“日记训练”的具体内容：

常见的训练形式有：

循环日记——日记接力棒

反思日记——吾日思吾行

总结日记——小小生活评判员

心得日记——知识小背篓

赏析日记——我有一双慧眼

再如“两课时，三环节，六步骤”写作模式：

这里的模式应该是快速写作课堂的流程，包括“有效指导，有趣写作，高效评改”三个环节，共有“快、细、准审题——自由谈，启思路——绕中心，快写作——组内赏评作品——小组推荐佳作——筛选典型，师生共评赏”六个步骤。可见，焕银同志的高效写作课是在大量积累的基础上进行的有序、优化训练，既保证了学生的有话可写，又保证了写得快，还做到了及时反馈。

王焕银同志所研究的中小学作文教学体系的创新角度表现在“写作生活化”。这种教学体系渗透于九年义务教育的全过程，形成了“中小学写作一体化”教学模式，全方位地训练着学生的表达能力，对学生“写作即生活，生活即写作”的习惯培养、对“教育为学生终身奠基”理念的落实是大有裨益的。

王焕银同志所研究的中小学作文教学体系因为其科学性、实用性不仅得到国内同行的公认，更为重要的是，在教学实际中发挥了重要的教育教学功能，极好地深化了、优化了中小学作文教学的实践与研究。

全国中学语文专业委员会学术委员会副主任、

中学语文特级教师　余映潮

2010年4月13日

前 言

写作——你成功路上的助推器

在20年的教学生涯中，笔者本着“写作生活化，生活写作化”的原则，坚持“中学小学写作教学一体化”的思路，强调分层次、分阶段序列训练，在引导学生兴趣写作方面取得了些许成效。同时，笔者还找到写实与创新的链接点，通过写实与创新的有机结合，将“生活化写作”的习惯与发展学生良好的个性结合起来，在写实的基础上，引导学生学会有创意地表达。

培养学生的过程，也是教师积极探索的过程，笔者在写作指导过程中，教学生既作文，又做人；注重在阅读教学中渗透写作因素；提高学生快速作文的能力；培养学生的创新思维和创新能力；强调调动学生的各种感官，充分发掘学生内在的认知情感因素，为学生创设有利于写作的环境和氛围；主张运用多种教学手段和训练方法，激趣、动情、启智、发辞。同时，在写作实践中让学生发展特长、健全人格，探索出一条语文课程改革中提高作文教学效率的有效途径。

该书的主要思路在于强化学生“生活即写作，写作即生活”的思想意识，力求课堂写作高效，保证课外写作的定时定量。新课程标准要求学生每学年其他练笔不少于一万字。笔者将每学年的一万字分解到每天，具体表现为九个环节，将写作形成学生生活的一部分，达到“生活处处皆写作”的目的。具体安排如下：

一、每日积累（早晨小甜点）

二、三分钟训练（课前一杯清茶）

三、课堂仿写屋（我跟作家学一招）

四、十分钟训练

五、两课时，三环节，六步骤——单元重点训练

六、日记训练

七、自由写作训练

八、写作收获篇（每周回顾）

九、评改

十、中小学写作一体化梯度训练提纲

以上十个环节的核心是“三分钟训练”，如果将“生活写作化，写作生活化，中小学生训练一体化”这一目标的实现定位为盖一幢大楼，那么“三分钟训练”便是建筑大楼的砖瓦、水泥和钢筋，而“课堂仿写屋”、“十分钟训练”、“日记训练”等环节则是构成大楼的墙体。

当然，“训练的形式”只是“生活化、写作化、一体化”的一个重要方面，而“培养学生的写作敏感性，养成热爱生活、善于找写作切入点、信手写来”的写作习惯才是训练的终极目标。

想法比较容易被人认同，做法比较受学生喜欢，但手法就不那么尽人心意了，因为水平有限不知是否表述清楚，不妥之处，敬请指正。

王焕银

2010年3月1日

目 录

绪论　对“写作生活化　生活写作化”的诠释

为适应语文课程改革深入发展的需要，进一步提高学生写作生活化的能力，保证学生在生活中养成写作的习惯，充分发挥语文学习的合力优势，笔者尝试了一条这样的写作路：时间上将训练贯穿学生生活的始终，内容上遍布学生生活的方方面面，方法上调动学生的各种感官，充分发掘学生内在的认知情感因素，创设有利于学生掌握写作知识和潜能开发的最佳情景，提高学生进行生活作文的能力；同时，选择“写实”与“创新”的结合点，培养学生的创新思维和创新能力；运用多种教学手段和训练方法，激趣、动情、启智、发辞，让学生在写作实践中既做文，又做人，既发展特长，又健全人格。学生的写作过程，是引导学生在日常生活中主动求知、探索的过程，又是学生勇于创新、敢于创新、学会创新的过程。

具体内容如下。

一、每日积累

同学们称为“早晨小甜点”，包括以下内容：古诗词积累、文章优美语段积累、对联积累、名言警句积累、谚语、俗语积累、广告词积累、生活幽默语言积累、讽刺、幽默小故事积累等。

说明：本积累内容是动态的，可以是与单元重点训练有关的谚语、名言警句、古诗词；也可以把课堂教学需要搜集的材料作为积累内容；还可以是写作专题训练的铺垫材料。

比如在进行写作专题《写写身边的人》一课的课前积累时，笔者便引领学生进行了以下积累：

(1) 子不教　父之过　教不严　师之惰

(2) 昔孟母　择邻处　子不学　断机杼

(3) 凡是人　皆需爱　天同覆　地同载

(4) 贤者以其昭昭　使人昭昭

(5) 举状元　不知书　举孝廉　父别居

总之，积累应该为课堂教学服务，积累的材料最好是与课堂教学有关的内容，达到为课堂教学、进而为学生生活奠基的目的。具体内容应由师生搜集、整理后使用。积累形式多为定时定量训练，如一分钟速记，三分钟背诵等。

二、三分钟训练

同学们戏称其为“课前一杯清茶”，即课前进行的定时定量小练笔。定时是为了保证写得快，定量是为了让学生写作内容充实。这杯清茶架设了写实与创新的桥梁，使学生在写实的基础上，把写实与创新进行整合。三分钟训练，既培养了学生的写作能力，又增加了学生的生活情趣。常用的训练形式有：

(一) 写实篇

人物写生

实物介绍

诗词仿写

概括能力训练

演讲比赛

美文推荐

一分钟背诵比赛

(二) 创新篇

我行我素

异想天开

画面随想

连词成段

看图说文游戏

字母奇想——X、Y、Z……

(三) 写实、创新结合篇

组合故事

演讲比赛

以某一句话开头，让学生接着写下去

观看实物，多角度联想训练

改、续、仿写故事

说明：这里的训练题目及形式仅仅是为教师写作教学提供参考，教师可以根据自己的教学实际，创新更多的训练形式，设计更丰富的训练内容，但教师应注意的是“形式是为内容服务的”。在该项训练中，训练的目的性应该明确，不管任何形式的训练都围绕阶段训练重点进行。

比如，在进行《家庭生活》单元的教学时，笔者便进行“以某句话开头，让学生接着写下去”的三分钟训练，我是这样设计引文的：

“昨天晚饭后，向来不喜欢散步的儿子非得缠着同样不喜欢散步的‘我’去陪他散步……”

要求学生以第一或第三人称的写法编故事。有的同学就把自己当做“我”的儿子，依据“我”的性格特点虚构了一个听说“饭后百步走，活到九十九”后的儿子，渴盼平日劳累的母亲身体健康的故事，为新时代中学生谱写了一曲孝心奉献之歌；有的孩子则描述了一个“主动和父母沟通，构建和谐家庭”的故事；当然也有的孩子生编乱造，全文无主题。此时我便加入了“写作应有中心”的点评，引导学生“虚构也要合情合理，围绕中心进行想象和联想”的思维训练。

“观看实物，进行多角度联想”的训练，更是师生信手拈来的训练，黑板架上的一支粉笔，桌子上的一个文具盒，衣服上的一个小图案，甚至是脖子上的小挂链，树上的一个疤痕，一根歪脖子黄瓜，一块被虫子咬的红薯，等等，只要是能引起自己联想的实物，师生都可以拿来进行训练。比如在关于实物“一根歪脖子黄瓜”的训练时，学生进行了实物的外貌描写后，写下了《瓜丑味美》、《我很丑，但我很清纯》、《心里的痛》、《忘不了那一瞬》、《我后悔，因为我没有养成好习惯》等文章题目，表达了“美在心灵、对美的追求，母爱、习惯养成”等主题，这样，同学们从实物观察到联想想象，用辩证的眼光、从不同的角度进行创新写作，达到写实与创新的完美结合。

三、课堂仿写屋

通过课堂仿写，完成“我跟作家学一招”的训练任务，达到学以致用的目的。仿写包括以下内容：仿写（仿句型、仿修辞、仿内容）；改写、扩写、续写；扩充补白；评析说理；疑点探讨；多角度欣赏等。

语文课堂是培养学生语文综合素养的主阵地，生活化写作更应该体现在语文课堂上。选入中学教材的文章都是经典篇目，文章可学可赏之处不胜枚举，但教师千万不要求多，每节课训练一个点即可。比如教学《看云识天气》的第一课时，笔者就只安排了一次“云的仿写”训练，首先要求学生定时背诵如下内容：

“那最轻盈、站得最高的云，叫卷云。这种云很薄，阳光可以透过云层照到地面，房屋和树木的光与影依然很清晰。卷云丝丝缕缕地飘浮着，有时像一片白色的羽毛，有时像一块洁白的绫纱……在晴天，我们还会遇见一种高积云。高积云是成群的扁球状的云块，排列很匀称，云块间露出碧蓝的天幕，远远望去，就像草原上雪白的羊群。卷云、卷积云、积云和高积云，都是很美丽的。”

然后任意选择其中的一种云进行仿写。此时，教师出示如下“温馨提示”：说明语言要简明扼要，同时也可生动形象。但两种语言都必须做到“准确”。

第二课时的仿写点便调整为“说明方法的仿写训练”还以本段为例，温馨提示则变为：

许多同类的事物堆砌在一块，给人无头绪的感觉，如果我们依据他们的相同点划分为不同的类别，然后分门别类地去介绍，就感觉清晰了，这种说明方法就叫分类别。你能用以上分类别的方法写一段话，介绍一种事物吗？如笔，笔记本，书等。

总之，仿写应该是在为课堂教学服务的同时，让学生有目的地进行写作的训练。训练的过程，是学生读书的过程，是学生理解的过程，更是学生创新的过程，这一过程让学生明白读书生活中也有写作，真正达到“生活处处皆写作”的目的。

四、十分钟训练

写作课堂十分钟训练是围绕单元训练重点进行的系列小练笔，是三分钟训练的拓展、延伸。其内容可以由教师或学生根据单元训练重点自由设定。

参考题目可等同三分钟训练，分年级要求如下（字数为参考字数，没有最高字数要求）：

小学一至六年级逐级要求如下：

(1) 写一句完整的话，并尝试运用学过的词语写一个片段

(2) 写完整的片段，并尝试写一段完整的话

(3) 写一段完整的话，尝试加上开头和结尾

(4) 尝试写篇（200 ~ 300字）

(5) 写通顺，写清楚（400字）

(6) 写形象，有中心（500字）

中学七至九年级要求如下：

(1) 写通顺、清楚（400字）

(2) 写具体、形象（500字）

(3) 写有中心、有新意（600字）

十分钟训练与三分钟训练除“时间的不同”外，训练形式也应以“定题式”训练为主（“自由式”训练在必要时同样可以进行，“自由式”训练的目的是教会学生寻找写作与生活的切入点，养成学生勤于观察、善于思考的习惯，重在培养学生写作的敏感性），对学生习作的要求在“立意、选材、写法”上也应明显高于三分钟训练。

五、两课时，三环节，六步骤——单元重点训练

写作课堂高效的基础是积累，但有序的、优化的教学环节，也是写作课堂高效的扶手。这里的专题训练应该是快速写作课堂的流程，

包括“有效指导，有趣写作，高效评改”三个环节，共有“快、细、准审题——自由谈，启思路——绕中心，快写作——组内赏评作品——小组推荐佳作——筛选典型，师生共评赏”六个步骤，既保证学生有话可写，又保证写得快，还做到及时反馈。

六、日记训练

常见的训练形式有：

循环日记——日记接力棒

反思日记——吾日思吾行

总结日记——小小生活评判员

心得日记——知识小背篓

赏析日记——我有一双慧眼

日记形式的多样性是培养学生写作兴趣的招牌。很多教师和学生都知道写日记是写作水平稳步提高的捷径，但日记的长期书写既使学生疲于应付，又是记写流水账的催化剂，如何对待“应付”和“流水账”现象呢？教师的及时反馈和日记形式的多样性应该是一服良药。

从笔者对日记的命名不难看出，笔者倡导的日记形式是从学生生活实际出发，依据学生的心理规律和认知规律设计的。就说“循环日记——日记接力棒”吧，它是一种集体行为或者说是小组行为，要求将班级分成若干小组（每组以5~7人为宜，每位同学一周一篇），小组同学首先给自己小组命个有趣的名字，写在日记本的封皮上。然后，制定本小组的书写计划，写作及评改要求等，有些小组还给每个同学起一个笔名，扉页上写有每位同学的座右铭。具体要求是：小组长写第一篇日记，第二位同学先评价小组长的日记，再写自己的日记，如果与第一篇日记有同感，还可以续写上篇日记，如此类推下去，写完一本，去找老师换新本。有兴趣的小组有时一周内就换一个本子，还有的小组一学期下来，写成一篇连载小说。

形式的新颖调动了学生写作的积极主动性，渐渐的，写作成了习惯，成了学习生活的一部分，达到“写作处处有生活”的目的。

七、自由写作训练

该环节是“写作生活化”的最高境界。经过以上环节的训练，学生此阶段的写作训练采用自由取材、自由书写式，要求学生定格生活画面，选取感兴趣或者有意味、能创新的结合点，进行写作。如：一位同学在大雪过后上学的路上，发现了行人违章的原因，是因为人行道上冰雪很滑，而机动车道上的路很好走，于是他写了一篇《违规真“好”》的文章，文章一贴出去，同学们回应的很多，好多孩子有同感。于是自由写作挑战赛开始了，这篇文章后面贴了十几篇同类的文章。因为自由写作训练的评价都由学生自由进行，所以评价语也是各抒己见：有的说“清洁工太不负责任”；有的呼吁“揭去文明城的盖头来”；有的说“难，也要遵章行驶”、“文明从我做起”，有的干脆敲起了警钟——“一时的行走方便，一生的摇头遗憾”。

可见，兴趣点，兴奋点，都可看做学生习作的切入点，然后依学生兴趣，引导学生进行自由写作。最后，教师提供的交流平台，应该是督促学生进行自由写作训练的动力支撑点。

自由写作，将同学的写作热情再次推向高潮，兴趣又督促同学们尽力观察生活，尽心描绘生活，在写作敏感性的催化下，真正达到“写作生活化”的目的。

八、写作收获篇（每周回顾）

该篇重在引导学生总结写作的得失，形式有以下几种：

日记式；小组自由交流式；佳作朗读式；电子屏幕展；推荐发表式；手抄报式；班级黑板报等。总结得失这一内容以“激发学生兴趣，为学生提供展示交流平台”为主，形式多样，中心明确即可。

九、评改

写作评改在形式上有五种，即自评、互评、小组评价、班级集评、教师评改。

“生活化评价”在评价内容上并没有太拘谨的格式，但要求用生活化的语言，从“真”字上下工夫，要求文章内容上真实可信，讲究形式上活泼耐读。不管何种评价形式，“发现”是评价者的第一目的，“学习”是第二目的，以求得评价者和写作者的共同进步。

十、中小学一体化写作梯度训练提纲

所谓梯度训练提纲，其实就是笔者根据训练需要，设定的训练题目。以小学三年级第三单元为例，本单元的口语交际是“说说我自己”，写作训练是“写写我自己”，笔者在引导学生进行说话训练后，先进行本单元写作训练《写写我自己》，而其他训练则围绕小学中年级的“发现生活，动手写作”这一训练目的，围绕“我口说我心，我手写我口”的训练思路，进行以下训练：本单元成语盘点里的“一鸣惊人、亡羊补牢、水滴石穿、东山再起”等应在积累的基础上进行“再运用训练”。“再运用训练”为本单元训练的第一梯度，另外《我这个人》、《我给自己起名字》、《我为同学画像》、《身边有个他》等，应该是本单元训练的第二梯度，也是梯度训练的重点内容。

全天候的训练时间，多角度的训练形式，只是“生活化、写作化、一体化”的一个重要方面，而“培养学生的写作敏感性，养成热爱生活、善于找写作切入点、信手写来”的写作习惯才是训练的终极目标。所以“一题多练”也是笔者力求一体化的一个切入点。比如：就现在老幼皆玩的网络“种菜”游戏，可以说从幼儿园到大学，从青年到老人，但凡有条件的人士，可能都会种上一回甚至是常种常新，刺激不断。说实话对于工作繁忙的人可能是无暇顾及此事的，但听你身边人不断说起，好奇心、好胜心可能就油然而生了，肯定也会尝试着偷上一颗，种上一株。面对这样一个话题，笔者便对“小学生、中学生、大学生、成年人”进行了尝试训练——以“种菜”为切入点，写真话、诉真情。

“智者见智，仁者见仁”便在不同作者的文章里得到诠释。小学生们对游戏本身并没有什么兴趣，对自己的菜地和果实则充满好奇，尤其是农场的生产，可能更引起孩子的关注。中学生对果实的处理并不在意，而看重的是获得的经验和等级，以及个性化的装饰，个性化的语言，他们在乎的是表现自己；成年人似乎更把它当做是一种解脱，一种休息，或者认为是一种时尚；老年人则是为了找回自我，找回自信……同样的训练，同样的目标，但不同的人发表的是不同见解，一位专业人士则说出种菜有可能会“种病一批人、种荒一批人、种废一代人”的警世名言，他渴盼孩子在偷菜中别学会偷，成人别学会懒，老年人别终日坐在电脑前……一体化训练，带给大家的不仅是写作的提高，更是精神的陶冶，道德的升华，落实了“一切写作有生活”的目的！

“写作生活化”教学渗透九年义务教育的全过程，形成了“中小学写作一体化”教学模式，该模式全方位影响着学生，对学生“写作即生活，生活即写作”的习惯培养，对“教育为学生终身奠基”这一理念落实应该是大有裨益的。

第一章　每日积累

下面以民风、民俗单元为例，谈一下每日积累。

八年级教材民俗单元的每日积累可以从“古诗词积累、文章优美语段积累、对联积累、名言警句积累、谚语、俗语积累”等方面进行。本单元共由六篇文章组成，分别是：《云南的歌会》、《端午的鸭蛋》、《吆喝》、《春酒》、《俗世奇人》、《绝唱》，依据课程标准，考虑八年级学生实际，应该用12节课完成，早读积累也应有12套具体内容。笔者是这样进行分类积累的：

一、教材中的成语——一分钟速记

以《云南的歌会》为例，谈谈一分钟速记。课后词语和课下注释所选的生动形象的词语有九个，分别是：蹲居、酬和、熹微、譬喻、淳朴、即物起兴、引经据典、悠游自在、龙吟凤哕等。为了帮助学生快速记忆优美词语，笔者先引导学生将词语分组：蹲居、熹微、酬和、悠游自在（第一组）；譬喻、即物起兴、引经据典、龙吟凤哕（第二组）（注：分组是学生根据自己的联想或想象自由组合的），再由学生根据每组词语的意思创设环境，达到快速记忆的效果。

第一组有的同学具体创设为“某人蹲居在某个环境优美的地方，在晨光熹微处听森林里各种鸟儿的啾和声、看着鸟儿们悠游自在的生活，她激动地说‘生活处处皆和谐呀！’”第二组的情景创设可能会定位在一组古代建筑旁——看着亭子上方的灰色琉璃瓦顶，看着它四角翘起，我竟然想起了“翩翩飞舞的仙鹤”——“仙鹤应该是对琉璃瓦顶最好的譬喻”。“黄鹤一去不复返，白云千载空悠悠”想象古人引经据典、即物起兴的千古诗作，在现代生活旋律中，犹如龙吟凤哕般点缀着我们的生活……

时间虽短，效果尚可，用同学们的话说，“早读一分钟，美词记心中，定时创情景，潇洒自由行”。

备注：以上两组训练在坚持一段时间后，可以改为一组训练。同时，每篇课文的课前、课下、课中的特殊词语都可以采用情景创设法进行，一分钟速记还包括绘画记忆、五官记忆、身体部位联想记忆等方法，背诵有法，背无定法，贵在得法。相信教师在引导孩子背诵过后，会有更多的方法填充进来。

本单元六篇课文中的优美词语只能进行6次积累训练，离本单元最低要求的12个训练内容还相差很远。课文精美段落背诵也可辅助这6个训练顺利进行，为巧妇做粥的米提供基本保障。

二、古诗词积累

考虑到本单元的文章特点，结合新课程标准，适合本章积累的古诗文应该有很多种，但依据八年级学生的心理特点，剩余的六个背诵训练项目可以依次为复习陆游的《游山西村》（萧鼓追随春社近，衣冠简朴古风存）；王维的《九月九日忆山东兄弟》(遥知兄弟登高处，遍插茱萸少一人)；孟浩然的《过故人庄》（待到重阳日，还来就菊花）；杜牧的《清明》（清明时节雨纷纷，路上行人欲断魂）；王安石的《元日》（爆竹声中一岁除，春风送暖入屠苏。千门万户曈曈日，总把新桃换旧符）等与民风民俗有关的诗句，背诵七夕节组诗《迢迢牵牛星》等；背诵端午节组诗《和端午》等；背诵中秋节组诗《八月十五夜玩月》等；自由推荐与民风文化有关的优秀诗篇。

古诗积累的形式和内容远不止以上这些，根据训练内容，可在教师的引导下学生自由创新。比如形式上可以采用“电子摘抄报”、“幻灯片记忆法”、“设情景，猜古诗”等方法，达到快速、高效、大容量的目的。内容上就更不用说了，可以来者不拒：听来的，读来的，下载来的等，只要与训练内容有关，语言积极健康向上即可。在此环节中教师应强调学生的整理和收集，根据艾宾豪斯的遗忘规律，三分钟背诵环节只能是暂时记忆，有百分之八十的内容要在不断的复习中强化，达到终身记忆的目的。笔者认为引导学生进行一周、一月甚至一年的积累盘点，应该是保证学生积累从量变走向质变的捷径。

备注：自由推荐环节应该是该训练的精华，积累的目的不仅仅在于储存资料，查找资料的过程是积累形成的过程，更是培养学生能力的过程。

附：背诵篇目

鹊桥仙

（宋）秦观

纤云弄巧，飞星传恨，银汉迢迢暗度。
金风玉露一相逢，便胜却人间无数。
柔情似水，佳期如梦，忍顾鹊桥归路。
两情若是长久时，又岂在朝朝暮暮。

七　夕

（五代·后唐）杨璞

未会牵牛意若何，须邀织女弄金梭。
年年乞与人间巧，不道人间巧已多。

七　夕

（唐）权德舆

今日云骈渡鹊桥，应非脉脉与迢迢。
家人竟喜开妆镜，月下穿针拜九宵。

迢迢牵牛星

（汉）佚名

迢迢牵牛星，皎皎河汉女。
纤纤擢素手，札札弄机杼。
终日不成章，泣涕零如雨。
河汉清且浅，相去复几许？

盈盈一水间，脉脉不得语。

七　夕

（唐）徐凝

一道鹊桥横渺渺，千声玉佩过玲玲。
别离还有经年客，怅望不如河鼓星。

和端午

（宋）张耒

竞渡深悲千载冤，　忠魂一去讵能还。
国亡身殒今何有，　只留离骚在世间。

己酉端午

（明）贝 琼

风雨端阳生晦冥，　汨罗无处吊英灵。
海榴花发应相笑，　无酒渊明亦独醒。

中　秋

（唐）李朴

皓魄当空宝镜升，云间仙籁寂无声；
平分秋色一轮满，长伴云衢千里明；
狡兔空从弦外落，妖蟆休向眼前生；
灵槎拟约同携手，更待银河彻底清。

八月十五夜玩月

（唐）刘禹锡

天将今夜月，一遍洗寰瀛。
暑退九霄净，秋澄万景清。
星辰让光彩，风露发晶英。

能变人间世，攸然是玉京。

元　日

王安石

爆竹声中一岁除，春风送暖入屠苏。
千门万户曈曈日，总把新桃换旧符。

生查子

欧阳修（元夕）

去年元夜时，花市灯如昼。
月上柳梢头，人约黄昏后。
今年元夜时，月与灯依旧。
不见去年人，泪湿春衫袖。

八月十五夜月

（唐）杜甫

满月飞明镜，归心折大刀。
转蓬行地远，攀桂仰天高。
水路疑霜雪，林栖见羽毛。
此时瞻白兔，直欲数秋毫。

三、对联、名言警句、谚语、俗语积累

这里的积累同样是学生参与的过程，要求学生查找、筛选与训练中心有关的资料，经过充分理解后推荐优秀篇目。围绕民风民俗等，笔者引导学生进行了如下积累：

腊七腊八，冻死寒鸦

雁门关外有人家，早穿皮袄午穿纱，抱着火炉吃西瓜

漓江山水甲天下

百里不同风，千里不同俗

不到长城非好汉，不到黄河心不死

话走到哪儿，算到哪儿

当面是人，背后是鬼

见人说人话，见鬼说鬼话

会干的不如会说的

自家人不说客套

一波未平，一波又起

以上三种积累，只不过是笔者常用的积累形式，其实有趣的短信、优美的文段甚至是学生的一句有意义的俏皮话、教师或家长的一句善意的忠告，都可以作为积累内容。但积累的目的应该是为了运用，所以积累后的再运用应该是积累的最高境界。

第二章 三分钟训练

“生活化写作”系列中的“三分钟训练”，是每节课前进行的三分钟写作小练笔。这样的小练笔应以班级实际情况及随时取材为主，但同时应注意阶段性和序列性，应保证训练目的明确，框架清晰，重点突出，切忌盲目训练及随意训练。由此可见，三分钟训练的内容应该是开放型的，只要符合学生的认知规律，调动学生写作的积极性，有利于帮助学生形成“写作即生活，生活即写作”的统一思想，养成“信手写来”的习惯即可。下面从方法、内容与序列等方面一一阐述。

“三分钟训练”的方法

三分钟训练的方法，概括起来是这样的：学生在每节课前，用三分钟时间，由负责人引导完成写作训练。要求是：①三分钟之内，必须不停顿地写；②写作过程中，不涂不改，以免耽误时间；③写完后读两遍，边读边改；④注上字数和日期，以备与以后的写作情况比较；⑤同桌或小组交流，互相批改。

具体的操作过程是：

(1) 学生围绕训练重点轮流出示训练题目和写作要求。一般情况下应该围绕梯度训练题目进行，最佳训练应该为“就地取材，以阶段训练重点为训练点”进行生活写作小练笔。

(2) 现场进行训练。

(3) 选择适当时机，进行总结评议，目的在于激励。

这样做的好处是：

(1) 它可以使学生把日常生活中看到的、听到的、想到的和做过的事情尽快地记下来，为日后写作积累素材。

(2) 学生可从易到难，循序渐进，逐步掌握基本的写作技能技巧。

(3) 教师可以根据作文教学的总体要求，通过有目的、全方位的指导训练，把作文教学的重点、难点分散到每次训练之中。

(4) 因为是在规定的时间内要求学生不停顿地写，还可锻炼学生快速作文，如快速选材、快速立意、快速构思的能力，对培养学生的快速反应和思维敏捷性也有帮助。

(5) 降低写作难度，逐步帮助学生克服“作文难”、“难作文”的心理障碍，进入“要写”、“乐写”的境界中。

当然，三分钟训练中的“三”，只不过是一个时间标志，教师可根据时间具体要求，比如五分钟训练、十分钟训练等。

笔者在实验过程中，与同学共同探索，进行了以下形式的训练：人物写生，组合故事，我行我素，异想天开，假设情景，组词成段，实物介绍，诗词仿写，概括能力训练，演讲比赛，美文推荐，看图说文游戏，一分钟背诵比赛，以某一情景开头，让学生接着写下去，改、续、仿写故事等。

三分钟训练的形式远远不止以上十五种，每一序列的训练也仅仅是笔者出示的训练方式，只要师生认可的有效训练，大家都尽可补充，但大家应该清楚认识到该项训练进行的是“以写实为基础的创造性思维和各项能力的培养”。

三分钟训练的内容与序列

三分钟训练分“自由式”训练和“定题式”训练。所谓自由式，是指围绕阶段训练重点，学生现场取材进行的训练。如一个孩子在老家听了一段话，认为非常有趣，他便在课前急于告诉大家，于是全班同学边听他讲述，边进行训练。故事大意是这样的：

清明回家，奶奶说：“宝贝，快吃鸡蛋，这可是新鲜火鸡蛋呀”(火鸡蛋在此是指家养的鸡刚下的蛋)。

爸爸说：“儿子，快吃，刚从鸡屁股里抠出来的，绝对营养美味。”

妈妈说：“刚抠出来？洗了没？”

他说他想请大家从不同的话语中找出相同的规律，并以此为中心进行三分钟训练。没有任何预测，没有丝毫准备，孩子的文章也写得五花八门，但当时的训练重点是“亲情”，最成功的话题应该是“不同的语言相同的关爱”——奶奶想让孙子吃最好的，爸爸用“刚从鸡屁股里抠出来表示新鲜”，而妈妈则从讲卫生的角度表达了对儿子的关爱。笔者用“亲情无时无处不在，文章处处闪烁生活之光”作为对该生的自由训练引领的评价。另外，《今天学校门口变了样》，《我读了今天的校长寄语》，《路上，我遇见了个他》，《我替父母打官司》等等在现实生活中出现的，或者因某一生活场景而引发的生活化的训练题目，都被称为“自由式”三分钟训练。

与自由式相对比，教师有目的、有预设的训练题目被称为“定题式”训练，该训练题目是教师围绕阶段训练重点或者选择历届学生的自由式训练中的优秀题目设定的（详见第十章）。

现在，谈谈分阶段训练的重点内容（以初中为例）。

初一：写实篇

一、描写序列

第一阶段：人物写生——学生自我介绍，学生互相介绍，校园里有特点的人物介绍。

系列一：能进行肖像、衣着、动作、语言、神态、心理等描写，以见闻为主。

系列二：引导学生写鼓励性评价语。

系列三：引导描写为突出人物的性格服务、引导通过事件印证人物的性格，明确写事为写人服务。

第二阶段：学校扫描——校园是我家，人人都爱她。对学校环境及一草一木的描绘。

第三阶段：我爱我师——精彩课堂回放，教师生活写真，教师面貌介绍。

第四阶段：我最喜欢他——好朋友介绍，班级凝聚力培养。

二、事件序列

系列一：记序文六要素——指导写完整的事

系列二：写针对性评价语

系列三：细节、场面描写

系列四：写过渡语，写点明中心的句子

系列五：写人离不开事，写事离不开人，写人为写事服务

具体事件根据学生情况自行调整。

初二：虚实结合，联想创新

第一学期：

一、普通人的爱

系列一：亲人——有血缘关系的人

①勤劳篇；②勤奋篇；③家庭和谐篇；④勤俭持家篇；⑤孝敬篇；⑥爱子女篇；⑦邻里和睦篇；⑧学习型家庭篇。

系列二：朋友

①勤劳篇；②刻苦勤奋篇；③尊老爱幼篇；④热心助人篇；⑤幽默风趣篇；⑥踏实认真篇；⑦博学多识篇；⑧合作探究篇；⑨团结同学篇；⑩伶牙俐齿、出口成章篇。

系列三：师生情

①严父型；②慈母型；③严爱有度的完美型；④知识渊博型；⑤诙谐幽默型；⑥学究型；⑦尊师篇；⑧师生平等篇；⑨理想描绘篇；⑩追师根、塑师源系列。

系列四：有缘的人

①文明礼仪语言美；②文明礼仪仪表美；③文明礼仪行为美；④文明礼仪心灵美；⑤诚信篇；⑥热心公益事业篇；⑦热心助人篇；⑧街头小人物；⑨生意人；⑩社会一瞥。

二、有关事、物的记叙文（学生人人参与，每天换一主持人）

第一阶段：写实

主持人选择自己喜欢的小物件，在班内巡回演示，主持人不作介绍。外形特征由学生自己观察所得。用记叙、描写性的语言（要求：生动、形象）

第二阶段：联想、想象阶段

引用、借用、化用等修辞手法及抒情、议论的表达方式

第三阶段：实物与联想、想象相结合

第四阶段：完整地记叙一件事

第二学期：

一、写作积累

第一阶段：事物说明文(学生人人参与，每天换一主持人)

主持人选择自己喜欢的小物件，在班内巡回演示，主持人不作介绍。外形特征由学生自己观察所得。用说明性的语言——中招试题：用说明性的语言介绍一幅图（要求：简洁、准确）

第二阶段：古诗词背诵、改写

第三阶段：身边小事：一事一议，叙议结合

第四阶段：名言警句大擂台

二、小说明文的顺序和语言

（一）说明顺序

①时间顺序；②空间顺序；③时空结合；④逻辑顺序之轻重主次；⑤逻辑顺序之因果。

（二）说明语言

①生动说明之打比方；②生动说明之模状貌；③生动说明之举例子；④平实说明之列数字；⑤平实说明之做诠释。

三、传统文化伴我行

濮阳文化系列一：濮阳文化——桑间濮上
濮阳文化系列二：濮阳地名、村名、姓氏探微
濮阳文化系列三：濮阳名人
濮阳文化系列四：濮阳成语故事
濮阳文化系列五：濮阳风俗节日
濮阳文化系列六：濮阳地方歇后语集锦积累
濮阳文化系列七：濮阳名胜古迹

四、景物描写

系列一：“静”物观察——观察的对象和对象特征
系列二：“动”物追踪——在有序观察的基础上，进行特征描写
系列三：创设情景，进行由实到虚的写景训练

初三（中考训练场——快速写作指导）：

一、传统文化系列

传统文化与中考之一：古诗词积累
传统文化与中考之二：课外阅读
传统文化与中考之三：古文
传统文化与中考之四：古诗词赏析
传统文化与中考之五：写作

二、仿写、模拟系列

篇章结构和神韵的描写
考场试卷模拟

说明：每个阶段的训练内容只是一个框框，具体内容和形式可依照三分钟训练的形式和内容。

附：三分钟训练案例

训练类型：听读背诵，感悟写作。

听读内容：人生的旅途中，诱惑竖起了一堵堵墙，阻碍了我们前进的步伐，墙的边缘是繁花丽景，让我们看不到墙外的风景，这时，唯有用毅力摧毁诱惑的墙，我们才能继续前行。

训练目的：生活处处皆写作——经典语段的生活回放，感悟语言与生活的联系，强调语言的复原。

训练过程：

1.听读速记

2.抓重点词背诵

3.语言复原

4.感悟写作

一、听读速记指导

1.听完整的话

2.记重点词

3.联系上下文背诵

教师引导如下：

(1) 地点和结果（在人生的旅途中……我们才能继续前行）。

(2) 补入词语（诱惑、竖起、阻碍、繁花丽景、毅力、摧毁）。

(3) 补充词语所在句子。

(4) 根据黑板上的提示语背诵。

二、语言复原

你身边有哪些“诱惑”？

它是怎样给你铺设“繁华丽景”局面的？

你的毅力是如何体现的？（心理描写指导）

“摧毁”一词如何理解？

学生代表写作记录：

何霏雪：抄答案（259字）

苑一哲：打电脑（200字）

楠楠： 偶尔来一次不写作业（253字）

王嘉希：替妈妈签字（259字）

三、五分钟片段训练

四、现场写作

五、点评

1.未写出“繁花丽景”的场面。

2.中心不明确，未体现积累内容。

3.引导学生用上与“毅力摧毁诱惑的墙”类似的句子。

佳作欣赏：

用毅力推倒诱惑的墙

何霏雪

晚上的作业真多，我边写边想。这时，我的眼睛定格在《轻巧夺冠》的答案上。如果抄答案肯定全对，既能获得妈妈和老师的表扬，又不用费脑子，还可以节省时间。我轻轻拿起答案，但转念一想——不行，如果抄了答案，那没有经过大脑思考，题还是不会，这节课就等于没得到复习，考试拿不了分，而且，我不能欺骗自己！我坚定地把答案交给妈妈，自己一笔一画地在演算纸上算起题来。题很难，但经过我的努力，我还是成功了，我心里感到无比自豪。

不错，在人生的旅途中，诱惑竖起了一堵堵墙，阻碍了我们前进的步伐。而墙的边缘是繁花丽景，让我们看不到墙外的风景，唯有用毅力摧毁诱惑的墙，我们才能继续前进。

训练类型：连词游戏

一、指导

1.以“早餐”为例，谈“写作生活化，生活写作化”写作方法。

炸鸡腿　鸡蛋面　豆浆

此类训练可引导学生从以下几个角度考虑：

“我”的角度：儿子要吃好，老公要吃饱，我要吃少，表达对家人的爱；

描写角度：心理，动作；

儿子的角度：享受母爱；

描写角度：观察颜色，品尝味道，体悟母爱；

丈夫角度：语言描写，动作描写，味道品尝，心理感受。

2.以“死而复生”的吊兰为例，培养学生写作的敏感性，谈心理描写。

二、布置写作

同学们，一顿普通的早餐，一盆自然成长的吊兰都能成为我们写作的对象，可见一切生活皆写作。孩子们，信口开河的聊天也是写作，就请你说一个此时最想说的词语，每人一个，然后用生活化的语言写成一段话。

时间：10分钟

学生词语：

炸鸡腿（市一中，初一，苑一哲）（317字）

汉堡包（南乐县实验小学，五年级，王嘉希）（259字）

意林（市一中，初一，何霏雪）（380字）

快乐（油田十中，初一，楠楠）（351字）

好烦（教师目标：为了用早晨天气带来的烦躁反衬学生爱学习的品质，特别推荐该词语）

教师下水文：

说起“炸鸡腿”、“汉堡包”，那可是儿子的爱物，按照我的作风——儿子但凡开口，肯定有求必应，更何况我那宝贝儿子向来是“难开金口”，所以我这个心理学研究生妈妈只有察言观色，揣摩心理了。

刚过去一周的早餐菜谱上既有他喜欢吃的“煎牛排”、“炸肉饼”，又有自制的“鸡蛋汉堡”、“小蒸包”，周五的菜谱是“煎饼鸡肉串”，今天就只有“麻辣鸡翅”了。说起麻辣鸡翅，用我儿子的话说“那是我妈妈的一绝，做得相当好吃，鄙人命名为‘气死德克士’”。一想到调皮可爱的儿子的笑脸，我用最快的速度穿好衣服，飞奔至厨房。洗、切、腌、炸……不到半个小时，诱人的香气已经扑鼻而来了！

时针已经指到7点，儿子还可以睡5分钟，我静静地坐在儿子床前，读《意林》一般读着儿子：读他微翘的小嘴，读他长长的睫毛，读他红润的小脸，读他那装满淘气的隆起的额头……拥有这样的儿子，我真快乐！再一瞅，讨厌的时钟已经指到7点10分，哎，我长叹一声，无情地叫道："儿子，该起床了。"　　　　(2009-12-5，5分钟，399字)

学生作品：

哎！今天的作业好多呀，估计要打通宵了。好烦呀！八点、九点、十点……都十点了，怎么作业还没写完呀。

正当我心烦意乱时，一阵诱人的香气在家里弥漫开来。那香气像条链子，将我紧紧拉住，我的口水忍不住流了下来。是什么那么香？我怀着好奇心悄悄走进厨房。只见妈妈正专心致志地炸鸡腿。我的心不禁一颤：都十点了，妈妈怎么还没睡呀！辛苦了一天，该早点休息了，我的喉咙动了动，没能发出声。

我没有打扰妈妈，悄悄回到了房间里。刚一进房间，我惊呆了：桌面上静静地躺着一本《意林》。我揉揉眼，不错，确实是《意林》。我激动地打开书，忽然，一张纸条飘了下来，像只轻盈的白蝴蝶。我疑惑地打开纸条，妈妈秀气的字迹映入眼帘：

乖乖：

妈妈知道你喜欢看书，但是看书要分场合，虽然你是在上小学，功课不紧，但上英语课也不能看课外书呀!今天妈妈送你本《意林》，希望你能改掉这个坏毛病。过几天你生日，妈妈会带你去书店一饱眼福的。

祝天天快乐！　　　　　　　　　　　　　　　　妈妈

我翻开日历，明天是妇女节，我一定会改掉这个毛病。我将《意林》小心翼翼地放进书包，等待明天的到来，心里无比快乐。

三分钟时间虽短，但效果还应是立竿见影的，它的随时随地保证了孩子写作的真实性，培养了孩子写作的敏感度；它的有目的、按序列保证了学生写作在有中心的基础上螺旋上升。

第三章　课堂仿写屋

阅读，可以品味文中的语言、人物、结构和表现手法等，而写作则是运用准确的语言、典型的人物、精巧的构思和恰当的表现手法来表达主旨。人们常把阅读与写作的关系说成是“水乳交融”，在学生使用的教材中，有许多可以进行仿写的内容。学生经过熟读精思后，便可在理解的基础上进行仿写训练。

仿是创的基础，学生写作中的方法、人称、地点、修辞等每一处的变动，都意味着学生的进步、创新，意味着对课文的进一步理解。为此，在语文学科的写作教学中，可以运用二者的关系进行写作训练。具体做法如下。

一、改写、仿写、扩写、续写

如在欣赏理解郭沫若的《天上的街市》后，引导学生进行题目、方法、内容的仿写，于是便有了《天上的学堂》、《天上的考试》、《天上的旱冰场》、《天上的家庭》、《天上的老师》等新奇的话题。文中同学们用诗歌的形式，对理想中的境界进行了淋漓尽致的描绘。

例文：

天上的旱冰场

我想，那飘渺的空中
定然有漂亮的旱冰场
那儿的学生
定能在旱冰场闲游
不信，你看
那一颗颗流星
定然是他们在进行花样滑行

二、扩充补白

扩充补白指教材中可以扩充的地方，可以让学生以作者的口吻补写出来。如果抓教材中可以扩的“点”让学生去想象、去假设，不但可以丰富学生的想象力，还可以培养学生的创新能力。一般说来，文章可以扩充之处有主旨部分、省略部分、简略部分等。例如安徒生的《丑小鸭》中丑小鸭变成白天鹅后的情况如何？鲁迅的《阿长与〈山海经〉》中的阿长买《山海经》的过程，让学生想象补充出来……这既解决了学生写作素材不足的问题，又加深了对文章结构内容的理解。

例文：

一天，阿长请假回家，来给小主人告别时，小主人并未在意，反正小主人也不喜欢她，走就走吧，小主人正忙着跟叔祖唠近乎，想让叔祖帮忙买《山海经》呢！

阿长并未觉察少爷的心理变化，兴冲冲回了娘家。匆匆吃过饭就要回去，任家人怎么劝留也不答应。哪曾想她并未踏上回主人家的路，而是来到路边书店，不识字的阿长要干什么呢？只见她走到店员身旁，问道：“你们这儿有有画的三哼经吗？”店员看她仆人打扮，不耐烦地说：“没有，没有，去去去，这儿是读书人的地方。”

阿长无奈地走进另一家书店，店家虽然热情，但实在弄不懂“有画的三哼经”是怎样的一本书，最后，阿长再次失望而出。

裹着小脚的阿长，不知转了几家书店，磨破了嘴唇，费尽了口舌，仍然一无所获。正在她失望时，她又看到一个路边书店，里面的老者正在看一本书，听到阿长问“有画的三哼经”，更是一头雾水。阿长着急地说：“孩子爱看的书，上面好像有画，都是奇怪的动物，帮着找找吧！”店长听着她的解释，看着手里的书，小孩爱看的，难道是“山海经”？“三哼经，对，一定是《山海经》。”

阿长从兜里摸出几个铜板，递给店员，抱着那本线装的《山海经》，用手擦了，再用衣角擦，嘴里不住地念叨着：“哥，《三哼经》我帮你买来了，你再也不用发愁了。”

三、评析说理

可以让学生对课文中的人物、事件、观点、语言去发表自己的见解，最好让学生跳出课文去评，只有跳出课文，学生才能发表独立的见解。如《桃花源记》一文，课文赏析结束后，可给学生布置《你如何看待陶渊明》；学了《杜甫诗三首》的《石壕吏》，可让学生去代表老妪去和吏评理，再把杜甫也拉出来评理。在评理的过程中，学生理解了课文内容，积累了语言，很好地进行了生活化写作训练。

四、疑点探讨

创新意识来自于质疑，善于发现问题，解决问题，才能有话可说，有话可写。如学完陶渊明的《桃花源记》，让学生讨论现实生活中真的有“世外桃源”么？在身边若真的出现不公平的事该怎么对待？以此引导学生适应社会、正确对待现实生活。学了《爱莲说》，学生质疑喜欢牡丹不行么？就势引导，让学生正确对待传统观点和个性张扬的问题。诸如这些，可以引导学生把课堂上的讨论或课下的思考自觉地写成文章，阐明自己独特的观点，不就是一次次生活化的写作训练吗？

教材本身就是个例子，课堂仿写屋的设计，不仅保证了学生课堂写作训练的数量，更重要的是学生在仿写过程中，积累了语言，创新了语言。在学生的潜意识里达到“一切阅读皆写作”的目的。

读书是学生生活的一部分，养成仿写习惯的孩子，也会把写作作为自己生活的一部分。

第四章　十分钟训练

“十分钟训练”是课前三分钟训练的延伸和提高。“三分钟训练”是学生快速审题、定题、写作等训练在片段训练中的每日必备，“十分钟训练”则是审题、定题、过渡、评价、写作各项能力在写篇章中的运用。其具体要求等同于三分钟训练，只不过评价语要求书写到作文纸上，整个写作过程应兼顾到布局、谋篇能力。十分钟训练其实就是一节微型写作课。

一、训练目的：锻炼学生的审题能力、衔接能力、过渡能力、评价能力，以及练习围绕中心写作、尝试进行细节描写等。

二、训练时间：两课时。（一个目标）

三、评价形式：

1.自评

2.互评

3.小组评价

4.教师点评

四、小组分工：（四人为一个小组，要求见第五章）

1.小组设组长一名，主持本组的工作

2.小组设评价执笔人两名（笔杆子较硬的同学担任），汇总组员评价，写出小组意见总评。

3.朗读赏析员1名，声情并茂地朗读本组最优秀作品。

五、评改步骤

十分钟训练的评改应强调“四读”，评出层次，制定标准，评出重点。具体操作如下：

一读：基本评改“字、词、句”

二读：针对写作具体要求评改

三读：针对写作基本要求评改

1.审题、定题（题目要小、新、巧）

2.开头、结尾（凤头——吸引人，语言含蓄生动，引人入胜；豹尾——含蓄，有力度，达到文尽意未尽的效果）

3.文章内容：猪肚

记叙文要有具体事——记叙文六要素要齐全；写事离不开人，写人离不开事

说明文——对象；特征；语言；方法；顺序

议论文——论点、论据、论证

四读：写作技巧

1.过渡语、过渡句、过渡段

2.出彩（引用、借用、化用等修辞手法；叙议结合）

附：典型案例

训练题目：《亮出自己的特色》

训练目的：学会写人物抓特点的方法

训练步骤：

一、三分钟训练

积累："马作的卢飞快，弓如霹雳弦惊"

简介"的卢马"，突出一个"快"字，"弓"突出一个"惊"字。请同学快速背诵，并改扩写本句。

点拨：

1.扩写古诗句注意要点——对象，对象特点，表现对象特点的描写。

2.这匹马这么快，它的外形怎样？行动如飞，动作如何？

3.霹雳弦惊的具体表现是什么？可以用哪个拟声词描述形象？

4.想象这两句诗描绘的是什么场面？请发挥你的联想和想象快速写一段话。

（以上内容由学生自由提问，教师归纳）

同学们紧紧围绕“快”字，形象写出了“马”的外形、动作，甚至想到它的声音。其实，任何人和事物都有自己不同于别人的特点，我们应该如何亮出自己的特色呢？

二、自我介绍——亮出自己的特色

教师示范：我是语言魔术师，我会用语言交流，并在短时间内进入别人心中，相信吗？（边说边试验）“哈哈，这位小伙子浓眉大眼，聪明伶俐，最会听课了，你的眼神就告诉我你极喜欢我——说说为什么？”（快速把话筒递过）

老师，我喜欢你，就觉得你跟我们心很近，还觉得不怕你，还觉得您的声音很好听。（听课老师笑）

还有一个学生的奶奶也喜欢我，信吗？

（教师模仿老奶奶）“哪个是一三班的王老师？我是你班同学某某的奶奶，我那个小孙子又偷吸烟了，他爸要打死他，你可帮我看住。”

“臭小子吸烟就是该打，但孩子还小，打坏了咋办？放心吧，他是你孙子，也是我的学生，咱想个办法别让他挨打咋样？”（对学生：怎么样，我俩是一伙的。）

“老师，我听您的！只要孩子不挨打就行。”

“您老又娇惯孩子不是？不挨打不是目的，得让孩子不吸烟才行！”

“对，对，对。”

“我给您老支一招……”

（教师对学生进行情景描述时力争用生活化的语言，突出语言风格，进而表达自己的性格特点。）

（对学生）：哈哈，我怎么样？你是怎么知道的？

“通过您的言语和表情，我知道您是一个善于沟通的人。”

可见，动作、语言、神态都能表现人物的性格，大家想想还有什么能表现人物性格呢？

下面请同学们选择自己最拿手的方式，说说你的特色。

何霏雪——尤其爱写作

郭雨薇——弹古筝

苑一哲——一切笑纳

王嘉希——有威信的班长

可见，一件事也可以表现人物的性格，不仅是事情，你的举手投足，甚至是行走方式、穿着打扮等等，都能显示出独一无二的你。请用笔亮出你的特色。

三、限时十分钟现场写作

略。

四、评价

1.自评环节：

(1) 10分钟内书写的字数。

(2) 根据基本评改要求，补充修改字、词、句。

2.互评环节：本次训练的目的——写出人物的个性特点。

3.集体评价赏析：文章布局、谋篇等整体效果。

例文：

我

五年级　王嘉希

“啪!”一声震耳欲聋的声响从第一实验小学五（1）班发出，这是怎么回事？从窗口向里一瞧，原来是威风凛凛的五（1）班班长正在管理班级呀！可是，好像没人听到黑板擦摔坏的声音，还是各干各的事，说话声此起彼伏。

只见班长眉头一皱，嘴角动了一下，微笑着把好朋友聚在一起窃窃私语。于是，班里有了背诗的声音。不一会儿，在她们的带领下，班里的同学都开始背诗了。

这个威风凛凛、足智多谋的班长就是本小姐——王嘉希。那天，我懂得了“问题是不能用武力解决的，管理班级得用智慧”。

我呀，还是一个活泼开朗的人。我还像《喜洋洋与灰太狼》中的小羊们，我的愿望——每天追赶太阳。有点可惜，这只是我的愿望。不过我真的想知道太阳住在哪里……这也是我的一个特点，爱幻想噢！

我还有一得意之作——漂亮。不知为何，家人都说我“臭美”。我却认为我长得“漂亮”，有“臭美”资本。不信你瞧：不浓眉，不大眼，睫毛也不长，但眉毛里透着灵气，眼睛里透着神气，睫毛里流着智慧，自我感觉良好！嘻嘻……

怎么样，记住我了吗？一个足智多谋、爱幻想又“漂亮”的小公主。

自评： 字数已达到360字，速度得到提高。自己说出了自己的性格特点，但表达得不够充分。

评语： 修改后的文章表现出你的“足智多谋”和“爱幻想”的特点。另外，开头的先声夺人，中间的自然过渡，结尾的点明中心，都告诉大家：你的写作水平在每天进步一丁点。

Yours Wang

2009年12月

每天坚持十分钟，胸有目标潇洒行。

即练审题和立意，讲究快入、力收露真情。

可见，十分钟训练是快速、高效、易行的生活化写作之路，建议教师快快从兴趣入手，引领孩子进入写生活的大门吧。

第五章 两课时，三环节，六步骤

——单元重点训练

有人说：“写作应当是‘自鸣天籁’，是个人情感、灵性的外化。”疏于写作，是当今中学生的通病，或曰无甚可写，或曰心有言而难成文。每次写作，或随心草就以敷师责，或剽窃他人文章以哗众取宠，文思并茂者凤毛麟角。中学生正值青春年华，心中那一池春水真是“波澜不惊”吗？“两课时、三环节、六步骤”应该是学生能写、会写、写得快的捷径。

“两课时、三环节、六步骤”

——快速高效写实作文训练课

常听专家讲快速作文，也见过不少教师在模仿专家上快速作文课，不能说没有一点道理。但根据笔者几十年的写作教学经验感知：快速作文能力不是一朝一夕就能练成的，更不是一节作文展示课就能促就的，即使一节课上学生在教师的指导下能有所进步或能快速、高效地写一篇文章，那也和学生平时的阅读量、积累量、词汇量是分不开的，它应该是在大量的阅读、观察、写实训练的基础上练成的。笔者认为“两课时、三环节、六步骤”快速高效写实作文训练应该是保证学生“快速、高效”写作的有效途径。

一、两课时

两课时是指从学生面对作文题目开始，到文章评价、修改、收交只用两课时时间。其中30分钟写作时间与中招写作时间30分钟相吻合，或者理解为正常的写作课时间。这里的时间要求，为学生快速审题、立意、写作提出了时间要求，使学生在思想上已做好快速写作的准备。

二、三环节

三环节是指写作大课堂可分三个环节进行。包括“10分钟精要指导”、“30分钟快速写作”、“40分钟现场评价、赏析”三个环节。在每个环节对师生的要求是绝对不相同的。

第一环节“10分钟精要指导”是学生在教师的引领下，进行合作、交流的过程。比如以“面子”为话题，写一篇简短的议论文。笔者是这样进行启发的：同学们，有首诗写得好啊，“面子诚可贵，生命价更高，若为祖国故，二者皆可抛”（同学听着我的打油诗，估计会哄堂大笑。在学生的笑声中进行启发）。老师引用的原诗强调的是对“自由”生活的向往之情，而老师编写打油诗目的是引导学生正确对待“面子”，面子在与生命、安全相冲突时，一定要放弃面子，寻找正确的处事方法。

面对这类议论文性质的写作命题，教师引导学生在生活中寻找材料的同时，还可以帮助学生进行有关该话题的名言警句积累，保证道理论证的有效实施。

第二环节即30分钟快速写作，具体要求是：

(1) 围绕中心不停地写。

(2) 不涂改，不会的字注拼音。

(3) 实在写不出来接着上一句随意联想，可以暂时抛开主题写下去。

(4) 写后小声诵读，下笔修改。

此环节的设计是根据一般语文考试时间为120分钟制定的。考场上用来写作的时间只有半个小时左右。要求围绕中心不停地写，一是为了保证不跑题，二是为了让学生养成一气呵成的习惯，强调文章的流畅度。而“可以随意联想”则是为了打开学生的思维，使学生有内容可写，突破考试字数关。当然，下笔修改环节提倡在平时训练中使用，考试时主张一遍成功，保持卷面干净。

第三环节40分钟现场评价、赏析，应首先做好以下工作：

1.分组。

一般以四至六人为一个小组，设组长一名，主持本组的评价工作

（有群众基础的同学为宜）；设评价执笔人两名，汇总组员的评价，并写出小组的总评价（书写较规范的同学执笔）；朗读赏析员两名，朗读本组最优秀作品（读书生动形象、有感情的同学朗读）。评价员一名，参与各组优秀作品的总评比（伶牙俐齿，有应变能力的同学担任）。

2.以小组为单位全员参与本组作品赏析。具体要求是：

（1）每人读除自己外的其他小组成员的作品，并写出旁批。旁批应指出典型的书写错误和语法错误。重点强调书写旁批的同学要给被评价的文章最低提出三条优点。要求书写规范。

（2）评价执笔人在进行综合评价时，应听取小组成员的评价，综合整理后认真书写到作文本上。

（3）经过小组商量后，每组成员推荐1~2篇代表性、典型性作文，参加班内评价、赏析。

3.教师快速浏览作品，找出典型作品，全班共赏，以3~4篇为宜。

4.师生共赏。教师的评价语与指导语应该与本次训练的目的环环相扣，突出训练重点与难点。

三、六步骤

六步骤是指在两课时、三环节的写作课堂上，包含以下六个步骤，供师生参考操作。具体内容如下：

1.学生快速、仔细、准确、审题（5分钟）

2.师生谈话，开启思路（5分钟）

3.围绕中心，快速写作（30分钟）

4.组内赏评作品（15分钟）

5.小组推荐佳作（10分钟）

6.筛选典型，师生评价、赏析（10分钟）

备注：课堂环节的结束，并不代表写作指导的结束，学生的作品，教师应该全部浏览，查找课上评价的不足或不妥之处，结合学生的写作实际，在评语中提出下次写作的训练目标，针对特殊的文章笔者提倡用面批加鼓励的评价方式。真正达到学生在写作中提高写作能力，在评改中取得进步的目的。

附：专项训练内容（以初中为例）

七年级：“这就是我”人物写生；“身边的语文”话题；感受自然风景；“月亮”话题；“家”话题；展开联想和想象进行仿写和创新训练；读名著有感；话题“成长的烦恼”；话题“爱国”；“心目中的名人”；“民风民俗及地方文化”；“探险”话题；“喜欢的小动物”、“最喜欢的书”

八年级：“战争与和平”、“普通人的爱”、“说明文指导——写物的说明文”；“说明文指导——写简单的事理说明文”、“传统文化的魅力”、“学写写景散文——动静结合”；“母爱”、“春天”、“环保”话题；“传统节日”；“写景散文——借景抒情”、“学写游记”

九年级：“雨”；话题“微笑与生活”；话题“青春”；话题“读书”；话题“金钱”；话题“千古风流人物”；“土地”；“学写小说”；“生命”、“心中的音乐”；“孔孟书海行”、“我的初中生活”

社会热门话题系列 有环保、爱心、国家进步典型事件、生活和谐、关心“三农”等。（依实际情况确定随机训练重点）

典型案例：

《他（她）就在你身边》教案

——如何写好身边的人之多角度立意

课型：写作课

适用年级：六、七年级

教学目标：

1.培养学生勤于思考、善于观察的习惯，形成“写作生活化，生活写作化，高高兴兴写作文”的学习规律，渗透传统文化之“为人服务”的原则，达到以教作文带教做人的目的。

2.教给学生多角度立意、选材，引导学生探究“细致描写表现人物”的写作手法。

学习目标：

1.学会多角度观察人物，并能紧抓人物特点。

2.在交流的过程中渗透传统文化——做人的教育。

教学过程：

课前活动

1."抓手"游戏，培养学生注意力

2.一分钟速记

子不教　父之过　教不严　师之惰

昔孟母　择邻处　子不学　断机杼

凡是人　皆需爱　天同覆　地同载

贤者　以其昭昭　使人昭昭

举状元　不知书　举孝廉　父别居

(课件：人物风景照，人物坐在一个大大的"诚"字上)

一、放映生活照片导课

将"诚"字捧在心中的她引导大家背诵了为人父母、为人老师、为普通人的名言警句，行走在自然中，又常常见到"母子同乐"、"乡村垂钓"、"找回童心"的她，能带给我们什么启发呢？

二、多角度选材立意（17分钟）

(一）对话导入（1分钟）——寻找写作源泉走近身边人

观察照片后回答，这是谁，这人怎么样？（照片为授课教师生活照）

学生自由谈话，说说对王老师的初步印象，并说明是怎样发现的。

(二）三分钟训练——换词（3分钟）

王老师的确是一位"和蔼"、"亲切"……（根据学生回答总结），但大家千万不要忘记她首先应该是孩子的妈妈——

这就是我儿子眼中的妈妈（出示例文）

写给妈妈

(外一首)

晚上我睡觉的时候，
听见你敲击键盘的声音；

早上我醒来的时候，
看见的是你伏案的身影。
……
妈妈，你的生命里
没有夜晚吗？

点拨：如果是你的妈妈，你该如何修改这首诗呢？

1.内容的改写：有关传统文化知识的渗透——妈妈应该是勤劳、善良、宽容的化身（昔孟母 择邻处 子不学 断机杼）。

2.形式的改写：（1）动词的使用；（2）当……时候

可见：同样的立意，可以选不同的材料。

3.顺势利导——自由谈话 拓宽思维（5分钟）

(1) 我是老师，而我觉得做老师首先得做好班主任：

由过生日图片导入——

我就在学生中间，我们是一伙的：讲述歌咏比赛的故事

(2) 我是语文老师：

①社会中的课堂（照片内容如下）

寻找饮食文化

亲近黄河母亲

寻找贤人足迹——江边垂钓

石拱桥探密

②学生参与的课堂

③课程整合的课堂

(3) 我是我——个人爱好

诗歌模仿秀（展示教师作品）

4.说话训练（5分钟）

“我”是谁？“我”怎么样？——注意多角度不等于面面俱到呀！选取你最喜欢的一方面，说一说。

小结：我是儿子的妈妈，学生的老师，同事的朋友，我还是父母眼中的女儿，朋友眼中的知己，社会上的普通人……我的学生是这样写我的。

5.出示例子（2分钟）

例子：

学生眼中的老师

“做人，不能做虚假的人，做事，应踏踏实实。”这是您经常教育我们的话，也是我听到的最多的一句话，我感觉到您就是这样的人！您的写作水平让我佩服得五体投地，在课堂上听您讲课更是一种享受，您那优美的语言把我们带进了知识的海洋。

同事眼中的朋友

有这样一位同事，她爽朗的笑声每天都在办公楼里传播；有这样一位大姐，她热情的身影总在需要的时候出现；有这样一位语文老师，她精彩的课堂总是让学生激情高涨；有这样一位班主任，她响亮的名字总会在学生张口时变为妈妈、王头、老王——她就是我的同行王焕银老师。

总结过渡：

作为自然人，作为社会人，我们的传统文化要求我们为人母，为人友，为人师，为人子，讲究“子不教，父之过。教不严，师之惰”，弘扬“昔孟母，择邻处，子不学，断机杼”的家教，讲究“贤者，以其昭昭，使人昭昭”的渲染；倡导“凡是人，皆需爱，天同覆，地同载”……我们身边人又是如何体现这些品质的呢？

三、牛刀小试——我口说我心，我手写我口（14分钟）

（一）学生现场写作（8分钟）

选择你身边的人，通过写片段进行多角度立意。

时间:5 ~ 8分钟

字数:100字左右

要求：

1.先想后写，写真话。

2.中间不停笔，不会的字注音或隔过去。写不下去时抄上一句，不做任何修改。

（二）快速修改（可根据时间调整）

1.自改要求（2分钟）

（1）写完之后，立即进行。出声读文章，对自己能够发现的错别字、病句自行修改。

（2）反思：

①最得意的一点。

②遗憾与不足。

2.互改（4分钟）

（根据时间可做调整）

（1）仔细阅读文章，扮演好角色。

语言医生；语言美容师；语言欣赏家

（2）写寄语。要求：

①书信格式。

②用第二人称，语气亲切，态度诚恳。

③公正地指出你认识到的亮点、优点和不足之处。真诚地提出合理化的建议。

四、含英咀华——我推荐，我欣赏（4分钟）

注意教师评价语：

1.立意新。从“切入点好，表达手法合适，语言清新，修辞手法使用得当”等方面评价。

2.立意真。从“有眼光、会生活、会倾听、会发现、会欣赏、会理解、有爱心”等方面评价。

小结：作为有深厚传统文化底蕴的中国人，用心观察生活，用心品味生活，你就会发现生活多美好，用心设计人生，用心打造人生，你就会顿悟：做人真幸福！将你的美好，你的幸福流露于你的笔尖，看到笔尖流淌的涓涓溪流，你又会豁然开朗——溪流里的朵朵浪花原来是你身边的人组成的，纵然浪花的形式多种多样，但稍一留神你就发现了那最亮丽的一朵——它这么靓，原来是你那双慧眼和那颗心决定的！同学们，让我们拥有生活，用我们的写作习惯来丰富我们的生活，真正做到生活写作化、写作生活化。

五、拓展延伸——方法梳理：（幻灯片展示）（根据时间可做调整3分钟）

(1) 写人⇌写事

(2) 抓特点，多角度 { 外貌 / 语言 / 性格 / 爱好 / ……

(3) 写细节，写具体

课堂小结：写人，必须抓住人物的特点，进行多角度的立意选材，但仅仅多角度选材是不够的，还需要对人物进行细致的描写，所以本课只是一个引子，而关键应该是养成写作的习惯。齐读——让我们生活在写作的海洋里，在写作海洋里汲取传统文化的营养，在生活作文中扎实做人，做合格的社会人！

六、作业超市——任选一题（1分钟）

1.写人可以从多角度抓住人物的特点，请你就你身边的人为对象，完成一篇写人的文章。

2.多角度立意能保证你写作中心突出，但要想生动形象地写人，还离不了细致的描写，你知道哪些描写方法，用上一种方法写一篇自我介绍。

附:板书设计

写人，写身边人

特征（不同于其他人）

多角度选材

教学反思：

开课自然入题，将学生自然带入，学生在对话中进入状态，未加入任何框子，这也是评委老师极力赞赏的一面。但生活化的写作思路，生活化的语言，使教师与学生融为一体后，教师语言不够精练，有种抢镜头的感觉，学生的写作时间应该定在20分钟，评改改为2分钟，赏析，评价指导可单独进行。

备注：该课获国家级优质课一等奖。

教师下水文：

美丽的女人　幸福的女人

她是一个幸福的女人。

她是我与同伴住到新乡某宾馆后见到的一位拥有一双儿女的女工。那天一上五楼，我们便见到这样一幅画面：

两个坐在吧台旁边的穿着很普通、很朴素的孩子，一个男孩，一个女孩，两双有神的眼睛，飞速地瞟了我们一眼，他们身边是呼呼地吹着的风扇。

“天很热，让孩子来我们房间玩吧”，做惯了老师的我，有意无意地对给我们拿钥匙的女工说：“不用、不用，不热，他们有电扇”。妈妈的回答让两个孩子的胸挺得更高了，他们又快速地瞟了我们一眼，装出一副“看也不看一眼”的样子，仍在“认真”地读书。是呀，他们怎么会觉得热呢，他们有能把冬天变暖、夏天变凉的妈妈。

此时的妈妈已走出值班室，笑嘻嘻地给我们去开房门，也就在此时，我才注意到这位拥有两个孩子的幸福女人：白色的劣质休闲T恤，黑色的宽腿棉质九分裤，一双保洁人员常穿的黑色平绒方口平底布鞋，细腰大臀，一头黑色的瀑布倾泻于腰间，典型的中国古代美女身材……

“呆了？……”同伴用手拍了我一下，然后两人一起看着走在楼道里的那位清洁女工。

这位飘逸地走在我们前面的女人是一个幸福的女人，我与同伴不约而同地低语：“真是一个幸福的女人！”

开门后的她幸福地看着我们，轻声问道：“你们是教师？”天哪，此时，我才真正看清了她：一双浓眉，一双大眼，一张小巧的嘴，再凑上那个可人的鼻子，竟拼成了一道靓丽的风景线。

真是美丽的女人，一个幸福的女人。

真是幸福的女人，一个美丽的女人。

学生作品：

印象贾玉蕾

六年级 沈子昂

在我们班的女生中有一个另类，她有一张肥肥胖胖的脸，好像一个圆圆的大西瓜，还有一个小鼻子，鼻子上骑着一副眼镜，眼镜后面还有一双焕发光彩的小眼睛。那眼睛整天“滴溜溜”地转个不停，好像一个大风车。她的嘴陷在她那大大的脸庞当中，好像处在一块盆地中，越发显得小了。但这张嘴却能说出许多幽默风趣、美妙的话语，真是一张伶牙俐齿的小嘴巴呀！（句子矛盾，应改为：天生的伶牙俐齿！或：简直是铁嘴铜牙纪晓岚转世）。

她总穿着一件紫色的羽绒服，好像一百年都没有变过。由于体型太胖，又没有采取减肥措施，所以她被许多同学戏称为“狗熊”。但她却很少因此生气，脸上总是挂着甜甜的笑容，并且她还有一个优点，那就是大气，真是一个乐观主义者。

说起她的乐观主义精神和大气，那事例可是不胜枚举。比如说：有一次她在与一个女生追着玩，我身边的孙嵩见了，大声吼道：“不好啦！狗熊要吃人啦！”立刻引得旁边人哄堂大笑，而贾玉蕾却只是回头瞪了孙嵩一眼，咧开她那樱桃小嘴不好意思地一笑，缓解了尴尬的局面，又接着玩儿去了。大气！真是个大气的好女孩！

这就是虽然胖，但却非常乐观与大气的我的好朋友——贾玉蕾。

评语：子昂，读后感觉生动形象。就好比看到贾玉蕾本人，但总体感觉“不过瘾”，如能再补入一件事，可能会使贾玉蕾的形象更鲜活。

Teacher Wang

2008年3月13日

导入、评改、赏析……每个环节渗透的都是写生活，记叙、描写、议论、抒情……每一个章节都是活写生。相信孩子们在六环节的引领下，在写作敏感性的帮助下，必能用真实的笔，活生生地写出自己的生活。

第六章　日记训练

这里，先谈谈循环日记，再以循环日记为例，谈日记的书写、评改与坚持。

一、训练目的

养成学生写日记、善自评、会自评的习惯，使学生在评改中训练笔头、磨炼意志、陶冶品质。

二、训练要求及基本内容

1.分组：全班以座位远近为依据，每六人为一个标准小组。

2.小组合作完成以下内容：

(1) 给小组起一个美丽、动听的名字（写在封面）

(2) 组员基本情况、性格、爱好介绍，并给每个组员起一个雅号（写在扉页）

(3) 每人一句名人名言或信奉的格言（写在封底）

3.轮流书写：以周为单位，每人一篇，自由写作。

4.写作要求：

(1) 写实——真情实感。

(2) 写具体——血肉结合、叙述描写。

(3) 有积极意义。

(4) 书写作为一项重点评价指标。

(5) 推磨轮流批改：在写日记前，先看上篇日记，并写出鼓励性及指导性评语。

写评语的具体要求：

⑴ 针对内容写出自己相同或不同的观点。

⑵ 最低找出一个闪光点，并说明喜欢的原因。

⑶ 写出鼓励性评语一条。

⑷ 写出有指导性建议的评语一条。

5.分组交流：

每组推荐本周优秀文章2～3篇，由作者本人在班内朗读，全班同学做评委，评出本期最佳作品，进行鼓励。

具体时间:

周一下午自习课

月考后的第一周下午自习课

期末考试后的放假之前。

该训练在开始时，交流时间为一周一次，一个月后可调整为每月一次，学期末评出优秀小组2个，最佳写作手6～10人。

该环节的有序进行，不仅是学生写作生活化的一个切入点，更是学生兴趣写作的一块敲门砖，同时，该训练还是班主任了解班级情况的好帮手。比如在一次班内失窃后，很多同学关注此事，于是有许多小组选择了这件事，在一周总结中我发现有一个同学是这样评价的："其实，这件事并不用大惊小怪，同学既然拿了钱，说明他很需要钱，要不他怎么会冒这样的险呢？10元钱对学生来说不是小数目。这位同学如果仅仅是为了解决手痒的问题上游戏厅或者嘴痒的问题买零食，大家不要原谅他，甚至可以进行人身搜查。试想一下，如果这位同学确实是急需使用，我们不应该帮他解燃眉之急么？"字里行间流露的是真情，是同情，是理解，难道……？当然，我没有往下想，只是尽我最大的努力接受了劝告，停止了追踪，并且以这篇文章为教育蓝本，上了一堂班会课。班会课上，教育的主题是"小时偷针，长大偷金"，明确了"偷"是高压线，触电的后果是可怕的，甚至丢失的是身家性命。钱，老师拿出来补给丢钱的同学，人人写生活反思日记。这10元钱的收获可不仅仅是65篇反思日记，它收获的是同学少年时的思想洗礼，因为从那以后，我班再未丢钱。

循环日记是生活化写作中的一场练笔接力赛，这场接力赛的接力棒犹如如意金箍棒，可以吹口仙气变为“反思日记”、“总结日记”、“心得日记”、“赏析日记”等多种形式的日记。

反思日记是“吾日思吾行”的反思平台，要求学生用慢镜头的形式，回忆一天最精彩或最值得记忆的片段，用语言生动描绘成一个个慢镜头，强化生活积累。比如“一个同学厌恶的眼神竟然调动起你学习的积极性”这一现象，便可引导学生将这位同学的眼神形象地描述出来：那双恶眉下的豆子大小的眼睛，斜视了我一眼，连眼皮都没有抬一下。那种轻视、那种小人之见，深深地刺入我的眼睛，而后轰然跌入我的心底，紧接着便是浑身血往上涌，伴随着一阵热气，我眼睛湿润了——不就是没你考得好吗？等着瞧！小作者首先对这种眼神进行描写，进而真实再现了刺激心灵的全过程，为以后写《最难忘的一瞬》积累了素材。

总结日记被同学们称为“小小生活评判员”，即学生可以以天为单位，也可以以周为单位评价自己所作所为，为以后的议论文写作积累了素材。下面是一位同学成功地跳过鞍马后写的总结日记：

今天，我有一个壮举，我终于克服了怯懦，跳过了那匹鞍马！看来就如王老师所言：“只有想不到，没有做不到！”我想跳过那匹鞍马，我尽力了，我便成功了！

当然，成功还来自同学的鼓励。忘不了张宁为我捏紧的小拳头，忘不了张立伟为我加油时憋红的小脸，忘不了乔德章的怒骂：“是八班的班长就别当狗熊！”……此时，我可以向全世界高呼：“我不是狗熊！”

其实，我的成功还来自老师的示范、指导，体育老师一遍遍地带我跳，示范后精心地讲解动作，讲解后再示范，最后跟在王老师身后，一举跃过鞍马！

成功，来源于各种因素，但最根本的因素是“爱”。

当然，我也赞成学生写一句话总结日记。如：“今天的数学课堂上我是一个智者，因为我用了最短的时间攻克了一道难题！”“哈哈，好一个情景记忆法，我创设了情景，我完成了背诵！”“这节课上的好吗？笑了一节课，但我没有收获！”日记语言不在多，有效即可！

被称为“知识小背篓”的心得日记，让学生长出“一双慧眼”的赏析日记，同样是在引导学生养成善于观察、善于发现的习惯。如：英语单词的识记小窍门真有趣，我也要给快速识记助一臂之力，我推荐的单词是：dinner——我弟（di）弟在上幼儿园，只有晚上才可见到他，听他“呢呢（nner）”的吃晚餐的声音，真有趣！再如：这个流鼻涕小伙还真行，只见他用手擤了一下鼻涕，随手在衣服上一抹（邋遢的让人讨厌），便拿起粉笔在黑板上写着，字迹清晰，笔画流畅，这道把我们全班同学都难得无言的数学题，对他来说竟然是手到擒来，啧啧！脏小子还有金刚钻，让人佩服之至。

总之，多种形式的日记，不仅可以激发学生爱好写作的兴趣，还可以培养学生养成观察、书写、赏识、发现的习惯，为学生的人生奠基。

第七章　自由写作训练

当写作成为习惯时，就真正达到了一种境界。而这种境界的追求过程说起来那么简单，只要我们用心生活，留意欣赏生活就足够了。饭桌上一盘色香味俱全的菜，妈妈的一个笑脸，行路人的一声叹息；买菜人的吆喝；扫路人的歌声，两个一块回家的孩子；因生气脸色变红的老师；飘落的树叶，发黄的柳树；盛开的鲜花；天空那只孤零零的麻雀……平平常常的生活就是我们的写作对象。

比如，与儿子一块上学的孙松，来我家玩，无意中看了一个我正在书写的教案。小家伙提出了几个措辞问题，在孙松的帮助下，我竟然茅塞顿开。当时，我脑子里蹦出的是“交流使人进步”，而孙松品出的是“虚心使人进步”，孙松陈述理由如下：

阿姨是优秀老师，又是成年人，还虚心地向我请教，我虽然没有帮助阿姨修改什么，但我的质疑却让阿姨找到了她理想的词语。“虚心使人进步”，在这里得到证实。

听了孙松的陈述，我进行了趁势诱导：“真经典，其实你刚才说的一段话就是一篇文章的结尾。这篇文章的开头结尾已经蕴涵其间，要不，现在就动笔写一下？”

孙松和儿子动手写作，笔者也产生不写不快的感觉，与二人同写如下：

交流使人进步

“交流使人进步”，活到38岁的我今天才懂得了这句话的真谛，并且我的老师是一位14岁的中学生。

一向爱交流的我，总把我的学生，我的孩子作为倾诉对象，虽然，有时对他们不抱任何希望，仅仅是拉近心理距离的一个手段。今天，儿子的同学孙松一进家门就被我拉到电脑旁，“帮”我备课。

我像与同行交流一样，直接与孙松交换我的话题："题目是你们中学生写过的题目，但对象是小学三年级的孩子，如何将咱们的'写作生活化，生活写作化'渗透在本节课上，让我们的中小学生写作一体化落实在行动上呢？阿姨的思路是这样的——"

"阿姨，照相环节安排的的确是好，但我觉的语言不美，跟下面也不对照，不如改成——"孩子在思考之时，我脑子里已经出现了"照照你自己"的环节，孩子思考后脱口而出的竟然跟我一模一样！

交流使人进步！

只要留心生活，就会发现"生活处处皆写作"，只要让我们带着爱心、善心、同情心、满足心走进生活，那我们就能用笔书写我们心中的文章。

附："自由写作"案例

训练内容：从图形"针和线"谈起

活动目的：

1.培养学生认真思考、静心学习的好习惯。

2.训练学生快速写作的能力。

预设结果：（文章中心）

1.认真

2.安全

3.由图随想

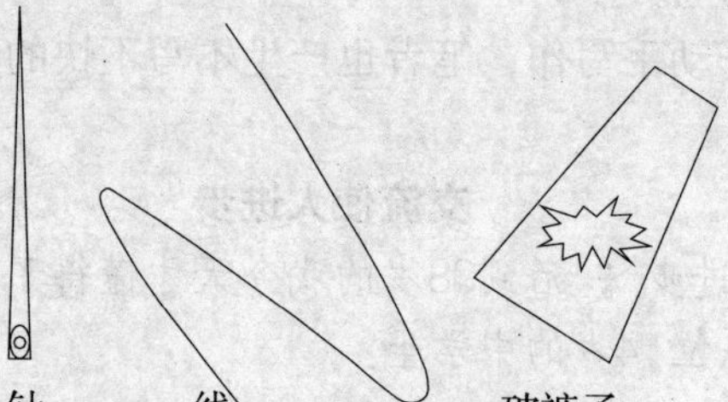

训练过程：

一、老师用简笔画板演以上图形

引导同学视图后，老师说：“同学们，这儿有一根针、一根线，还有一条破了一个洞的裤子，看到此情此境，您想提什么问题?你又能想到什么?”请同学自由、随意地提出问题。

预设：

1.怎样缝补?

2.由图想到什么?

补充：

3.那个洞其实挺好看的，为什么要补?

4.老师，非得是缝衣服的问题吗?

二、同学观察后进行随意想象，自由发言

略。

三、十分钟写作训练

1.围绕中心，不停地写。

2.不修改，不过分咬文嚼字。

3.写完后出声地读，直到修改通顺为止。

4.组内交流，推荐优秀作品。

四、优秀作品展示

归纳中心

(一) 团结就是力量

寓言故事——将以上三种事物变成人物形象，想想他们之间发生的小故事。

叙述议论——讲三者的重要作用，互助才能成功。

(二) 时髦与大方

社会的怪异现象——奇装异服

人生的怪异现象——黑白不分，是非颠倒的青年时代

(三) 艰苦朴素与社会进步

精神与行动的结合——有条件完全可以讲吃讲穿

高效与艰苦朴素——不会干的活非会不可，既误时，又误工，可能会损失十条裤子的代价

分工与合作：各司其责——不必要做完美能人——裤子破了由缝

纫行业来解决

（四）操作过程的精细化

认针——缝补——熨烫

过程联想——由“认针”联想到“认真”——认真是人生的成功基石

（五）化丑为美——将烂洞缝补成一个漂亮的小花——从事情的多角度思考事情的多面性

（六）“针”是不安全事故隐患，一定要注意安全！安全是第一必要

五、美文赏析、积累

妈妈的爱

“刺啦——”坏了，我的新裤子被划破了！我看着新穿的裤子好端端挂了彩，眼泪在眼圈里直打转，后悔呀——为什么非要在课间几分钟干这傻事呢？

一顿揍可能可以避过，挨剋肯定是躲不过了，最可恼的是下一节课间还不好意思再出来玩了。好歹挨到放学，好歹抬起如铅重的腿磨蹭到家。本想直奔卧室，给妈妈来个调包计，哪知老妈已经等在门口了。看我书包耷拉在屁股上，以为我累得走不动了，赶紧接书包过去，哪知我死死拽住不放，老妈用怀疑的眼光看了看我，没再坚持。我逃命般飞向卧室，换上裤子。

“开饭了——”妈妈拖着声音在餐厅大叫。我释然，还好，她老人家最终还是不知道，暂时躲过一劫！

一边吃饭，一边听妈妈讲故事。好像讲的是牛奶撒到地上的故事。妈妈强调说：“牛奶撒了是一个事实，人不可不尊重事实，但我们必须敢于承担责任，其实好些你认为糟糕透了的事情，往往是精彩极了！”

自认为藏好裤子的我心安理得地吃饭，心安理得地写作业。这时，妈妈走进来轻声说道：“妈妈帮你买了一个背靠背布贴，粘到你新裤子上，裤子会更美的。”

天哪，布贴这么合适——再看妈妈神秘的笑脸，我不好意思地低下头。妈妈笑着说："傻小子，还不拿来针线，妈妈开始教你缝布贴。"

划破的裤子摆在桌子上，妈妈开始了穿针引线……

评语：小作者围绕插图想象了一个合理、生动的小故事，其实读着故事，好像回到了我们的生活中，划破裤子、妈妈讲故事、缝裤子等生活中的小片段便出现在我们眼前。可见，一篇文章可以将不同时间、地点，甚至是不同人物身上发生的事放到同一件事中去描写。这就是常说的文学来源于生活，而又高于生活。

自由写作训练中的自由，应该理解为选题的自由、立意的自由、命题的自由、文体的自由、语言的自由……。自由既是指自然、恬淡的生活，用不加修饰的语言信手拈来的一种写作境界，更是同学们留心生活、观察生活、欣赏生活的一种心境和一种写作敏感性。期盼：自由生活的孩子们在自由成长的过程中，让"自由写作"的习惯伴你一路同行。

第八章　写作收获篇（每周回顾）

“编筐编篓贵在收口”，引导学生进行写作反思是写作中很重要的“收口”训练。该项训练一般在周末、月末进行。具体做法是：

1.读近段作文及评语，找出自己的靓丽之作，在班内朗读，全体师生共同赏析。

2.找出自己的败笔，同样推荐给大家，提醒同学不要犯同样的错误。

3.错别字积累、修改。

4.吸收别人的一条优点，并现场仿写。

5.评价语赏析，选出优秀评价语。

评价标准：赏识在前，评价真实、中肯，有指导性建议。

6.制定下一阶段写作计划。

总结的形式有很多种，下面来谈常用的几种：

电子屏幕展示应该是最受学生欢迎的一种总结形式，这种课一般是在微机教室进行。学生在终端操作时，先选出自己认为最有特色或最有借鉴价值的文章，复制到ppt演示幻灯片上，将不同特点的句子用不同的色彩表示，并在句子旁边批注选取此句子的原因。如：此处的描写特形象，“爸爸行走时就是一阵风，但有的爸爸就慢如蜗牛”。如果有相同的精彩之处，就将两处在一张幻灯片上对比评价。如果是全文赏析，则需将对全文的评价赏析（见第九章七步评改法）分块书写。

另外，小组自由交流法、佳作朗读法、手抄报、推荐发表、班级黑板报、日记（同第六章日记训练）等都是收获写作技巧的途径。教无定法，学亦无定法，只要是能调动学生写作积极性，激发学生写作欲望，运用生活化语言写作的方法都是最好的方法。

第九章 评 改

“七步评改”法

“七步评改”法是教给学生自己修改作文的扶手，教的过程应该是教师“扶一半扶一放”的过程，体现在学生学习上则表现为“接受指导，以方法自评，自行评改”的过程，这是遵循循序渐进原则进行教学的过程。具体步骤是：

1.指读或精读，解决错别字，不通顺的句子。

2.速读赏析，发现优点。

3.再读注重结构，突出过渡、总起、总结及点明中心的句子。

4.总评内容表达清楚，明白。

5.是否学会细节描写。

6.是否正确、恰当地使用修辞手法。

7.文章是否出彩。

小学六年完成前四步即可，对六个年级的具体要求分解为：

1.指读句子，让每句话都通顺。

2.指读句子，让每句话都明白，纠正错别字。

3.细读片段，让一段话能围绕一个意思表达，顺序合理。尝试修改不通顺的句子。

4.细读篇，能读出写作目的，并尝试评价文章是否能围绕中心写。

5.内容表达是否清楚，明白。

6.速读赏析，发现优点。

小学中低年级的评价以口头评价为主，引导学生进行真实评价，三年级开始指导写评价语，四年级尝试独立写评价语，五、六年级独立写评价语。三、四、五年级评价语的模式可以模拟以下形式：

我最喜欢你写的______________________，因为我好像看到______________。（引导学生写生活）

我读明白了你本文是想写____________，你也表达了你的意思，比如：________________，如果你能______________就更好了。（引导学生写有中心）

围绕__________这一中心，你把__________、__________都表达的清楚明白，为了让你的文章更美，我想给你提一条建议：____________________。不同意咱们可以商量。（引导学生会提建议）

以上的评价模式，只不过是一个扶手，形式和内容都可以由师生在使用过程中修改、优化。

中学三年时间，学生应学会七步评改法。以上七步对学生的要求是螺旋式的梯度上升，具体要求如下：

初一：

(1)解决错别字，不通顺的句子，能读懂写本文的目的。

(2)内容表达清楚，明白。

(3)注重文章结构，突出过渡、总起、总结及点明中心的句子。

(4)速读赏析，发现优点。

初步理解以上要求在文章中的体现后，并尝试在评改记录里运用以上四种要求，写评语。评语可按照以下模式：（有模式，但更主张走出模式或自创模式）

通过对_________的描写（或记叙），表现了_________的中心。语言通顺，表达清楚，但是（指出一条缺点）________________还有欠缺，错别字、不通顺的句子是：______________。相信你（写一句鼓励的话）____________________。

评价人：　　　　　分数　　　　　时间

不同层次的学生要求不同，分“合格、良好、优秀”三个格次，三个格次对应的条款要求依次为：1、2条；1、2、3条；1、2、3、4条。所属格次由学生自已认定，认为自已在初始评定的格次上已经合格，可以申报上一个格次。

初二：

评价语为半开放式，教师出示扶手：（有模式但不唯模式）

文章不仅从（卷面书写、语言文字等）__________外在方面令人悦目，同时从（结构、技巧、内容、中心等）__________方面也很有独到之处，我最喜欢的是你的（文章出彩、吸人眼球的一个词或一句话等）__________处，它简直是神来之笔，给你的文章增色不少。

评价的具体要求：

(1)精读解决错别字，不通顺的句子。

(2)速读赏析，发现优点。

(3)再读注重结构，突出过渡、总起、总结及点明中心的句子。

(4)内容表达清楚，明白。

(5)学会细节描写。

(6)正确、恰当地使用修辞手法。

合格、良好、优秀三个格次对应的条款要求分别为：1、2、3条；1、2、3、4、5条；1、2、3、4、5、6条

初三：

达到以上七条，并培养快速修改自己文章的能力，注意保持书面的整洁。（写出具有自己风格的评价语）

合格、良好、优秀三个格次对应的条款要求分别为：1～5条；1～6条；1～7条并能快速自行修改文章。

一切形式都是为内容服务的，不管何种形式、何种要求，都应该引导学生进行生活性评价，所以教师在书写评语时更应该注意运用生活化的语言。比如：学生在写作中出现“老王”、“王头”这样的称呼语时，我都会在评语中写上“感谢你跟老师的零距离亲近，老王的称呼让我感觉到朋友般的温暖”；落款时我也很少只写日期，一般会用“爱你的、盼你成功的、相信你会更加努力的、盼你进步的”等系列短语，以表示老师就在你身边，老师就是你的，称呼的生活化感染了学生，所以孩子们写作中就不免有“想你的、爱你的”等称呼性语言，

体现了生活化写作的内涵。

评改例文

可爱的王老师

四年级

王老师戴着一副眼镜，短短的头发，穿的衣服宽大，特别可爱。就连发脾气，也是三分火气，四分可爱 。（旁批：肖像描写成功之极，谢谢你的表扬）

王老师总说："赶紧写，谁写不完我就揍他。"可是，老师基本上没打过谁，就算打，也就是捏两下，拍两下，特别温柔。可是，（旁批：记得有一次，我上课又说俏皮话——接着写下去。）

在我被"打"时，却受到稍小的"伤害"：为躲避老师的巴掌，我一下子扑到了墙角，摔倒在地上。王老师立刻担心地叫到："没事吧？儿子？"我的屁股虽然疼，但是听见了老师的话，我感到了温暖。

王老师也很爱运动，在老师疲倦时，爱做操：摆摆手，扭扭腰，摇摇脖子，眨眨眼。很可爱。（旁批：过渡得特别好！只是过渡过来应该再写一件事，看王老师是如何爱运动的？她做这个动作的目的是什么？是为了上课，还是为了锻炼身体？请补写锻炼后王老师的一件事!）

这就是王老师，这就是可爱的王老师。

评语：肖像描写特别成功！动作描写也很形象，但你忘了只写你的动作还不够，应该写出王老师"打"人时的动作和表情！再选一件事，王老师的形象会更活灵活现!

盼你学会学习的王老师

2008-3-22

作文评价语

每批改一次作文，就是师生之间进行的一次思想感情的交流。

学生作文是心灵的流露、情感的抒发。教师批改则是思想的启迪、感情的疏导。若每篇作文的批语都是“句子通顺，结构完整”之类，不但教师觉得乏味，学生也会感到无关痛痒，以致熟视无睹。如果教师能在批语上花费一番精力，达到评语生活化的目的，其结果会事半功倍。

如何理解作文评价语的生活化呢？以一次作文为例：文章写的是同学关系难处，人心叵测，自己很是苦恼。我开始就在批语中写道：“……不必如此，事在人为，以善良宽容之心待人，你会收获许多。”但仔细读来又觉不妥，这不是在变相批评这个孩子的不宽容吗？于是笔者又从文中他对同学的一段描写入手，帮他联系了生活画面，补充到：这小子，别看此时龇牙咧嘴，平时我俩还真是如胶似漆……省略号后我加了这样的提示语：把那天你俩在操场上，勾肩搭背的幸福像描写一下，他还讨厌吗？

批语写到这里，笔者仍觉得不够味，于是笔者又在初写的评语后加入这样一句话：

“其实，老师早就发现你那颗善良的心了，只不过对人的理解是多方面，当你感到委屈不理解的时候，不妨换个角度看一看。信任你的王老师”

这位学生感到有人理解他，更加积极认真地写作，同时尝试着用微笑面对生活，最终赢得了同学的信任和友谊。如此看来，教师的批语直接影响着学生的学习、生活以及人生的态度，故不可等闲视之，更不可敷衍了事。

作文评语必须把握以下几点要求：

1.针对性

作文评语如果求其全面，会不得要领。在评改时要抓住习作中的主要问题进行点评，指明方向。

2.鉴赏性

评语要落在一个“赏”字上：赏其取材新，赏其立意深，赏其见解独到，赏其构思巧妙，赏其态度认真等，使学生感受到自己的成功并品尝成功的喜悦。

3.文学性

一条好的评语应该具有文学色彩，具有生动活泼的语言和耐人寻味的含意，让学生带着欣赏的态度去阅读领会。

4.幽默性

枯燥无味、僵硬刻板的评语，学生必不乐意看，也就起不到导向的作用。一句深刻幽默的评语，可创造愉快的学习环境——即使是批评，学生也乐于接受。

5.情感性

评语要有真情实感。学生一旦从评语中品出了鼓励和希望，他们会马上产生成就感，兴奋起来，振作起来，花费数倍于教师的心血投入到作文中去。

有这样一则寓言：冬天，北风想把人们的衣服脱掉，于是板着面孔使劲地刮着。风刮得越大，人们的衣服穿得越多，裹得越紧；而春风却不这样，她轻轻地吹拂，带着暖意，带着温馨，于是人们敞开了胸怀。我们的评语不也应该像这轻轻吹拂的春风吗?

我国著名的教育家叶圣陶先生在一次讲话中指出:“作文教学要培养学生自改的能力。”在作文教学中，引导学生自改作文是一个很重要的环节，一定要改变“老师改，学生看”的传统观念，要教给学生修改作文的方法，使学生在修改作文的训练过程中，逐步养成自改作文的习惯，形成能力，提高作文素质。自改作文的操作方法如下。

1.激发兴趣

(1)借故事说理。古今中外许多著名作家都有修改文章的轶闻趣事。如，我国古代文人贾岛“推敲”的典故，叶圣陶先生对文章精雕细琢的故事等。老师可以根据小学生爱听故事的心理特点，把这些故事讲给学生听，也可让学生搜集这方面的故事，开故事会。这样，就把修改作文的重要性和必要性的道理融于这些故事之中了。

(2)用比较引趣。先在小范围内启发几个学生修改作文，然后张贴出抄正稿和修改的原稿，再请学生参观议论。学生对照比较后，看出修改后的作文有了明显的进步。结果，先走一步的学生尝到了成功的乐趣，还引得其他学生跃跃欲试。

2.分阶段训练

在训练作文自改能力方面要掌握阶段性，从“扶”到“半扶半放”，最后到“放”。

首先，由教师进行示范修改。在学生还没有自改能力时，教师可选择具有代表性的作文，面对全体学生边批改边说明，让学生直接感知教师批改作文的全过程。评改的目的应做到“十查”：一查观点是否明确；二查重点是否突出；三查内容是否充实；四查扣题是否紧密；五查详略是否得当；六查结构是否完整；七查文笔是否简练；八查句子是否流畅；九查用词是否确切；十查标点是否准确。

其次，让师生共改。在课前选一些具有代表性的作文印发给学生，让他们阅读思考，做好修改的准备。上课时，由教师进行启发和点拨，让学生各抒己见，讨论批改。

再次，是相互批改，交换意见、取长补短，最终目的是达到自己修改，自我完善。给学生写出100字以上的批语，谈谈修改作文的意见或感想。批改结束，作文本发到作者本人之手后，要求学生认真阅读评语，反思写作得失，总结问题，写200字左右的作文后记，这既是一次小练笔，也让学生真正明白了自己作文中存在的毛病，对进一步提高作文水平有极大的促进作用。

3.扮演好角色，以读为主“四步批改法”

（1）语言医生——指读改错漏，即指着文章一句句地读，可以发现错别字、添漏字、意思重复等明显的错误，甚至误用漏用的标点符号等，并及时加以修改。用横线标出错别字、病句，并修改二三处。

（2）语言美容师——朗读改语病，如有拗口和连接不畅的地方，必定有毛病，要及时查出原因，动笔修改，加工润色你认为平淡的语言。

（3）语言欣赏家——品读求提高，对水平相对高的同学可以提出更进一步要求，即对自己的习作在选材准确、内容具体、语句通畅的基础上，通过自我品读，在遣词造句方面再下一番“锤炼”的工夫。用曲线标出你所欣赏的句子，并赏析二三处。

（4）写寄语——默读写评价，公正地指出你所认识到的亮点、优点和不足之处，真诚地提出合理化建议。

4.坚持训练，毫不松懈

(1) 即写即改。这是要求学生作文时，先一气呵成，写后就改，并在批改栏内写出修改的理由，引导学生深思，知其所以然。通过前几个步骤的改文训练，这时放手让学生修改习作，学生较容易发现习作的毛病，改起来尤其用心。

(2) 一文多改。任何能力的形成，决不是一朝一夕能奏效的。“文章不厌百回改”。我要求学生一文多次修改，反复进行“加工”。学生随着知识的拓宽、认识的提高，对自己的习作也会产生不满足感，会不断给自己的习作修改、润色。当然，“一文多改”的次数不宜太多，也不宜每篇如此，要选择有代表性的文章分阶段进行。

“评价有法，但无定法，贵在得法”。笔者最渴盼同学在教师的引导下走近评改方法，运用方法评改，创新评改方法，达到叶老所说的“自能写作，自能改之”的境界。

附：“评价语”案例：

我，追寻金钱

自古以来，我们都怀着一种“金钱乃身外之物”的心态，贬低金钱的作用。金钱，有时几乎成了罪恶的代名词，人们似乎都这样认为，“为富”就必“不仁”，必须“安贫”才能“乐道”。但我说，我，追寻金钱！（旁批：为你的真实叫好！这就是当代中学生典范。）

我，追寻金钱。金钱并不应该那么臭名昭著，不应该那么遭人唾弃，不应该更不是那么罪大恶极。诚然，有些时候，贪官为之贪污挪用，奸商为之欺诈作假，恶人为之烧杀抢掠，愚者为之神魂颠倒。但那是人的错，不是金钱的错。“安贫”而“乐道”的确为仁人，“为富”却“施仁”者也不少见。比尔·盖茨发达却不忘为非洲人民营造一个家园，李嘉诚富甲亚洲仍记得向孤寡老人给予一份关注，霍英东有钱更时常对祖国大陆献出一颗赤子之心。金钱，不也可以为善么？（旁批：选取典型例子，很有说服力，其实，现实生活中也有很多例子，搜集起来也会很有说服力的。）

我，追寻金钱。但我会用一个辛勤劳动的方式。我不会像赖昌星那样走私营运，蔑视法纪；不会像胡长清那样贪污受贿，蛀蚀国家；不会像宋留根一样作恶行凶，践踏生命；也不会像那个怀揣鸡蛋便打算以此为家当的懒鬼那样，只会做不切实际的白日梦而从不行动。要拥有金钱，过上好日子，就要靠自己的努力，诚实合法地做出一番事业。金钱是用汗水换来的，是劳动的回报。当我拥有这样的金钱时，又有谁会对此嗤之以鼻呢？（旁批：人生观、价值观定位好，非常赞成你小子！）

我，追寻金钱。但我也深知，金钱，并不是生命的全部意义。其实，生命的意义，在于你为这些金钱付出的艰辛与其中的正直（与价值），以及对金钱的合理利用。其实，同许多人一样，我对金钱的要求并不高，我并不希望自己成为商人，成为巨富。我只希望，我能在自己喜欢的职业中拼搏脱颖，有个好的待遇，住个好的房子，吃些好的食物，用些好的器具，过个舒适但不奢靡的生活，甚至还有剩余的钱（周济一下穷苦人，捐助一下福利事业）罢了。以正当方式来的金钱（虽）不是你生命的（全部）价值，但可以或多或少体现你的价值。

我，追寻金钱，还追寻着更多。我追寻着正直的品德，高尚的节操，烂漫的情怀。我更在追寻自己的理想，为了理想，我甘愿辛苦一生，哪怕“千金散去不复来”，也要“长风破浪终有时”，那才是生命的全部！

我，在追寻……

评语：读你的文章好像看到你的内心世界，了解了你的人生观，从你的金钱观里我读出了一个一身正气、豪气万丈的中国少年形象，盼望着10年后的世界首富排名榜上有你的大名！

注：文章评语未从文章结构、语言、写作手法进行点评，而是在所有的评语中都运用了赏析性的语言，激励性的笔墨，其意在于用生活化的语言鼓励这位少年立雄心壮志，用自己的才华赢得自己的尊严。当然，文章中的瑕疵是绝对不能轻易放过的，教师可以在旁批时及时、适度且必须是有价值地指出。说句心里话，笔者在欣赏、评价学生文章时总感觉自己不是在改作文，而是在精心雕塑灵魂。

第十章　中小学写作一体化梯度训练提纲

该提纲共分六个等级，每个等级有60个训练题目，皆取材于日常生活，在高级阶段的训练中，一些篇目体现了写实与创新的结合。每个训练题目只是参考，教师和学生在训练过程中可以适当修改、调整和补充，最终达到“一切写作皆源于生活，一切生活皆为写作材料”的目的即可。

梯度训练示意图

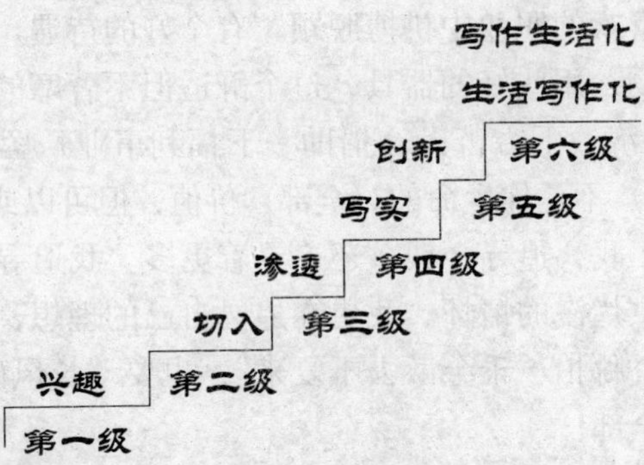

入门（1～2年级）

训练主题：兴趣写作入门

训练口号：高高兴兴写着玩

训练题目：

认识新同学

接打电话

________到我家

数星星

我的生肖

可爱的________
上课了
大家都笑了
________讲的故事
一双小手
老师说他（我）做得对
立功的机会
骄傲的________
桃树与松树
爱管闲事的……
让我告诉你
自我介绍
后悔来不及了
________的马虎事
做“三好”学生
找春天
不哭了
云长结实了
风筝与小鸟
擦玻璃窗
假如我会七十二变
妈妈（爸爸）的节日
________学本领
墙上的画
一只燕子
哪来的脚印
一年四季
我会折纸
今天，在学校里________
小鸭子得救了

馋嘴的小黑猫
称猫
衣服飘下来了
抱西瓜
算对了
造句比赛
小品：比本领
一种水果
书本哭（笑）了
公鸡系列故事
钟哥哥
铅笔
会染色的风
吹出来的画
天空的孩子最顽皮
老鹰捉小鸡
给爸爸妈妈的留言
吹泡泡
未来的房子
书包的故事
明天去春游
孩子得救了
爸爸（妈妈）的手机
我会拼图
我想说，我会说

初级（2～4年级）

训练目的：寻找生活与写作的切入点
训练口号：我眼看，我耳听，我心想，我口说
训练题目：

老师，请到我家来
我的压岁钱
青蛙、西瓜、一元钱
流动红旗丢了
词语搭配游戏
夸家乡
硬币游戏
帮助
瞎子摸拐游戏
给小蝌蚪的一封信
智倒垃圾
看谁起得早
邻里关照
老师迟到了
包书皮
吉祥三宝
我的小天地
真假爸爸（妈妈）
竞选班长
狼和小羊续集
小品：读书
假如我是一滴水
猴哥、猴哥，你真了不得
手的较量
欣赏未来名人照片
老师进教室的10秒钟
揭穿小贩的骗术
书店印象
动人一幕
讲台

找提包
传话游戏
有人来我家
我爱我家
作文老师的三道命令
假如我有翅膀
叫我如何是好?
保证书
请假的背后
排队
老师（妈妈）错了
我的长处
“和好”合同
森林公园游记
杯底朝天水不流
有错就改
空气
读文具盒
我是一粒种子
危机时刻
两只蝴蝶
小草
书包里的悄悄话
独自在家
“对着干”游戏
给句子家庭请客
家贼难防
角色转换游戏
好大一棵树
我是小诗人

第十章　中小学写作一体化梯度训练提纲

中级（3～5年级）

训练目的：发现生活，动手写作

训练口号：我口说我心，我手写我口

训练题目：

我给自己起名字

我为同学画像

我错怪他了

看鸟窝

放学以后

童心

现代版“三个和尚”

今天我当家

生日

找风

垃圾的自白

学猪叫

香蕉皮旅行记

慢吞吞国奇遇

小品：昨天、今天、明天

问路

天下谁最辛苦

头脑录音机

泡茶

校外见闻

鸡蛋系列故事

头脑风暴

话剧《三兄弟》

一块面包

公交车一瞥

拉不开的书

________的回忆

睡不着

“WC”

心灵手巧——我的制作

小孩的秘密

磁铁的妙用

百花盛开万里香

烧不坏的手帕

看谁能当侦察员

市长（校长）信箱

一分钟背书比赛

吹出来的精彩

神气的数字

买报、买报，今日________报

声响作文

胆小鬼历险记

今天我是小记者

“六一”联欢观众策划案

参观濮阳气象科技馆

一堂魔术般的实验课——鸡蛋奇遇

错误说明书

我爱语文书

我这个人

凑字数

一个杯子

我学会了……

乌鸦狐狸相遇

独臂的滋味——换位思考系列

青蛙跳出井口以后

假如我会克隆
我想
讨要压岁钱的智慧
一万个理由——我能行或我不行系列

高级（4～6年级）

训练目的：形成“生活化写作”的习惯
让写作成为学生生活的一部分
训练口号：只有想不到，没有做不到
训练题目：
抉择
老鼠的自白书
哑剧表演
星光灿烂猪八戒
小小玩具推销员
马路中间
真相
“滥竽充数”叙写
国旗下的演讲——爱国主义系列教育
手抄报设计说明会
辩论会：看动画片好吗？
桥
我给盲人带来光明
课本剧《游园不值》
我推荐的一本好书
导游词
妈妈常用语集锦
小动物们的歌声
学习真________
copy行动

我与老师（家长）换角色
集体的温暖
嘿，笔名
“不行”
新年，我有一个小小愿望
五个指头的对话
标点符号作用大
信息发布会
我是“1”
爸爸的眼睛
作文模式规则训练
浪费国——环保系列主题
军事密码
闯祸之后
表情变、变、变
调解
我的电脑情结
杨树折断之后
邻居
电电电
假如我有一支神笔
讲爸爸妈妈的故事
秋（春、夏、冬），等等走
放假了，我想做的第一件事
濮阳是我家
童年趣事
第二次龟兔赛跑
________笑了
讨价还价
我爱________

鸟儿知多少
证件的事
花盆摔破以后
我想有个星期八
我与小树共成长
存在的理由
我好________
上网更疯狂
懒汉学生不交作业的理由

小学提高班（4～6年级）

训练目的：写实与创新
训练口号：精雕细刻写真实生活，异想天开做心中文章
训练题目：
一二一
三个和尚有水喝
________班的坏小子
《赠汪伦》前后
辩论会：学习是甜的还是苦的
话说司马光砸缸
那一刻
委屈
生气了，怎么办？
让秋风扫走濮阳的错别字
生活中的美丑故事
母爱真情
我长大了
惊喜
创意校服
对班长的评价

谈砖头的作用
我爱________
风景这边独好
自行车相撞之后
可怜天下父母心
我的QQ号
妈妈（老师），我想对您说
一封表扬信
皇上游行回来后
话说我的那个美梦
行道树的议论
近视国
给他带去微笑
我的课余生活
我会……
班级新闻联播
自作自受
我也是个幸运儿
四种线条
从懒羊羊谈起
期末考试我命题
我向往的地方
我的生日计划
模拟审判法庭
用笔“拍下”的毕业照
二十年后的同学聚会
小品：吹牛
我为左手鸣不平
我的理想
我怕

短信深情
我们的学校
一件值得回忆的事
男生、女生
教室？教室！
临别话老师
我班的知名人士
家庭鸣奏曲
吃（包）饺子
辩论会：请家教（支持，反对）
心理暗示
照片上的回忆
濮阳、濮阳，天天向上
上不完的辅导班

中学提高班（6～9年级）

训练目的：文章的出彩
训练口号：说真话，诉真情
训练题目：
道听途说
那雨、那车、那人
小品：网上都有啥
毕业赠言
零的联想
一“网”情深
体验春夏秋冬
改变了才有发展
读________有感
小议就近入学
来日故事

黄河黄
辩论会：学生可不可以穿名牌
匆匆
人类，我想对你说
我心中的那片绿
我总是心太软
从“守株待兔”说起
身边处处有科学
生活中的酸甜苦辣
汗水换来的欢笑
乐在其中——学会学习、学会生活系列
读《水浒》《三国》……后——读名著系列谈
这是心的呼唤
灵动瞬间
在传统的节日里
留下脚印一串串
宽容
环保在我心中
还我家园
走进百花园
给母校的建议
我养成了一个好习惯
当我……时
我的假期计划
我能行
小眼镜问题调查
情在身边
我心中的家庭教育
戴上老师的眼镜
入了保险也不能冒险

一封挑战书
想入非非
真诚的祝福
来自超市的调查报告
逛花卉市场
辩论会：你喜欢过年吗？
付出，真幸福
“责任”合同书
________变了
评《西游记》人物
六十五岁的孩子醒来以后
诚心，在我身边
贾经理游假货国
森林里，有杆猎枪
快乐123
我养成了一个好习惯
我看动车组
夕阳下
我能飞

中招辅导（9年级）

具体内容根据每年的考试纲要待定

备注：训练提纲中的级别、年级有交叉现象，是笔者的独特设计，这样的设计能给学生和教师留下活动空间。同年级的学生，现有写作能力不同，他们的级别也应不同，这就需要师生在训练时依据学生的实际进行，使“生活化写作”真正达到面向全体学生的目的。

“写作生活化 生活写作化”论文集

给写作插上生活的翅膀

美国心理学家、教育家罗杰斯的“非指导性教学”，一反传统教学的基本思路，把教学的重心定在学生的学习活动上，把教学过程的性质定为学生内在经验的形成与生长上，突出学生在学习过程中的主体地位。依据罗杰斯的“非指导性教学”理论，结合作文教学的实际，笔者认为，生活中的自由写作引导才是学生学习写作的最佳境界。

一、抓住孩子思维链接点，精心打造生活，将孩子引入生活，甚至是有意识帮孩子设计生活。所谓设计，只不过是抓住孩子的突发奇想，哪怕是瞬间即逝的一个念头，顺藤摸瓜，帮其了却心愿而已。记得儿子刚开始写日记时，一天下午放学回来，儿子说在学校玩跳绳没玩够，好多小朋友都想参加，但只有一条绳子，唉，真烦人！看着儿子的可怜相，我便陪他到市场，在比较、鉴别、讲述理由的基础上帮他买了一条与班里同学一模一样的跳绳。孩子兴致极高，抱着新买的跳绳写了一篇《买跳绳》日记，看着孩子那美滋滋的表情，我心里乐开了花，真是一桩一本万利的生意，一根跳绳换来了儿子的甜美生活，更重要的是换来了孩子写作的动力，培养了孩子写作的敏感性！

设计生活还表现在全家人对生活的关心程度上。比如，我们全家人去濮上园野炊，在兴奋力的驱使下，儿子回来后便写了“挖藕真过瘾”的日记；一家三口表演小品《狐假虎威》，又让孩子写出了“妈妈嘴上贴满胡子，像狐狸一样大摇大摆走过来”的佳句。教师、家长儿童化的行为，不仅能激起孩子的兴奋，便于引导孩子写作，也能使班级和家庭变得更加温馨、和谐。

二、抓住孩子关心点，引导孩子参与生活，观察生活，品尝生活。观察是写作的基础，养成观察的习惯，是培养孩子写作敏感性的主要渠道，更是孩子成长的必备习惯。下面，我从兴趣点、兴奋点两方面谈一下对儿童观察习惯的培养。

（一）从兴趣入手，让孩子在浓浓的兴趣中写下自己的所见所闻。兴趣是最好的老师，兴趣尤其是低年级学生最好的老师。我家孩子最喜欢运动，我便从他的兴趣入手，帮他买来了足球、篮球、跳跳球、滑板、滑板车、滑冰鞋、哑铃、沙袋……可以说凡所应有无所不有，我家两室一厅的房子，遍地都是孩子的健身器材，就这样还不算，去体育场运动也是我儿子的最大喜好。每当孩子玩时，我只要有时间便陪他先疯狂比赛一阵，比赛的结果往往是以我失败而告终。失败后我便会坐在那儿假装不高兴的样子，然后，我儿子便会来帮我分析失利原因，边说、边示范，脚这样、胳膊那样，身体必须注意平衡……他在事后写日记时，刚才他对我讲的要领便跃然纸上。别说，听起来还真栩栩如生呢！其实，你说有什么窍门，真的没有，我只不过在鼓舞儿子，我手写我眼而已。

记得有一次，我带他去爬云梯，还未走进体育场，我就打开了话匣子：“儿子，这梯子这么高，我都不敢爬。”儿子一听却来劲了：“这不算高，才比我大舅高一点。”作比较的方法已融入孩子心中。我不仅又想起两岁半的他，游郑州动物园后的那句话：“大象比房子还高呢！”看来儿子就有这天赋，驾驭语言的能力就是强，于是借着兴致我又进一步引导：“爬单杠和横梯的方法一样吗？”“当然不一样，爬单杠是一侧向前移动，而云梯是从中间进攻，手臂得用力伸长，因为两个横杠之间空间太大。”望着儿子手舞足蹈的劲头，我的年龄也变小了，我一改往日穿高跟鞋、不爱动的坏毛病，与儿子开始单杠比赛。这次我是真失败了，口服心服地成了儿子的手下败将，回家后，儿子便记下了他爬云梯的感受：爬着爬着，我的手有点滑，我得拼命用力抓住单杠，才能保证两手交替进行。腿配合双手伸缩着，越来越顺溜。而妈妈却一格未爬，便以失败而告终。我坚持爬到头，我又成功了！就这样，在我和儿子的配合下，儿子越写越有写头，对运动的兴趣也越来越浓了！

（二）抓兴奋点，引导孩子连续写真实感受，让孩子的兴奋细胞在兴奋点的吸引下得以延伸，孩子便能在兴奋中表达自己的所见、所闻、所感！所谓兴奋点，便是生活中的朵朵浪花，而这些浪花一般是无丝毫准备的。我这儿有个真实例子：有一个小学二年级的学生，一大早便敲开老师办公室的门："老师，我家小猫丢了。"边说边用小手抹泪，老师知道孩子的伤心是发自内心的，于是她也"伤心"地蹲下来说："孩子，别哭，咱们再去找找，看能否找回来！""不用了，老师，我们全家出动，找了一早晨，都没有找着。""哎，我有个办法，咱们把这只猫的样子及它走失的原因、时间写出来，让全班同学帮着找，好吗？"孩子高兴地答应了，一个早读的时间，一篇《寻猫启示》完成，并在班内读，听得在座的孩子都入迷了！于是"找猫"成了他们班议论的话题。

第二天，孩子又伤心地来到办公室，说晚上"梦猫"并且似乎听到"猫"叫声的真实感受，在老师的引导下，一篇《我的小伴，你在哪儿》的美文诞生了！

第三天，孩子发疯似的跑到办公室说："小猫找到了。"这次没用老师引导，在兴奋点的促使下，第三篇已于找到小猫的那个晚上完成了！水到渠成，一切尽在自然中！可见，孩子关心的话题，不一定是成人关心的话题，大家可回想一下，孩子处于兴奋点时，思维是否特别敏捷，掌握东西速度特别快、灵感也来得快？的确如此，这是经过科学实验证明的！说到这儿，我想到我儿子前两天中午回家时背的那首打油诗：一年级的小偷，二年级的贼，三年级的帅哥没人赔，四年级的女妞一群群，五年级的情书满天飞。我一听真够神的，加班加点，利用一上午的课间时间背会一首打油诗，看着孩子的兴奋劲，我也来了劲："聪聪，谁这么棒，会写诗？""人家四年级的。""你想教别人吗？咱们也试着改一首：一年级的瞎跑，二年级的明了，三年级的书本真神妙，四年级的争取做三好，五年级变得更完好！"说他改，其实是我改，但改后的诗，如被儿子宣传，成为校园打油诗，肯定比第一首效果要好得多！可见，抓往兴奋点，帮孩子积累写作素材，也是通往写作之门的有效途径！

（三）寻找切入点，引入联想。联想是创新的基础，创新是一个民族的灵魂。为了培养一代有益于社会的新人，我们应善于捕捉适宜联想的切入点，引导孩子联想。

1.图形联想。

提示：梯形长出了耳朵，你还可以让它变圆、变细、加长、变粗……

学生可能会让它变为小兔子、小熊、小鸵鸟等动物，一位同学竟然让它变成一把锁，甚至变为奥运五环标志等。

2.生活小事联想。春节买了一箱草莓，平分成四份，一岁半的儿子、老爸、公公婆婆各一份，等把属于我们家的两份拿回家时，儿子兴奋之极，用最快的速度吃光属于他的那盘草莓，还未等大家反应过来，另一盘也成了他口中之物，等我从屋里出来时，两盘草莓被洗劫一空！儿子拍拍鼓鼓的肚皮安慰我似的说道："妈妈，这次买的太少了，下次多买点！干得不错！"得到了儿子表扬，我愕然了："天呢，又成我的错了！"——不行，得让他换个角度——"儿子，怎么样？老妈买的草莓如何，请评价。"儿子摸摸头："妈妈，吃得太快了，没感觉便吃光了！"儿子的确是聪明，但聪明不能无礼呀！于是我进一步引导他联想："妈妈买的的确少，如果咱家人平均分，你能吃几个？妈妈和奶奶、爷爷都不爱吃吗？"儿子这才意识到："妈妈，我忘记了，有东西先让老人尝！"

儿子终于觉醒了，于是那天的日记是这样结尾的："……长大后，我要买好多草莓，给奶奶爷爷吃！"由草莓联想到生活常识、联想到尊老爱幼的礼仪，这种联想要得！

（四）写日记的延伸——评价赏析。专业的评价赏析要求对文章篇章结构、语法修辞进行全面鉴赏，而我们进行的评价赏析只是让孩子把自己写的日记读一遍，在读的基础上修改个别不通的句子即可，读的过程，既是练习修改的过程，又是孩子印证成功的过程。

修改日记，应让孩子知道本篇日记好在哪儿，哪怕一个字、一个词、一句话都应帮他找出来，这样做的目的有两个：一是知道什么是美，并在以后写作时会借用自己的成功经验；二是体验成功。试想一下，多次享受成功的孩子，又有什么理由不能拥有成功呢！

学生的写作敏感性被发掘，学生的观察能力得到培养，学生对生活的热爱也会变得更强烈，这就是自由写作训练的累累硕果！

为写作教学支招

——中招写作复习指导专题训练

二十年的写作教学实践及探索，笔者充分认识到：学生心中非无物也，难在发掘也。而中招写作的统一要求是“说真话、诉真情”，围绕“两真一发掘”，笔者认为要提高作文教学质量和效益，应进行以下专题训练：

一、学会命题

“题好一半文”，一个好的命题，不仅可以吸引评卷教师的眼球，更能打开学生的写作思路，保证学生从题目入手，顺利地写下去。学会命题应遵循以下几个原则。

（一）作文命题的原则——贴近生活

中学生活是丰富多彩的，每个学生都有自己的喜怒哀乐。正如教育专家魏书生所说：“学生作文的过程就是认识世界、感悟生活、认识自我的过程。让学生学会写普通，写平凡，才有无穷无尽的素材，作品才有更普遍的意义。”为了让学生命题生活化，教师的作文命题同样应该贴近学生的生活、思想和学习实际，让学生面对话题有一种亲切感，有一种表达生活的冲动，才能写出鲜活的东西来，写作才有可能变成学生的生活需要。

遵循“贴近生活”的原则，依据学生的认知规律，我们可以设计系列训练题目。毕业班学生、家长、教师都有很大的思想压力，甚至有的学生会与教师、家长产生抵触情绪。面对学生的逆反心理，笔者便设计了《我读懂了爸爸（妈妈、老师）这本书》或《我读不懂爸爸（妈妈、老师）这本书》等作文题目或话题。当然题目或话题下面的提示也应体现目的性。针对以上题目，我们不妨进行以下写作提示：家庭中爸爸（妈妈）或教师的做法有些是可以理解的，有些是难以理解的。在你的成长经历中，与爸爸、妈妈、老师生活的时间最长，选择最能表现中心的事件，表达你对这些事件的看法与感受。

题目走进了学生生活，写作材料也走进了学生生活。写出的文章当然也能是真情再现了！可见，只有命题贴近生活，学生才有内容可写。为了达到命题贴近学生生活的目的，教师进行命题训练力争从以下方面选择：

家庭生活：表现亲情、爱心、成长、教育等。

学校生活：表现同学友情、师生之爱、学习乐趣等。

社会生活：表现社会和谐、公民互助、社会公德等。

亲近大自然：表现热爱自然、保护环境等。

读书生活：表现感受、求知、哲理等。

个人修养：表现好的习惯、品德、正确的情感、态度、价值观，生活情趣等。

个人见解：对社会生活中的人、事谈看法。

以上题材，如果选对了学生的心思，便使“彼觉有所为，欲罢不能，非倾吐不可”，变被动为主动。这样，即使文句稍有不畅，却避开了“空洞无物”的大忌，解决了学生“不愿写”的难题。

（二）作文命题技巧——细审题，精拟题

作文的审题，要求对试题展现的各个组成部分进行准确、全面的审读、理解，按要求作文。在审题时要注意“六审”，即“审体裁（最好写记叙文）、审人称、审内容（找重点词或提示语）、审中心、审重点、审题目的深层含义（题目中的每个词语都有意义）”。

如：2009年浙江温州的命题作文《从那一刻开始》，在审题时一定要注意两个关键词语：“那一刻”，这个短语限定了我们的作文内容，选择的材料必须是“一个很短的时间段发生的”；“开始”，则表明这个时刻带给你的是一个“开端”，是生活中的一个起点。如果不假思索随便写一个人物或一件事，就会造成选材不当。但从题目分析，看不出对人称的要求，一般考生考虑到“真情实感”，可能会选择第一人称，笔者倒建议不妨换换思路，改变一下人称——用给人感觉是在“面对面”交流的第二人称或“利于观察”的第三人称。当然，审题、命题的实施还要引导同学“量体裁衣”。

再如2009年广东阳江的作文题目《我和____一起____》，这是半命题作文。第一人称；横线上可填：“我和父母一起看星星、散步、做饭、读书、做义工”等，还可以填“我和历史名人、当代名人、名著对话”等，还可以填“我和古人、外星人、神话故事中的人物、外星人一起”等。

2008年福建福州的作文试题：

翻开自己的成长日记，每个人都会回忆起珍藏在心中的那份感动：也许是孤独时得到的一个问候，也许是沮丧时得到的一个鼓励；也许是跌倒时得到的一个搀扶，也许是迷路时得到的一个指点……在我们成长的路上，每个人都会得到来自父母、亲友、老师、同学乃至陌生人的关心和帮助，这点点滴滴的关爱，就像一颗颗爱的种子播撒在我们心田，有那么一天，我们也会把爱的花香传递到整个世界。

请结合你自己的成长经历，以“滴水之恩”为话题，写一篇记叙文。

“与人玫瑰，手有余香”，此题意在培养或唤醒学生的感恩之心，无疑想通过写作倡导人们要有宽广的胸怀，怀有一颗仁爱之心，给人们、给社会带来爱心和温暖。这也是命题者的目的。理解了题目的深层含义，就很容易选材了。

还有这样一个题目：亲爱的同学，看到下面这两组词语，你会产生怎样的联想？它们引发了你怎样的思考？请你从中提出一个与文化有关的话题，围绕这个话题，或讲述一个故事，或抒发你的感慨，或发表你的观点。题目自拟，字数在400左右，如果写诗，不少于20行。

春节、端午节、饺子、元宵、京剧、风筝、龙舟、春联、中国印、牛郎织女……

圣诞节、情人节、麦当劳、巧克力、奥斯卡、摇滚、迪斯科、牛仔、亚当夏娃……

要求：话题必须与文化有关，不要简单地选择一个词语，写成类似“春节记事”、“风筝随想”、“话说迪斯科”这样的文章。

题目解析：题中所列两组词语，初看似乎风马牛不相及，但细察之，它们之间却有千丝万缕的联系。

第一组词语代表着中国文化，第二组词语代表着西方文化。那我们能否从东西方文化的角度来谈自己的发现、认识和感想呢？再看题目中正好有“请你提一个与文化有关的话题”的作文要求。纵观当前改革开放的实际，在东西方文化发生激烈碰撞的时候，有的人迷失了方向，不是夜郎自大、闭关自守，就是全部吸收、全盘西化……那么我们该怎样对待西方文化呢？东西方文化该怎样融合？现在的一部分年轻人盲目崇拜，追求西方文化，从而导致社会上出现了种种怪事和怪现象，对这种不可思议的现象，难道我们会无动于衷吗？那么，我们就可以以此为话题，尽情地抒写个人的感受和看法了。

拟题要精。如何拟好题目，较有讲究。

(1) 以话题中的关键词为中心词，扩展为一个短语或一句话。如以“在一起”为话题，可从如下角度扩展：我和谁在一起；在一起的高兴（烦恼）；在一起是一道亮丽的风景；在一起与背靠背等。

(2) 以关键词为中心点展开各种联想，打开思路。具体方法有联想现实、联想过去、联想未来；比喻联想（从比喻义的角度联想）、象征联想（从象征意义的角度联想）、画面联想（联想到的画面、意境）、感悟联想（从获得的感悟、启发的角度联想）、具体联想（由概括到具体的联想）、创新思维（从内容、题材等角度作创新思维）等。

以“反省”为话题的作文发散思维，多角度联想式快速构思示例：“反省”帖子ABC（比喻联想）；“反省”合同，越来越少了……（联想现实）；“反省”的成长经历（比喻联想）；学会反省（感悟联想）；反省的力量（抽象实写）；进步之栋梁（比喻联想）；千年醒一回（引用式联想）；忽略的，往往是重要的（联想现实）……

（三）考场作文命题的形式

·命题作文

·半命题作文

·话题作文

·材料+话题作文

二、学会立意

立意，通常是指艺术上的构想，是贯穿全篇的气息。列夫·托尔斯泰说："艺术顶重要的东西，是它应该有一个焦点才成。就是说，应该有这样一个焦点：所有的光全集中在这一点上，或者从这一点放射出去，这个焦点，不可以用语言完全表达出来。"要做到文章立意简约、明快、单一、集中，笔者认为可以从以下几方面做起。

（一）把握话题，确立主题

依据所给的话题，结合自己的知识储备、兴趣爱好，扬长避短，确立写作中心。在立意时，要注意思想积极，要能够激发爱国热情、反映健康情趣、弘扬传统美德、培养完美个性。有的学生写作时，在大是大非面前，缺乏积极健康的思想，过于暴露生活中的阴暗面，思想狭隘偏激，虽文笔不错，但得分往往不高。如有的学生作文中，一开头就是这样一句："活着真没有意思"，接着又发了一大堆牢骚，致使得分受到严重影响；有的学生写"感谢友情"这个话题时，不去强调友谊的重要、可贵，反而说世上没有真正的友情，人与人之间只会相互欺骗等；还有的学生选材不当，不去选择积极向上的材料，而去选择比较忌讳的描写暴力、早恋等内容的题材，结果表现不当，导致失分。更有甚者，有的学生在写作时根本不明主题，造成"文意散漫"、多头指向、"东拉西扯"、不知所云。还有的学生不明确话题范围，偏离话题，另起炉灶，随便写一篇文章来。

其实，以上内容并不是要求学生说假话，学生在文中可以讲阴暗面，但阴暗面的背后应该体现的是光明，应该反映的是热点、焦点问题。第四届全国中小学生创新作文大赛四川复赛的数万篇作文中，有一篇作文给专家们留下了深刻印象。这就是龙泉驿区第三小学六年级一班的武迪同学写的《我是谁》。文中没有华丽的词藻，没有名家名句，更不见娴熟的写作技巧，满篇都是童真的口语且错别字还不少。这篇被同学们视为"很烂"的作文，却被专家视为佳作。全文反映的"满纸都是读书苦"："每天，伴着可恶的上课铃……开始补昨天尚未

‘搞定’的作业，老师在讲台上‘唾沫横飞’，我在底下‘搞地下工作’。”“好不容易敖（熬）到周末，可我们迷人而又慈祥的老班大声宣布周末作业不多，但周六、周日全天竞赛……结果我周五熬到十一点多，才写完所谓‘不多不多’的作业。”

到了假期，依然不得休息。“宝贝，爸爸听说，你的长笛可以考7级了，快去练考级曲”……“迪迪，妈妈又给你找了个奥数老师，特别棒”……

虽然作者说“自己写的全是心里话”；同龄人说写的是“口水话，立意不高，不怎么样”，专家说“是写出了童真童趣难得的佳作”。但笔者认为小作者立意不“高”是真，但“立意鲜明，有时代特色、写真事、诉真情”应该是制胜的法宝。

（二）依据主题，确立文体

话题作文尽管打破了文体的界限，给学生更大的表现空间，各人可以根据自己的专长优势、情趣爱好来选择合适的形式加以表现舒展。但是现实生活中，学生对文体不限的理解还不够，所以，一下笔便是哲理，便是抒情，显得不伦不类，最终便是“四不像”。

新课标要求下的话题作文虽不限制文体，但教师要指导学生在构思时必须明确自己要写的文体，该文体应该运用什么表达方式，如何运用材料表达主题。否则缺少约束，信马由缰，导致所写文章文体特点不突出，有的文章开头像议论文，有论点，也有论据，可写着写着就变成了记叙文；有的文章写成了记叙文，可又缺少时间、地点、事件等记叙要素，这样的文章自然无法讲清道理，写清故事，所以加强学生的“文体意识”非常重要。

在这里笔者强调的是：新课标所倡导的淡化文体是指淡化文体知识，反对机械讲解文体知识，淡化文体教学，但是不等于写作不用文体。所以，记叙文就得有六要素，议论文就得有论点、论据、论证方法，说明文就得用说明方法介绍说明对象的特征。当然各种表达方式在不同文体中的恰当运用应该是写作文体准确确立的依据。如同样描写性的语言，在记叙文中的运用应该是为刻画人物服务的，语言生动、形象；在说明文中则称为摹状貌，是为表达说明事物的特征服务的，语言简洁形象；在议论文中则是为作者的观点服务，语言准确、精练……所以学生在进行写作时，要求不同的文体，不同的选材，不同的语言风格。运用的表达方式一定要符合文体要求，避免出现“四不像”文章。

（三）根据主题、文体，选择材料

要善于选择自己熟悉的、想说的、有话可说的、有一定拓展空间的内容去写。选择新颖、独特的材料体现主题，避免落入俗套。同时，内容应更加贴近生活实际，做到了解生活、关心社会、关爱他人。而有的同学不能针对主题、题材选择合理的材料，总是复制主题，在原处转磨盘，导致文章内容混乱、语言罗嗦。为了避免后者的出现，学生写作时应注意以下几点：

(1) 所选材料必须和中心保持一致。

(2) 充分利用作文的提示语来选材。

作文的提示语往往提示作文的内容和中心，对于选材较困难的同学来说，从这里寻找材料是一条捷径。对于擅长选材的同学来说，提示语可以让我们浮想联翩，拓展思路，从中找到更为新颖的作文材料。如2009年山西太原的作文命题：

“别样”是与众不同的意思。总有一些人，带给我们别样的感受；总有一些景，带给我们别样的情思；总有一些事，带给我们别样的感触；总有一段生活，带给我们别样的体验……请以“别样”为话题，写一篇文章。

在这个作文的提示语中，“人”、“景”、“事”、“生活”都是“别样”选材的具体范围，我们可以直接选取一个对象作为内容和中心，记叙某个（或某些）人或景的别样之处；“每一种别样都值得我们欣赏”告诉我们要从正面去表现、欣赏人或事的别样之处。可以说这些提示语降低了考生选材的难度，又将选材具体到某个方面，我们写起来会很顺利。

(3) 选材一定要考虑到文章的体裁，符合体裁的要求。比如2008年河南课改区的作文题目《那个故事的主角是我》，虽然题目要求“除诗歌外文体不限”，但题目中的“我”就提示考生最好写成记叙文，选择的最好是与自己有关的一件生活中的令你发生变化的事。其实评卷教师评出的满分作文也恰恰是符合以上要求的。

(4) 选择身边熟悉、真实、具体的材料，并认真筛选。

(5) 选择的材料要有积极意义，要慎重。

(6) 选材要新颖、典型、生动。

新颖的材料是指与众不同的材料。或是新近出现或发生的事情，别人不了解；或有时代感，能代表时代新潮流；或别人没有想到的材料。总之能给人新鲜感，不与别人雷同。新颖的材料可以使文章生动活泼，充满朝气，给人以耳目一新之感。

(四) 大处着眼，整体布局，细处入手

选择能与文体相适应的形式表现文章的内容；选择能表现文章主题的行文语言。考场作文时间性特别强，这就要求学生迅速切入主题。作文中常见的在形式和语言上的问题有两种：一是没有注意文章的布局，随心所欲，造成文章主次不分，情节不集中；二是为了表现自己的语言功底，总想把最好的内容，最美的句子全写下来，出现词语堆砌、拖沓冗长的问题。

正确的布局需要注意以下几个方面：

(1) 一定要围绕中心安排结构层次。

(2) 选择一个恰当的写作顺序或线索，把全文的材料组织起来。

(3) 确定各部分内容的详略。

(4) 考虑怎么开头，怎么结尾，怎么过渡。

(5) 文章的布局要用一个写作提纲体现。

(6) 选用合适的文体，新颖的材料，巧妙的手法。

(7) 学会几种新颖的构思方法，突破常规模式，力求创新。如想象、联想、托物喻人等。

(8) 运用一些特征来显示自己的布局。如题记、小标题等。

考场时间有限，考生不可能面面俱到，不管是审题立意还是拟题，有一项出彩已足矣。

三、惜言如金话始末——文章开头、结尾指导篇

明代的谢榛对文章开头、结尾用了两个比喻：起句当如爆竹，骤

响易彻；结尾当如撞钟，清音有余。意思是文章开头要像燃放爆竹一样，清脆响亮，贯通全篇；结尾要像撞击铜钟一样，清音袅袅，悠然不尽。如何才能做到开头不同凡响，震撼人；结尾余意未尽，耐人寻味。笔者曾从以下几方面进行了探索：

（一）良好的开头是成功的一半

为了保证“成功一半”的顺利取得，笔者对开头提出以下总体要求：

(1) 开头必须扣题，最好出现话题字眼。扣题要灵活，避免复述话题，用最精练的语言，表达最形象的内容。

(2) 开头应力求避免平淡的抽象议论，避免以叙述冗长的故事作为议论的开头。

(3) 开头要做到化大为小，从大的话题中选取其中的一个层面，有利于具体描写与抒情。

(4) 开头要体现文采和情感。

本着以上原则，围绕“真”字方针，笔者曾经进行过以下方式的开头训练，觉得在适应性、适合性、趣味性开头方面，取得些许成效。

1.过程式

以简短的过程写出写作的缘由，自然引入话题。此种开头方式易于写“我”的经历与情感的记叙文与散文。例如：《目标》一文有的同学便这样开头：孩提时，我常常醉心于别人成功的故事，感动着别人的成功，悲伤着别人的失败，清晰的目标被风化在记忆的深处……当别人不再影响我时，我尝试着用目标影响自己，于是，我提起笔——有目标，是我的快乐。

2.类比式

此类开头一般由自然现象、风土人情等引入话题，能明显地体现文采，并且能体现一定的匠心。例如：快乐，大海里跃起的一朵浪花，走过了千山万壑，它自由；快乐，钢琴上舞动的一个音符，经过了精心创作，它美妙；快乐，生活中不变的真谛，经过不懈的努力，它永恒；快乐，一份勤劳后的收获，收获汗水浇灌的果实。

3.对话式

将主旨以对话的方式引出，一般较为活泼自然，不容易跑题。例如：《夜读》一文的开头——月亮出神地望着窗前的姑娘，轻声问道："姑娘，你笑什么?"姑娘低头回答："附首沉思书中语，举头仰望月中君。"答问的那么自然，言语那么清新。问渠哪得清如许，为有月下夜读来。

4.镜头式

选取能体现话题主旨的生活中的镜头入手，如自然的美景、人物的特定环境、场面等，写来具体、形象。例如：从雪堆里钻出来的是一个年过六旬的老人，他的白发、白眉、白须、白牙和他满身的白雪已融为一体。天哪，有趣的冰雪大世界，考验人意志力的世界最长的冰制滑滑梯，带给不同的人不同的乐趣。

5.概括式

此种开头方式弥补了开头泛泛而谈的缺陷，简洁明了地提出观点。可以用一个词语或句子把三个有内在关联的场景构成一组排比，达到点明文章主旨的目的。例如：在我们的生活中，处处有束缚。学校的铃声是一种束缚，父母的叮咛也可能成为你的束缚，自己无端的保守、担忧与畏惧更可能成为你的束缚……那么你是尽情地享受束缚，还是挣脱束缚?答案是多元的，我们应该在生活中有选择地享受束缚，更应大胆地挣脱束缚，创新生活!

6.逆入式

从与话题材料相反的角度入手或从反面立意，容易出新。例如：当简·爱说"我不是无感情的机器"时，我笑得像根苦瓜，我就是那台毫无感情的死的机器，头上盖着考试题织成的白布。太夸张了吗?不!我很严肃地说，我不快乐，因为试题，因为考试，快乐成了机器上锈成粉末的螺丝钉。

7.故事导入式

这里的故事不是详细地讲述一个完整的故事，而是用概括性的语言，引出中心即可。比如，以"金钱"为话题的作文开头可以这样写：曾读过一篇《奇怪的账单》，紧紧围绕"支出金钱"四个字展开，告诉我们这样一个有趣的故事：一位公司老板倾心于年轻的女打字员，结果招致夫人嫉妒，惹出一场风波，只好重新招聘一位中年女打字员。这篇小小说耐人寻味，揭示金钱背后的秘密。

附：文章原文

奇怪的账单

招聘女打字员的广告费——(支出金钱)

提前一星期预付给打字员的薪水

——(支出金钱)

购买送给女打字员的花束——(支出金钱)

同她共进一顿晚餐——(支出金钱)

给夫人买衣服——(支出金钱)

给岳母买衣服——(支出金钱)

招聘中年女打字员的广告——(支出金钱)

8.诗句的引用、借用、化用等

如“最是一年春好处，绝胜烟柳满皇都”，改用为“最是一文耐读处，绝胜真言满双目”，强调了真情实感的重要性等。

9.描写式

开头的描写和结尾的描写手法、类型、方式相同，但作用不相同。开头的描写是先声夺人，起到埋伏笔或引出下文，吸引读者读下去的作用。如：《千年滑一回——记第一次滑雪》的开头便可以这样写：北国风光，千里冰封，万里雪飘的景象终于由书本知识变为真情实景了，我眼前展现的是雪的世界，树上、墙上、草坪上、雕塑上、电线上，世间万物都被雪覆盖得严严实实。远远望见人影蹿动的旱冰场，心中不由涌起一种冲动——我要在非人造滑雪场上大显身手！

当然，描写式开头还有很多种，仅人物描写就有动作、语言、神态、肖像、心理等，另外场面描写、细节描写等也是很好的开头方式。

（二）圆满的结尾方法

良好的开端，圆满的结束是我们办好事情的起码要求。写作也应善始善终，既要有好的开头，也要有好的结尾。一篇文章的结尾自然、生动、有力，不仅能突出、深化文章主题，增强文章的感染力，而且能唤起读者的思考与共鸣，给读者以启迪和鼓舞。结尾方式有以下几种：

(1) 饱含感情，甚至充满哲理，委婉含蓄，使人深深思索，回味无穷。

(2) 写明作者的感受和态度，或表示作者的希望和号召，加深读者感染。

(3) 由点及面，由小见大，使读者的认识不停留在文中所述的事物之中，而有进一步的提高。

(4) 照应开头，紧扣题目。如：巧用省略，自然收束；引用阐发——引用名言、警句、诗词格言稍加阐发，增加文采；适时运用抒情议论等。

结尾的具体方法等同于开头的写作方法。不同的有以下几种。

1.抒情式

在结尾处写出自己发自肺腑的看法：或是充满激情的呼吁；或是富有哲理的启迪。这样的结尾一般精练而有力度，寥寥数语，掷地有声。

2.自然顺畅式

故事的结尾，就是文章的结尾。比如在《"雷锋"原来就是他》一文的结尾：真的是小雷，那位拿着扫把，吃力地扫雪的身影就是小雷。语言自然简洁，意味深长。

3.描写式

例如《深深的一瞥》的结尾：我不禁再一次看看用手走路的孩子：全黑的脸下方露出的是一口洁白的牙齿，全黑的衣服里包裹着的是他全泥的皮肤，心中涌出的是"救救残疾孩子"的呼唤。

描写式结尾还有突出人物性格的"动作、语言、神态、心理、肖像"等人物描写；突出文章中心的"景物、场面"描写；描写手法上的"对比"、"反衬"、"正、侧面结合法"等。

4.照应式

照应题目、开头、或伏笔。如：谜底终于揭开了，原来这位外星人就是他。

5.画龙点睛式

即在文章结尾点明中心，语句忌长，关键时一句话即可。如："真的是得来全不费工夫呀!"

6.启发联想式

对所要表达的内容，有一个美好的愿景，用与文中表述相近或相反的景色，表达出文章的中心。如：垃圾山在我眼前晃动起来了，上面开满了红白相间的花朵，长出了绿油油的小草，被绿草红花包围的小树更挺拔了……远处是蔚蓝的天空。

7.共鸣式

用随意的语言，精练的笔触，邀请读者，使读者与作者产生共鸣，达到升华中心的目的。如：这就是我，一名乐观、开朗、自信、向上、有创新意识的中学生，你呢?

可见，文章结尾“如截奔马”，意思是文章浩浩荡荡，不可阻止，结尾时突然刹住，增强了文章的气势，更见表达效果。

当然，在我们的写作生活中，有的同学对文章的结尾不重视，草草了事。在中学生的作文中，常见的结尾病有以下几种：

(1) 口号空洞，看似激情高涨，实则苍白无力。

(2) 抒情与内容无关，有无病呻吟之感。

(3) 有头无尾或虎头蛇尾。结尾时草草收兵，影响全篇文章的表达效果。

元代乔梦符提出作文“六字诀”：凤头、猪肚、豹尾。巧妙地运用比喻，说明文章开头要像凤头一样美丽动人，中间要像猪肚一样丰满充实，结尾要像豹尾一样警策有力。确实，作文开头平平淡淡，缺少吸引力，并不见佳；结尾拖沓、松散，无法给人强烈印象，也不可取。当然，究竟怎样开头和结尾，无不因文而异，全在于作文人的精心安排。

四、学会“再作”

长期以来，作文教学存在着不少问题，其原因固然很多，但教师在作文教学中缺乏具体可行的训练方法是重要的原因之一。教师的作文教学，往往是一题一作，学生写完交给老师，老师批改、讲评完发给学生就算了事。这样，学生作文中出现的问题得不到及时解决，失去了再认识、再实践的机会，不利于发挥学生的主观能动性，不利于提高学生的作文水平。通过多年的摸索和探讨，笔者认为针对特殊学生进行“一文再作”是提高学生写作能力的比较有效的途径之一。

“再作”的训练过程是在指导、说文、写作、批改、讲评的基础上所作的复作和复批。“复作”是指学生在修改、讲评的基础上进行的又一次写作。复作要达到以下要求：

(1) 标题、段落合乎书写的格式；

(2) 标点符号清楚正确；

(3) 字迹工整，卷面整洁；

(4) 行文流畅、语言规范、富有新意。

对复作这个环节要严格要求，这不仅可以促使学生重视文章的形式美和内容新，还可以培养学生严肃认真、一丝不苟的写作态度。

复批是对学生作文的第二次批阅。复批和初批有着明显的不同；初批比较细致，而复批只是“浏览批阅”；初批要批要改，而复批可批可改；当然，还有个别学生复作后的作文水平没有明显提高，得的分数和判的等级没有达到标准，教师就要面批作文，进行个别辅导，而后要求学生再修改、再复作，教师再批阅，一直到学生写出合格的文章来。静下来想想，“一文再作”是符合“实践—认识—再实践—再认识”的认知与写作规律的。采用这种方法，可有效地调动初中生的作文积极性，有助于提高他们的写作水平。

五、美玉有瑕——写作教学存在的问题

(一) 不会审题

不会审题，把握不住方向，给写作带来了难度。有些学生误解话题，如“用什么来度量生命”为话题作文，这个话题实际上要求你思考人生的理解、追求和态度。因为没有预设某一明确的主题，完全可以展示个性化的体验和思考。人的一生该怎样度过，怎样才无愧于宝贵的生命，这是每个人都无法回避的问题。尽管人人都可以有不同的活法，无需强求一律，但其底线是要活得无愧于生命的尊严。可是有的学生则误解为“怎样对待生命，怎样对待疾病”，这样就和出题的目的相悖了。

针对这样的问题，笔者在写作指导时强调要弄清话题范围，把握重

点，准确立意，要弄清题目究竟要你做什么，怎么写，要善于“化小为大”，也要善于“以小见大”。例如上述话题“用什么来度量生命”，如果就你熟悉的人，把他奉献奋斗的人生中的普通的小事写出来，也能拨动心弦，也可以抒发“人生的路啊该怎么走”的感慨和豪情。

审题应讲究“山行见奇树，须四面取之”；同时，切不可忘记“领异标新二月花”的原则。就从“树”这一话题说开吧：从“树根为适应大自然的选择，而呈现的多样性”，联想到我们应该培养多样性的人才，以适应社会的需要；从毁根之事常发生，联想到现在有些人哈韩哈日，会砍断我国传统文化中优良的根；从根牢牢扎根于地下，形成庞大的网络体系使大树枝繁叶茂，联想到现代社会需“T”型人才；从树根深埋地下，见不到阳光和盘根错节的特点，联想到社会上的关系网，猛烈抨击不正之风；从须根、侧根与主根的关系，看团结的重要性；从根的生命需求来看，它获取水分，钻土破石，不畏艰难，谈人需要这种“拼命”精神；从根须对土地的依赖，阐发个人的成长离不开家庭、集体、人民、祖国的哺育，以及根埋身地下，默默奉献等。

（二）所拟标题无“神”

眼睛是心灵的窗户，标题则是文章的眼睛，一个好的标题就像一壶好茶，清香四溢，沁人心脾，可是在拟题目时，出现了在原话题上简单地扩展，增加个别字词，这样的题目必然平淡无奇，“眼睛”无神，失去灵性。针对这个问题，笔者曾这样引导学生：一是题目不能太大，题目过大，内容往往不易写深写透，例如以“书”为话题作文时，有学生拟题为“思想源泉”，这要在六七百字的篇幅里怎样才能说清呢？只能泛泛而谈，没有具体内容，让人看了不知所云。二是适当地运用一些简易的拟题方法，如引用法、比喻法等，可以直接引用或间接引用改动的一些诗词、歌曲、广告语等。也可借用名言、警句为题，或用设问、呼告的形式命题。可见，标题也应讲究“小题大作”，用“小标题”写“大社会”。

如果学生的命题仍然存在太大、太笼统的问题，没有让人耳目一新的感觉的话，教师就只有再进行实战式“命题”专题训练了（如后面教学案例中的话题作文训练，强调“一练一得，得得相连”）。

(三) 钻仿写的空子

有些人认为，平时背诵或熟记几篇范文，考试时根据题意套上去也能获得高分。这些学生以其不健康的心态和投机心理，利用话题作文的长处钻空子。仿写是提高作文水平的有效途径，但是仿写不等于抄写，如果抄写下去就影响了他们做人的品质，同时也影响了他们的创新思维，他们会有侥幸心理，采取走捷径的做法，最终吃亏的还是他们自己。

(四) 随心所欲、杜撰编造

话题作文倡导创新，构思常往“独”里想，力图“独辟蹊径，亮出自己”。这正如清人郑板桥所言，“删繁就简三秋树，领异标新二月花”。文贵创新，但不是随意编造，那些随意杜撰的文章，其感情必然是虚假的，行文必然也是矫揉造作的。学生把宽松的写作空间当成了随心所欲，把自己的想象无限制发散开去，想到哪写到哪，文章看起来很空洞，让人看了不知所云，这样的文章怎能得高分？笔者在作文课上一再强调要寻找实例，广泛地阅读课外书籍，关注社会，关注未来，抓住自己的写作灵感，才能写出有特色的作文来。

叶圣陶曾说过：“作文这件事离不开生活，生活充实到什么程度，才会作出什么样的文字，否则就会陷入不切实际的唯技巧论。”

总之，中学生的心不是一块拒绝融化的冰，他们更不是腹中空空的痴者。怎样吹皱那池美丽的春水，关键在于我们教师。

作文教学就这么简简单单

(该文发表在《作文指导报》)

写作课的目的在哪？怎样将培养写作能力落实到写作教学中？有感于程翔老师的“写有兴趣的事”，想到“写作生活化，生活写作化”这一话题，又如何将口号化为行动呢？笔者认为做到三“好”能将问题迎刃而解：

好（hǎo）写——轻松指导，复杂事情简单化（作文太好写了）

好（hào）写——兴趣引路，有趣的事情急着写（喜欢写作文）

写好（hǎo）——方法同行，积累铺垫，我能写好作文（坚信能写好作文）

鉴于“作文教学简简单单”的理念，于是也便有了这样的课前三分钟写作训练——我拿了一些橘子及剥去瓤的橘子皮，用干净的手帕包好，藏在我的身后。进门后，我先让全班同学闭上眼睛，用鼻子闻一闻我带来了什么，然后让他们猜，在同学们七嘴八舌的猜测后，我将橘子往空中一抛，来了个“仙女散花”，抢着橘子的同学边吃边开始了三分钟训练。于是，便出现了以下训练题目——A.有趣的语文课。B.鲜活的语文课。C.天真的、充满童趣的语文教师。D.春意盎然的教室。E.风景这边独好。那天的写作内容也让我记忆犹新——“今天，我简直太开心了，我抢着了老王的橘子。当我一纵身跃入半空抓住那飞来的橘子时，我幸福晕了，天底下竟然有这样的语文老师，但我喜欢！我可不是喜欢她的橘子；我喜欢她的天真、她的可爱、她那出人意料的语文课……”想不到一个随心所欲的细节，竟会引发如此微妙的感情波澜。真的是“随风潜入夜，润物细无声”。

一个成功的写作细节，都可以引发我对生活化写作的思考，课前三分钟训练就是生活的一个缩影，一旦学生对生活产生了兴趣，他就有不写不快的感觉。谁又说不是呢？——有趣的生活，和谐的心情，简简单单写得高高兴兴，信手拈来写得出神入化，怎么也得卖弄几笔。

可见：小小三分钟，习惯必养成；语言文字美，不忘养性情！的确不错：播种一种行为，收获一种习惯，播种一种习惯，收获一种性格，播种一种性格，则会收获硕果累累的人生！

一次活动，是一个游戏；两次活动是一种习惯；三次、四次呢？其实，我们只要坚持那句话——“简单的事情重复做，重复的事情坚持做”，定能养成学生爱作文的习惯，因为，写作就这么简简单单。

“读写品评”生活化，敲开写作之门

内容提要：

贯穿语文新课标的一个基本理念是：以学生为本，以促进学生的发展为本。这一点为作文教学指明了方向——作文教学应走一条“写作生活化，生活写作化”之路。只有学生学会读生活、写生活、把握好读写结合点，才能真正敲开写作之门。这就要求教师首先引导学生把握写作源泉——感悟生活；激励学生的写作热情——方法引导；进而引发学生的多元化思维——生活联想；与名人对话，营造心灵家园——积累；然后做到为学生指点迷津，凸显作文亮点——赏识；最后，进行灵活开放的写作评价。整个过程，用以发展学生个性，培养创新能力。

正文：

贯穿语文新课标的一个基本理念是：以学生为本，以促进学生的发展为本。这一点为作文教学指明了方向——作文教学应走一条“写作生活化，生活写作化”之路。只有学生学会读生活、写生活、把握好读写结合点，才能真正敲开写作之门。以学生为主体，让学生在生活中走好自己的写作之路，要求教师在指导写作时更多地考虑到学生，从设计生活，把握写作源泉；与名著对话，营造心灵家园；指点迷津，玩味文字语言；评价赏识，凸显作文亮点等方面，进行生活化写作的引领，达到“一切生活皆写作，一切写作有生活”的目的。

一、精心设计生活，把握写作源泉

叶圣陶先生说“生活充实，才会表白出、抒发出真实的深厚的情思来”，表明生活是写作的本源。生活多元化，可撼动学生的心魄，缤纷的色彩，交织的音响，多彩的图画，都应涌上学生的笔端。目前的状况是，一批学生对周围的一切无动于衷，认识肤浅，思想冷漠，对生活中的真善美缺少发现的眼光。如果对人生的感悟如此苍白，行起文来怎么会有怦然心动、一吐为快的冲动呢？为此，笔者建议教师要多为学生创造条件，让他们走进社会，投入生活，拥抱自然，深入社区，参观学习，收集材料，采访人物。学生对沸腾的生活、瞬息万变的世界、价值观念的变化有了直接的印象，对生活有了独到的见解、深刻的领悟，才能写出原汁原味的好文章来。我最不能忘记的是大家郊游后写的《与大自然交往》的日记：那天，快乐的天使将我们带到校园旁边小树林里的草坪上，老师与我们在草坪上打滚、嬉戏。此时的老师已和我们一样是顽童了。刘梦梦一声令下，师生们一起从草坪高处滚下，在男同学“一二一”的节奏声中，形成了一幅流动的画面，再加上女同学的尖叫声，男同学的起哄声，草坪上掀起了一次又一次的热潮……狂“疯”后的女士们站起来后都变成了圣诞老人，一个个裹着乳白色的盛装，身上的枯草亲昵地贴在衣服上，在与阳光挑逗，有的还发出点点银光。

有了生活，便有了文章，文章赏析过后的同学们，更会认真地观察生活，对待生活。

二、与名著对话，营造心灵家园

一个人的精神发育史实质就是一个人的阅读史。由于大量时间都生活在学校，学生写作的材料一部分来源于阅读。因此，教师在教学中应努力营造“图书馆”式的阅读氛围，让学生与书为友，与大师对话，在人类优秀文化遗产中净化自己的灵魂，在现实生活的渗透中升华自己的人格。许多文学著作和社会科学作品本身就具有强大的感染力，渗透着一种无形的德育力量和人文精神。《昆虫记》会告诉学生什么是科学精神；《繁星》、《春水》、《巴黎圣母院》等会告诉学生什么是真善美；《爱的教育》、《鲁宾逊漂流记》等会告诉学生什么是尊重、礼让、上进。阅读优秀的作品，必然会给学生以强烈的心灵撞击，学生会把书中弘扬和推崇的道德境界作为自己的一种自觉追求，这股通过阅读积蓄起来的“浩然之气”，自然会充盈在学生的文章之中。

三、充分肯定，激励学生的写作热情

学生平时写作文，总希望得到教师的认可，如果他们看到的多是“思路不够开阔”、“语言不够流畅”、“书写马虎潦草”等一些令人扫兴的套话，又怎能让学生对作文产生兴趣呢？教师应多从学生的作文中发现优点，多加肯定和鼓励。教师的肯定是对学生写作的最好激励。特别是对那些作文信心不足或书写潦草的学生，抓住其优点来评价，将会产生意想不到的效果。不妨把批语这样写："你有一双观察生活的慧眼，老师真为你高兴！""作文内容很好，工整的书写会使它锦上添花！"学生能不喜欢写作这个展示自我的舞台吗？作文评语设计的指导思想应是：指导作文与情感育人相结合。

评语中的肯定是激励写作的重要途径，笔者认为适时、适度的语言激励更是学生点燃写作激情的捷径。写作前的吹风，写作时的有效参与，写作后放大表扬，都能达到让学生高高兴兴写生活、简简单单活写生的目的。比如在进行《讨厌的拖堂》写作训练时，我是这样进行写前导入的：孩子们，作为老师我最讨厌拖堂，作为学生时的我简直对拖堂恨之入骨，因为我们所在的中学厕所离我们教室太远，对于一个十一二岁的农村姑娘家，冬天里尿裤子现象可真是痛苦无比的事。同学们你有过"享受"拖堂的经历吗？有，就尽情地写出来吧！

下水文写完，笔者在巡回观赏时就注意到这样一段话：老师，快点下课吧，估计好吃的菜已经被洗劫一空了，可我可爱的老师依然唾沫飞溅，丝毫没有停止的意思。但讲的内容我一句也没听进去，倒看到前面的李欣在扭动屁股，一副痛不欲生的感觉，扭动的他终于静下来了，一股臭味扑鼻而来，周围的同学都捂鼻子、皱眉头，一阵骚动……此时只有辛勤的园丁依然在讲台上亭亭玉立。

"好真实的文字！一会儿给大家示范朗读！你是真正的大手笔！"三个感叹号，换来师生四目相对，换来师生的会心微笑，更换来孩子的再次埋头写作，换来孩子的写作愿景……

肯定是激励孩子的灵丹妙药。

四、为学生指点迷津，凸显作文亮点

一篇好作文，总是有很多亮点。可以是潇洒美观的书写、精巧的标题；可以是灵动的语句、真挚的情感、新奇的材料、新巧的构思；可以是瑰丽的想象、传神的细节、深邃的意境；可以是精彩的"凤头”、充实的“猪肚”、诗化的“豹尾”……这就需要教师用合适的语言或形式对学生加以指点。特别是要指导学生写出个性化语言。个性化语言体现在遣词造句及文体的选择与语调、态势和韵味上：或细语潺潺，或浩气磅礴，或深刻练达，或质朴清新。错综之中生魅力，相得益彰见匠心。随性而发，凸显生活本色的作文语言才透出刚健之气。

五、进行灵活开放的写作评价

虽然，呼唤“把作文评改权还给学生”、“让教师从作文批改中解放出来”，已经成为课改时代语文教学界的响亮口号。但是，目前大多数教师仍采用课堂自评的作文评改模式，教师很少细评作文，这样容易使优秀习作被埋没。凡真正下工夫写作的学生，都会产生一种期盼心理，即希望自己的作文能得到教师的肯定。所以，教师应采取灵活的批改方式，特别是对于热爱写作的学生，要多采取当面批改的方式，从方向上加以引领，从技巧上加以点拨，才能使他们的写作水平不断提高。让学生自评也是一种好方法。写完之后要养成自我批改的习惯。这一点恰恰是学生的薄弱环节，需要让学生真正弄清自评对学生写作水平提升的重要性。（详细内容见第九章评改）

总之，作文教学要体现生活味，让学生的“读写品评”生活化，才能引导学生用独特的笔触去描述自己眼中的世界，让学生的个性得到充分的表现和发展，让学生在乐思善写中提高语文素养，只有这样，才能叩开写作的大门。

小小三分钟，坚持必有成

（该文在《濮阳教育专刊》发表）

所谓的三分钟训练，只不过是课前三分钟的一次写作小练笔。这样的小练笔应以班级实际情况及随时取材为主，但序列性框架及训练的目的性教师应该明确，一定要避免盲目训练及随意训练。现将几年来的课前三分钟训练所得向大家做简要介绍。

第一阶段：指物描写，现场写生。开学两个月的此项训练一般会引起同学的轰动（哄动），因为这项训练是让学生积极主持并参与的游戏、活动等。如学生在班内自由表演——一个动作、一个眼神、一种表情……在大家开心一笑的同时进行现场训练。想想每一个"我"都积极参与的细节，真觉得受益匪浅。记得那天我拿了一包花生，装在黑色的纸袋子里，藏在我的身后。进门后，我先让全班同学闭上眼睛，用鼻子来闻一闻我带来了什么，然后让学生摸一摸，在同学们七嘴八舌的猜测后，我将花生往空中一抛，边抛边喊"天上掉了个林妹妹"，教室里乱做一团，飞的、蹦的、跑的，争的、抢的、夺的……在一声"停——"的口令下，同学们先是惊奇，互相看后便是哈哈大笑，男生、女生乱成一团，静下来一看，四双手拉在一起，抢的竟然是攥在那个小女生手里的一颗花生。于是同学们边吃边开始了三分钟训练。于是，那次训练便出现了以下训练题目——A.天上掉下个"林妹妹?"。B.教师里的"麻罗锅"先生。C.我们被骗了。D.疯狂的教室。E.这里是一道靓丽的风景线。那天的写作内容更让我记忆犹新——"神气的老王神奇地把她那双大手抛向空中，嘴里喊着"天上掉下个林妹妹"，我被她弄糊涂了，刚才我摸着兜里的东西硬硬的，表面不光滑，不应该是玩具……来不及多想，一堆"飞行物"已经从讲台飞下，当我一纵身跃入半空抓住那不明飞行物时，我哭笑不得，竟然是一颗花生！再看看讲台上得意至极的那位三十多岁的老小孩，看看还在争夺的同学，我脱口而出"林妹妹变成了麻罗锅！"就这么天真、就这么可爱，就这么出人意料的语文课，我们就这么毫无保留的喜欢她——我的语文老师！"一个"实"字引领，一个"真"字做文章，生活便悄悄地进入了孩子的文章。

第二阶段：联想训练，虚实结合。有了第一阶段的描写基础，学生渐渐养成观察生活、品味生活的习惯。为了使实物的描述更加生动形象，我们进行了以物为基础的联想训练。记得那次在一位同学背过海伦凯勒有关爱的语段（爱像云，我们虽然摸不着云，但能感到雨的滋味）后，同学们根据自己的想象，仿写"爱是什么"，创新"爱"。于是，便出现了"爱，便是老师的一个眼神，便是家长的一个巴掌，便是同桌皱起的眉头……"；"爱是那牵着风筝的线，任你风筝如何遨游蓝天，她总会不厌其烦地将你紧牵……”抽象的爱，与现实中的感受，自然地融为一体，这样的积累，也为学生的叙议结合提供了扎实的素材基础！

由虚到实，将抽象变为具体，而又如何将具体变为抽象，上升为一种朦胧美，也是此阶段的训练内容。记得那次关于“阳光”的联想训练，也让我受益颇深。那是一个下午的第三节课，我在跟同学们跳完“兔子舞“后便拿着书本走进教室，此时的阳光很明媚，我脑中出现了“绿叶在与阳光挑逗”的句子，对，离上课还有五分钟，就去看阳光下的树叶。墨绿的冬青叶子真的在与阳光挑逗，在微风的吹拂下，调皮的阳光捉迷藏似的在墨绿的叶子背上，忽上忽下、忽左忽右，这充满活力的小精灵，带给我们的又应该是什么呢？带着这样的思考，再回到教室进行三分钟训练，才发现：美就在我们的三分钟训练中——

埋头两节课
心暗了
伸伸腰、做做操
仍是心灰意冷
猛抬头
豁然一亮
抬头，便是好美的阳光
暖透了心的阳光
（初二六班　王亚松）

第三阶段：随着写作训练“以爱为中心，以训练为手段”的转移，三分钟变成课前三分钟“爱心大奉送”，此时的训练转入语文积累阶段，积累包括两方面内容：一是有关“情”的精美语段积累；二是自由背诵格言、警句、优美诗篇。

这次训练在上阶段“写实、联想”的基础上，成效显而易见。同学们的写作水平又上了一个大台阶，每个孩子都能用心描写心中的爱，都能用笔展示自己精彩的内心！

有诗为证：小小三分钟，常练易见功。教师有准备，学生自由行！

教学案例

“生活写作化，写作生活化，中小学生写作一体化”

三化系列训练案例

写写我自己

——找观察点，写真心话

适用年级：

小学三、四年级

教学目标：

1.引导孩子养成善于观察，乐于享受生活的习惯，渗透“一切生活皆写作，一切写作源生活”的写作理念。

2.浅尝“写作要真实、写人抓特点”的写作真谛。

授课时间：两课时（60分钟）

整体思路：

“生活化”写作理念在时间上、内容上贯穿课堂始终。课前的积累背诵，即三分钟训练——读书生活，写作的积累；课中的五分钟训练——找准生活观察点；十分钟训练——说真话、写真实；两次说话训练——说完整的话；评价能力训练等都体现了训练的全方位、立体化。

预设：课后的孩子应该有一种“高高兴兴写生活”的朦胧意识，为写真话、诉真情的作文境界埋下伏笔，更为将写作养成一种习惯打下基础。

教学设计：

课前积累：（5分钟）

课件出示诗两首《简单的一》

夜钓　　　　　　　　重逢

一个渔翁一钓钩　　　一阵敲门一阵风，
一帆一桨一渔舟，　　一声姓名一旧容，
一俯一仰一顿笑，　　一番迟疑一番懵（mēng），
一江明月一江秋。　　一番握手一番疯。

训练形式：填词游戏

指导语：你看到了什么？

课件出示“渔翁、钓钩，帆、桨、渔舟，俯、仰、笑，明月、秋”“敲门、风，姓名、旧容，迟疑、懵（mēng），握手、疯”诗中写实的词语，并让同学说一说看到这些词语，好像看到什么情景？

(夜钓的情景，老友久别后的突然拜访。意思对即可)

补入“一个、一、一阵、一阵、一”等数量词，组成《夜钓》、《重逢》两首诗。

请学生读诗，自由背诵诗。

过渡语：神奇的一，加上量词，将这些词语连成一首美丽的小诗，其实，神气的“一”同样可以走进我们的课本、走进我们的生活。比如：

出示：羽毛，翅膀，尾巴，小燕子。

学生马上背出“一身乌黑光亮的羽毛，一对俊俏轻快的翅膀，加上剪刀似的尾巴，凑成了活泼机灵的小燕子。”

过渡语：同学们，如果我们看到什么，就写什么，中间加上简单的字或词也能组成美妙的文章，今天，咱们就来试一试。

活动一：我手写我见（15分钟）

观察人物照片，教师引导语：

1.你看到什么？（人头、眼睛、鼻子、嘴巴、头发、衣服、表情等，看到即用词语把看到的写出来。）

2. 观察对象有什么特点？前面加上一两个字词。

3. 凑成的这个人是谁？是干什么的？感觉怎样？

学生限时写作：（教师出示要求）

肖像描写（5分钟）

神态描写（5分钟）

限时：十分钟

要求：

1.描写自己最喜欢或最有意义的所见。

2.写作要真实。

3.手不停地写，写不下去时抄上一句。

4.100字左右。

简要评价（5分钟）：学生自由发言，教师围绕“找好观察点，写真实”点评。

活动二：说说我自己——我口说我心（10分钟）

刚才，咱们人人上镜，留下了我们的生活写真，展示了我们的飒爽英姿。现在，咱们再来一个活动——找找你自己，看谁最先找到自己，并告诉我你在哪儿？你是谁？（1分钟）

要求声音洪亮，语言简洁、真实。

教师点拨语：这是我吗？我有这么________（漂亮、黑、白、机灵、淘气、聪明）？意在引导学生发现自我，找到自己的特点：（引导同学）我有一双________；一对________；一张________；还有……

温馨提示：

1.在外貌方面，有没有人给你起外号？

2.爸爸妈妈怎么看你的优点或不足的地方？

3.你的表演很受同学的欢迎吗？

4.你觉得你自己对同学是不是很诚心诚意，愿意在一些地方吃亏吗？

5.你对妈妈爸爸的批评意见是不是能够虚心接受？

活动三：写写我自己——我手写我口（10分钟训练）

课件出示具体要求：

1.以外貌、性格描写为主，可辅助其他描写方法（如脾气、爱好、兴趣、特长、声音、性别、年龄、个性、心里的事、衣着、优点、缺点等）。

2.写作要真实，要抓住自己与众不同之处。

3.可以通过生活中具体的一两件事来描述。

4.可以给文章定个题目。

活动四：评评我自己 ——不同的学生　不同的精彩（9分钟）

（一）自评（3分钟）

要求：

1.出声朗读（小小诵读师）。

2.动笔标出错别字和不通的句子（小小医生）。

3.修改、补充（小小美容师）。

4.一句话评价（小小评论家）。

（二）互评（4分钟）

要求：

1.速读小组每个成员的文章，标出错别字和不通顺的句子，写出旁批。

2.选出小组最出色的文章，写出集体评语（书写最棒的）。

3.集体修改最出色的文章，推荐朗读人选（朗读最棒的）。

（三）集体评价（2分钟）

1.赏什么

⑴ 基础要求：句子通顺，表达清楚。

⑵ 本次习作要求：具体、真实、有特点。

⑶ 亮点。

2.怎么赏

⑴ 小组代表读。

⑵ 同学倾听后自由发言（围绕以上要求）。

⑶ 代表说说推荐理由。

⑷ 教师适时适当点评指导，提出明确的目标。

课堂小结（3分钟）

我眼中的你——生活小天使，写作小能手

此时的你，会留给我什么印像呢？猜猜我会如何评价你？

孩子们，看我们活动的过程不就是我们的写作过程吗？我们的写作不就是生活中我们的精彩表现吗？（板书：生活处处皆写作，写作时时有生活）孩子们，你们就是生活中的小天使，你们更是写作小能手。相信你们以后会更加留心生活、热爱生活，并用笔时时描绘自己的生活，让我们放声高呼：找观察点，说真心话，高高兴兴写着玩。

板书设计：

写写我自己

找观察点

写真心话

生活处处皆写作　写作时时有生活

教学反思：

该训练题目在不同的会场、面对不同的对象，进行了四次训练：小学三年级、初中一年级、高中三年级、教师口语培训。训练题目相同，设计理念相似——引导对象产生写作敏感，找准生活与写作的切入点，养成“写作生活化，生活写作化”的习惯，甚至是课件的主题内容都相同，但操作形式不尽相同，每节课的要求也是不同的。

本次设计针对的是写作刚入门的学生，笔者将学习目的定位为“找观察点，写真心话”，为写作要有真情实感做铺垫。初一学生的训练则定为“动作、语言、神态、心理”等人物描写系列谈；高三学生则进行的是“我就是我”考前心理辅导及人物写作要突出人物特点；教师的口语培训则重点突出“用平常话，说平常人”的口语表达。同样的训练题目，不同的训练对象，变化的训练方式，内容的梯度设计，应该是“三化”写作训练的核心。

本课最大的特点是学生在短短的四十分钟内取得了不同程度的进步，第二个十分钟训练，大部分学生都能写出200字左右的片段，比第一个十分钟训练的80字左右增加了三分之一，尤其是“我手写我见”环节，打开了学生的写作思路，许多孩子吵着“老师，我还想写……”，达到了“我要写”的写作境界。

另外，洛阳许慎小学学生的写作之真也给我留下了极深的印象。一个孩子说他看到我的眉毛很粗、很黑，还有一个棱角，眉毛长得很乱；另一个孩子补充说：老师的眉毛笑得快飞起来了；还有的同学说老师的嘴唇很厚、很红，显得嘴很大，但厚嘴唇的老师说话很好听。童真无忌，在我的鼓励下，学生们大胆地将所见写到文章中，写得很真，当然就写得很好了。一节课下来，孩子们博得了听课老师的阵阵掌声！

（备注：本次训练笔者分别在漯河市人民大会堂、漯河四中礼堂给与会的两千名教师示范。）

说话要简洁清晰

课型：口语交际课

适用年级：五、六年级

训练目的：培养学生简洁清楚的语言表达能力。

教学步骤：

一、课前训练

妈妈骑马，马慢，妈妈骂马

妞妞轰牛，牛拧，妞妞拧牛

山羊上山，山碰山羊角，

水牛下水，水没水牛腰

大妈妈大模大样骑大马

老姥姥老夫老妻赶老羊

一平盆面烙一平盆饼，盆平饼，饼平盆

二、方法指导

第一招：由一个话题说开去，归纳说话清楚的方法。

请一个同学讲述一个有意义的活动，评价并归纳说话清楚的方法——多思，说话前要认真想一想（养成先想后说的习惯）：

自己为什么要说？

说给谁听？

说的重点是什么？

怎样去说？先说什么，后说什么？

哪些详说？哪些一带而过？

第二招：出示例子，寻找表达不简洁的句子，并尝试修改。

例文：

1.暑假里，因为是夏天，天气很闷热，我经常差不多天天去游泳。

2.这张伪造的病假证明是假的。

3.边防战士打败了敌人，胜利凯旋回来了。

4.用不干净的脏抹布擦碗，越擦越不干净，越擦越脏，很容易传染多种传染病。

5.学校里出现了从来没有过的空前的学习热潮。

6.每天中午，同学们纷纷去阅览室看书报杂志。他们陆陆续续去阅览室，有的看书，有的看杂志。

修改后归纳方法：

⑴ 说话简洁，不啰嗦

⑵ 去掉不必要的重复

⑶ 去掉与中心关系不大的枝蔓

⑷ 去掉口头禅

说话要求：

先想一想分几步说

用最少的话说明最多的意思

凡是一看实物就清楚的，可以不说

三、实战演习

1.给爷爷讲述学校同学参与文明城市创建的小故事。

2.给文明城市验收团讲述学校创建文明城的故事。

提示：对象不同，讲述的故事和形式不同。

四、布置作业（养成先说后写的习惯）

以本节说话课为蓝本，写作文。题材不限，字数不限。

教学反思：

这样的交际课倒也很有价值，能调动学生的积极性，引发学生的参与意识。但初次上此类型的课，学生的兴趣极高，但教师的指导性和目的性体现不好，感觉课堂的深度不够。

新设想：

1.教师创设情景，由学生分组交流，进行组内说话练习，小组推荐优秀选手班内交流。

2.学生创设情景，优秀代表上台说话，选出说话“清楚简洁”的同学。

3.请想锻炼自我的学生上台说话，请大家帮忙把话说清楚简洁。

4.总结归纳说话“清楚简洁”的方法。

5.运用方法，进行说话训练。

以“发现美”为话题

——系列作文的审题与选材

教学目的：

1.提高学生的审题能力。

2.培养学生发散性思维能力，开拓选材范围。

教学重点：提高学生的审题能力。

教学难点：

培养学生发散性思维能力，开拓选材范围。

教学过程：

一、出示教学目标（课件）

1.审题要把握文题的重点。

2.选材要有新意，要有深度，学会多角度思考问题。

3.平时要养成“善于观察，乐于积累”的习惯。

二、教学内容

（一）（板书）美

1.问：看到这个“美”字，你会想到什么？（按座位，一组学生回答）

2.教师小结：（对美作归纳）

美：外在的、具体的美

内在的、抽象的美

如果这个“美”只是外在的、具体的，往往是表象的、浅薄的，只有透过表象，揭示内涵，把表和里紧密结合，这样的美才是深沉的、具有内涵的，才具有感染力，具有厚重感。

（出示课件）长城图片，教师吟诵：巍峨长城，虎踞龙盘，腾跃于峻岭之上，隐没于山壑之中，逶迤几千里，这是美；透过长城，我们可以看到古代人民智慧的结晶，这是智慧之美；长城垒积于一砖一石，我们可以看到古代人民的勤劳、愚公移山的精神，这是人格之美；巍巍长城是抵御外来入侵的屏障，显示了中国人民团结一致、抵御外敌的民族精神，这是精神之美。

（二）在“美”之前加板书“生活中的”（用不同颜色的粉笔）

1.问：加了这四个字后，审题应该发生了什么变化？（指明学生回答）

2.问：如果写山美、水美，可以吗？为什么？（学生讨论后回答）

3.问：其实，写“生活中的美”，也可以写山美、水美，关键是要把山美、水美扣到文题上去，你们看，应该怎样扣？（学生讨论后回答）

4.请学生说说生活中的美。

(教师可以补充：亲人的一声呵护，是亲情之美；朋友的关爱，是友情之美；音乐、绘画、文学给我们的愉悦，是艺术之美……）

5.教师小结：

（1）加上了限制词，题材范围缩小了，因此题材必须充分体现题目要求。

（2）偏正结构的文题，句子表达的重点应该是修饰限制词，所以题材必须在限制词的范围内。

（三）在“美”前面加板书“发现”（用不同颜色的粉笔）

1.问：加了这两个字以后，审题和题材又发生了什么变化？（学生讨论回答）

2.教师归纳：

（1）审题的重点在“发现”。

（2）题材应该是隐性的，有待于我们去发现、去发掘。

3.现在我们也来“发现”一下。你们看，老师的眼睛美吗？请大家用5分钟时间写出老师眼睛的美，字数在150字左右。

4.（老师巡回）选择具有典型代表性的学生习作，让学生读2～3篇。

5.教师小结：眼睛的美，美在他的眼神，而不是单纯的外在的美，比如：当学生获得成功时，老师赞许的眼神；当学生遭遇挫折时，老师鼓励的眼神；当学生犯错误时，老师恨铁不成钢的眼神，等等。难道这不是美吗？

因此，美是要我们去发现，去发掘的，生活中的美是无处不在的。

6.延伸：我们每天鉴赏一首古诗，你发现了它的美吗？

（课件）

文学形象之美：

大漠：大漠孤烟直，长河落日圆

大河：乱石穿空，惊涛拍岸，卷起千堆雪

落日：落霞与孤鹜齐飞，秋水共长天一色

山林：明月松间照，清泉石上流

思想内容之美：

报效祖国：人生自古谁无死，留取丹心照汗青

关心人民：朱门酒肉臭，路有冻死骨

真挚感情：海内存知己，天涯若比邻

艺术手法之美：

浪漫：飞流直下三千尺，疑是银河落九天

现实：生女犹得嫁比邻，生男埋没随百草

豪放：大江东去，浪淘尽，千古风流人物

婉约：今宵酒醒何处，杨柳岸晓风残月

语言锤炼之美：

贾岛：二句三年得，一吟双泪流

杜甫：为人性僻耽佳句，语不惊人死不休

（四）（课件出示）引出："美与丑"（板书），我们又该如何来审题和选材呢？（时间来得及就作辅导，来不及就作为课后思考题）

美与丑：

1.对立的统一。

2.两者是可以转化的。

3.美与丑标准不同，评价也不同。

4.创造条件使丑变为美。

（两概念作文题，写作重点是两个概念间的关系）

（五）学生总结：本堂课你学到了什么？（学生回答）

（六）教师总结：

1.审题要把握文题的重点。

2.选材要有新意，要有深度。

3.平时要注意观察，注意积累。

教学反思：

本课最大的亮点是课堂的生成——评价语的指导。本节课是在清丰县（含部分高新区和华龙区教师）教师新课程培训上的一节示范课，意在引导学生的参与，强化学生的主体地位。这一难点突破较好。有关审题和选材的评价引导过程中，高新区王助乡一位教师的有效参与，为师生互动进行了良好铺垫。可见，大型公开课除了备教材、备学生外，备"听课教师"也应该列为作课教师的备课内容。

另外，在本课的上课过程中，笔者还想体现“生活化写作”的“先说后写”训练，但由于强调说，特别是教师的激情示范说和评价说，影响了学生的写，以后的课堂应强调教师引领，不应过分强调教师全程参与。

通过本节课的教学，笔者进一步认识了自己所谓的激情——“激情”当然是教师必要的基本功，但最重要的是用教师的激情点燃学生的激情。本节课教师的激情太高，学生很佩服但无法模仿，导致学生在教师激情高涨之时，认为没有那么好的语言和感情来回答老师或回报老师，导致课堂上出现无效的空白。切记：老师的教学是引领学生进步的，而不是让学生佩服的。佩服固然是好，让学生在佩服中取得进步才是目的。

“母爱”的诠释

——话题作文指导

一、导课（2分钟）

猜谜语活动

生我者——打一外国作品名（高尔基的《母亲》）

潜水服——打一诗句（“游子身上衣”）

贤妇——打一字（娘）

过渡语：“娘”，一声深情的呼唤，道出的不仅是人间所有有良知的动物的亲情，更道出我们人类对最伟大、最无私的母爱的感激之情，因为“有一种爱，一生一世不求回报，那就是母爱；有一个人，一生一世值得你爱，她就是母亲；世界上最动听的声音，那就是母亲的呼唤”！

母亲，一个朴实的字眼，一个伟大的字眼。今天，我们又会如何诠释这个伟大而又朴实的字眼呢？今天，咱们讨论的话题便是——

母爱（板书课题）

二、诠释（4分钟）

大家知道，母亲一词在英语中应读“mother”，现在，老师将这个单词变形——竖式书写，大家看又会发现什么呢？

m——many；多

o——old；老

t——tears；眼泪

h——heat；心

e——eye；眼睛

r——right；正确

围绕这六个单词，你又能想到什么呢？你最急于告诉我们的又是你妈妈的什么故事呢？

三、自由说话训练（5分钟）

要求：

(1) 四人小组，四分钟时间

(2) 围绕中心，重点说一件事

(3) 叙事完整，真实

(4) 围绕以上三点进行点评（1分钟）

四、现场写作（5分钟）

汇报交流，小结过渡。倾听着同学们的心语，我真切地触到了你们那颗跳动的爱母之心。此时，我的心和你们一起跳动。古往今来，像你们一样理解、赞扬父母的诗词文章可谓不胜枚举。谁能说一句话或背一首诗来表达对母亲的赞美之情呢？

五、拓展延伸（学生自由发言）

(1) 补充精美语句

(2) 交流名人名言

(3) 讲述有关母爱的故事

过渡语：正是因为我们拥有了母亲这颗纯真的心，享受了幸福的母爱，所以更得懂得感激母亲，回报母亲。说到回报，我不仅想起唐朝诗人孟郊的《游子吟》。他之所以流芳千古，其中的原因可能不仅是因为他的这首诗用非常朴素的语言把母爱表达得生动传神、淋漓尽致，而且他提出了一个非常耐人寻味的问题，“谁言寸草心，报得三春晖”。最近，对这个已经被问了千百年的问题，一个儿子用行动做出了自己的回答——他就是用一片孝心感动中国的人物——孝子田世国(结合图片简介田世国为母捐肾的动人故事)。

六、课堂小节及作业

我深信，爱的接力棒不仅仅是在田世国一家人中传递，他还会通过各种媒体传到每个炎黄子孙的心里，传到世界人民的心里，爱将在地球的每一寸土地上延伸……今天，咱们便用咱们的神笔再次将这种爱传递。今天，我们的写作内容是——(出示要求)

要求：以“母爱”为话题，写一篇记叙性的文章，题目自拟，字数在500左右。

写作知识补充（穿插在评价过程中）

步骤：搜寻材料　确定中心　选择材料
　　　安排详略　确定题目

技巧：人事不分家　记事六要素　写人五描写　命题三特色　叙议抒结合

板书设计：

“母亲”话题

步骤	技巧
中心	记叙
材料	描写
详略	抒情

附：

关于母亲的话题

(补充或积累材料)

一、诗意的语言

妈妈的爱是清凉的风，是遮雨的伞，是滴落的泪，是甜甜的吻。

如果你的心是石头，是无法敲出动人的乐曲的；如果你的心是琴弦，那么，一点点的拨动，一缕缕的微风都能发出美妙的声音。

母爱是伞，为你遮风挡雨。母爱是衣，为你送去温暖。母爱是灯，为你送去光明。母爱是光，照亮你的心灵。

在寒冷的年代里，母爱是温暖。在温暖的年代里，母爱是关怀。在文明的年代里，母爱是道德。在欢乐的年代里，母爱是幸福。

母爱是指南针，在迷路的时候为你指明方向。母爱是精神，是为你扫除障碍的动力。母爱是明镜，照出你的缺点和不足。母爱是船舶，载你走向成功之路。

母爱可以使你在痛苦中得到安慰。母爱可以使你在孤独中得到欢乐。母爱可以使你在失望中得到希望。母爱可以使你在冷落中得到幸福。

二、名人名言

世界上的一切光荣和骄傲，都来自母亲。

（高尔基）

母爱是一种巨大的火焰。（罗曼罗兰）

世界上有一种最美丽的声音，那便是母亲的呼唤。（但丁）

人的嘴唇所能发出的最甜美的字眼，就是母亲，最美好的呼唤，就是“妈妈”。（纪伯伦）

母爱是世间最伟大的力量。（米尔）

世界上一切其他都是假的、空的，唯有母亲才是真的，永恒的不灭的。（印度）

母爱是多么强烈、自私、狂热地占据我们整个心灵的感情。（邓肯）

全世界的母亲多么的相象！她们的心始终一样。每一个母亲都有一颗极为纯真的赤子之心。（惠特曼）

三、母爱的力量

之一　最后的母爱

一产妇临盆前遇火灾力保胎儿

中新社香港三月二十七日电台北消息：台湾一位高龄产妇临盆前

不幸遇到火灾，被救出火场送往医院时已经没有呼吸和心跳，全身烧黑，唯有双手护住的肚皮完好，医师赶忙施行死后剖腹产，接生下足月男婴居然还活着。

高雄医学大学附属医院妇产科主治医师张裕今天在台湾妇产科医学会报告这个案例，他表示，这名产妇到院前死亡，令人印象深刻的是她的身体躬曲，双手护住肚皮，状似保护腹中胎儿，全身皮肤仅肚皮完好。

“中央社”报道，这位产妇送抵医院时，距救出火场超过二十八分钟路程，奇迹是胎儿还有心跳。医师赶快为孕妇施行体外按摩帮助胎儿的脐带血液流动，快手快脚进行剖腹产，不到半小时就把胎儿接生下来，并请新生儿科照顾治疗男婴。

据悉，这位产妇三十七岁，好不容易藉由人工受孕才怀着男胎，怀到三十九周都快要临盆时，却遭逢火灾意外。

之二

一个猎人追杀一只藏羚羊，眼看走投无路时，这只藏羚羊突然不再奔跑，而是面对猎人跪下了，猎人感到奇怪，但未动恻隐之心，举枪打死了羚羊。回到驻地，猎人解剖发现，原来这只羊的腹中竟有一个胎儿。猎人明白了，她的求饶正是为了孩子。猎人十分后悔，丢掉猎枪，再也不打猎了。以上内容涉及人文、自然科学、社会、人生、历史、现实等各个领域，学生不仅获得了相关的文学知识，也了解自然科学的系列知识。

之三 《血色母爱》

《血色母爱》的报道中讲了一个真实的故事：一位母亲下岗了，但是她不忍心看着她的女儿整天闷闷不乐，便决定带她的女儿去滑雪，还买了两件银色面包服，让她女儿高兴。但不幸的事却发生了：她们太兴奋，滑得远离了指定的地方，导致雪崩，母女俩穿的银灰色衣服与白色相似，救援飞机根本看不到她们，母女俩都要冻僵了。最后，母亲把自己的血管割破，用鲜血写了“SOS”使她的女儿获救，而这位伟大的母亲却因失血过多，永远地离开了她的女儿。

教学反思：

“生活化的语言，生活中真情的调动”应该是本节课的最大亮点。最让我难忘的是参与学生的眼泪，参与教师的眼泪。而最令我遗憾的也是课堂上的眼泪——因为我的一篇下水文，勾起了我对母亲的思念，我也掉下了伤心的泪，用泪水贯穿的课堂，肯定是所有参与者难忘的课堂，但我的学生们除了泪水又收获了什么呢？在本节课中，孩子们又有哪些能力得到发展了呢？写作能力的推进提高应在我的课堂上用重鼓敲响！

提醒：

课堂不应妄想面面俱到，因为面面俱到等于面面不到，今天的课堂就是一个例子，要求提了一大堆，每个要求都是蜻蜓点水，没有达到预期效果。

新教案：

将本节课变为两节大课，上成两个课型，一节综合课，一节写作课。综合课除一、二、五三个环节和补充的大量课外阅读外，再引导学生进行以“母爱”或“孝心”为话题的课外阅读。而写作课讲究“一课一得”，鼓励学生围绕“综合课”选取要求中的任意一项训练即可。

备注：该课获国家级优质课一等奖。

话题作文“感激”教案

一、打开思路，出示感动中国2005年度颁奖词

2006年的日历已经翻过去许多页了，可是在我们很多人的脑海中，2005年的很多感动依然留在这里，并因为隔了一段距离，反而似乎变得更加清晰了。今天，感动中国2005年度人物颁奖礼隆重举行。此刻，我们好像看见在万家灯火中，在茫茫的人海里他们向我们走来，他们带着2005年这一年春夏秋冬的阳光和细雨，更带着沉淀在心里的那一份感动。（欣赏2005年感动中国人物颁奖词）

二、拓宽思维

材料积累

1.有关“感激”的名言

感激伤害你的人，因为他磨炼了你的心志；感激绊倒你的人，因为他强化了你的双腿；感激欺骗你的人，因为他增进了你的智慧；感激蔑视你的人，因为他醒觉了你的自尊；感激遗弃你的人，因为他教会了你该独立；凡事感激，学会感激。感激一切使你成长的人！感激失败，因为它使我成为了一个有故事的人；感激成功，因为它使我的生命铺满精彩，写满美丽；感激掌声和鼓励，因为它给我更大的能量和勇气！同时，也感激批判和挑战，因为它警醒我自知、自治和自明。凡事感激——感激一切造就了我的人！

2.有关“感激”的观念、格言

谁言寸草心，报得三春晖

滴水之恩，当涌泉相报

恩欲报，怨欲忘，报怨短，报恩长

事父母，能竭其力

孝在于质实，不在于饰貌

贫贱之交不可忘，糟糠之妻不下堂

不养儿不知父母恩

可怜天下父母心

路遥知马力，日久见人心

天意怜幽草，人间重晚晴

知遇之恩永生不忘

士为知己者死

一双冷眼看世人，满腔热血酬知己

受人点滴之恩，当涌泉相报

教师是人类灵魂的工程师（斯大林）

一日为师，终身为父（关汉卿）

鸦有反哺之义，羊知跪乳之恩

美好的生命应该充满期待、惊喜和感激

哀哀父母，生我劬劳

三、布置作文

要求：请你以“感激”为话题自由写作。运用多种表达方式。不少于600字。

反思：这是一堂积累写作课。教师一节课，一句话不说，只展示准备资料即可。当然，课堂提供的材料需要教师精心准备，更需要学生精心准备。教师做“哑巴”的课堂最需要教师对学生作文的精心指导。教师不说话的写作课堂，需要对学生作品面批加鼓励。

捕捉生活细微处

——写写身边的事之真情实感

教学目标：

1.培养学生勤于思考、善于观察的习惯，形成“写作生活化，生活写作化，高高兴兴写作文”的学习习惯。

2.教给学生通过细节描写人和事的写作手法。

学习目标：

1.学会捕捉生活动情处，感悟生活细微处，养成说真话、诉真情的写作习惯。

2. 在交流的过程中学会自改和互改作文。

课前积累：

一支粉笔两袖清风，三尺讲台四季耕耘，五天忙碌六日无休，滴滴汗水浇灌桃李芬芳天下！

有一道彩虹，他不出现在雨后，也不出现在天空，却常出现在我心里，敲击着我，指引我认认真真做事，就是你——我的恩师。

同学是琴，演奏一生的美妙；同学是茶，品味一世的清香；同学是笔，写出一生一世的幸福。

导课（1分钟）

前世五百次的回眸，才会换来今世的擦肩而过，我想我和同学们在前世肯定有千百次的擦肩而过，才会换来今天四十分钟的美好时光。我会用我的努力去享受它，相信你们也会用你们的智慧去充实它。让我们快速走进它——这美好的时光。

第一板块——三分钟训练（10分钟），完成“写什么”的问题

游戏：请你记住我

(一) 精要指导

享受我们的共同生活，应该建立在认识的基础上，我先做以下自我介绍：板书拼音“wang　huan　yin”，请学生猜猜是那三个字并说出猜测的理由。

预测：换　幻　唤　焕　涣　患等

(二) 交流互动

王老师用汉字的神奇多变推陈出新介绍了自己，相信你们对我已有了初步的了解，现在，请你们选择自己认为最有意思（或最拿手）的方法介绍自己。比如：漂亮的字体，嘹亮的歌喉，幽默的语言等。学生自我展示（活动）

(三) 三分钟写作

100字以内的短文自我画像。

自改要求：（1分钟）

(1) 写完之后，立即进行。出声读文章，对自己能够发现的错别字、病句自行修改。

(2) 反思：最得意的一点；遗憾与不足。

第二板块——师生跟帖（20分钟），完成“怎么写”的问题

“发现”活动：十分钟训练——捕捉身边的细节

(一) 现场捕捉（3分钟）：你认为他说得很形象，你可以用跟帖的形式，帮他补充事例或评价。

同学代表谈捕捉到的细节

教师下水文——选择一位同学的细微处现场口头作文

（二）学生写作（10分钟）：200字左右

（三）互改 （7分钟）

1.仔细阅读文章，扮演好角色。

语言医生；语言美容师；语言欣赏家

2.写寄语。要求：

(1) 书信格式。

(2) 用第二人称，语气亲切，态度诚恳。

(3) 公正地指出你认识到的亮点、优点和不足之处。真诚地提出合理化建议。

第三板块：（8分钟）寻找生活与写作的切入点，完成“为什么写”的问题

写老师是为了彰显新时代教师，写学生是为了写什么呢？睁开你的慧眼，寻找我们写作的切入点，我们写的目的是什么？

（一）点拨：（1分钟）

事——人——？

明确任务：你在哪些方面进行了细微描写？（板书）你的细微描写有何作用？通过你的描写你觉得你的主人公是什么样的人？这件事会给你或他带来什么？

（二）现场写作三分钟。（50字左右）

（三）集体赏析（5分钟），完成“写得怎样”的问题

(语言医生；语言美容师；语言欣赏家)

注意教师评价语：

1.立意新从“切入点好，表达手法合适，语言清新，修辞手法的使用得当”等方面评价。

2.立意真从“有眼光、会生活、会倾听、会发现、会欣赏、会理解、有爱心”等方面评价。

结束语：

一件平淡的事情很轻；一句平常的夸奖很真；采一片天然的粽叶，包一颗真情的粽子，装入你绿色的文章中，你的妙笔定能点缀你五彩

的生活，你的生活定能使你的妙笔生出斑斓的花。

板书设计：

写写身边的事

——写作之真情实感　　　写什么

捕捉细节	动作描写 语言描写 神态描写 场面描写	彰显真情	怎样写

表现人物特点　　　为什么写

医生、美容师、欣赏家　　　写得怎样

教学反思：

自我感觉是一堂成功的写作指导课，基本完成了教学目标，渗透了学生观察生活，寻找生活与写作切入点的习惯，解决了“写什么”、“怎么写”、“为什么写”的写作要点。有两处不得不提：

在进行完十分钟训练后，小组推荐了两位同学的作文，一篇是交得早而又写得精彩的，一篇是写得一般，但交得稍晚的。在同学们紧张的互改过程中，我快速浏览了这两篇文章，便迅速决定：先读写得好的，文中有两处细节进行了修改——“我们注视着王老师”，改成“同学们的一双双眼睛直勾勾地盯着王老师，生怕漏掉任何一个细节”，强调生活化的语言比书面语更感染人，生活化写作中，适当运用生活化的语言，会使文章表达更生动。另一处，学生写了“教室里的声音忽高忽低”，我便试着进行了这样的修改：“课堂上的声音犹如大海的波浪般此起彼伏，读书声，交流声，争论声，声声入耳……”“一处修辞手法的运用，将课堂的场面点缀得栩栩如生”，听着小作者在评价我修改的评语时，我欣慰了，任何写作方法的指导都是多余的，在写作中学写作应该是最佳的方法指导了。

之所以将不太美的第二篇文章放在最后，是因为第二篇文章的结尾写得很值得一提："老师说十分钟写完，老师又说时间已经过了二十分钟，这节课真有意思，我们喜欢它。"这句话很典型，笔者是这样进行评价的："这位同学就是把老师的话，真实的写在作文里，但真实的语言带给我们的是什么呢？不是有意思，而是觉得多余。"笔者边说边板书"真"和"实"两个字：同学们，在我们的写作中仅有"真"和"实"就够了么？不够，我们要的是文字后面的"情感"，这里的"十"和"二十"能表达同学对课堂的喜欢，或者课堂的精彩吗？加入一句什么样的话就能表达出来呢？很快一位同学就补充出"二十分钟过去了，我们竟然没有丝毫的感觉，我们有的是忙着参与"，紧接着又有同学补充出"写作训练也定时，定时是我们快速、高效的指挥棒"。此时我随即加入了这样一句话："可见，文学来源于生活，但高于生活，我们可以在写实的基础上，加入我们的联想和想象，文章会更出彩！"不失时机地在"真"和"实"的中间加入了"情"和"感"，完成了本节课的教学任务。

《话题作文"向往"》写作案例

——写作综合课

写作目的：

1.综合训练记叙文六要素的使用。

2.描写手法的综合运用。

3.在写实基础上的联想和想象。

4.话题作文的选材和立意。

教学步骤：

一、评价半命题作文《谁说我不——》（上次写作内容）

老师综合评述：

1.文体不限，不等于不要文体。避免记叙文与说明文的揉杂现象。

2.生动细腻的描写与中心的关系。

3.抒情议论段泛滥。

4.不许再错的几个字：如：一滴水的“滴”字里边最易写成商人的“商”。

二、老师表达自己的心愿

由文章错别字说起：同学们，说起来写错一个字简单，但简单的背后又是什么呢？是我们掌握问题不牢，是学习习惯不好，一旦人人养成细心、高效的习惯，那我们的成功指日可待！我“向往”两年后的奇迹，8班可以考上三十个一高，你呢？（引出话题“向往”）

三、推荐文章

向往

每个人都有自己向往的地方，那个地方一定都很美。我向往大自然——山林中的生活。

在大自然中，也许会有山林中寂静的生活。春天，太阳东升，以温和、慈爱的双手抚摸着万物。山林中的小屋顿时有了生机，树木、花草都懒洋洋地伸展枝叶，从甜梦中醒来，寂静的山林充满了活力。春天，以和谐的春风，唤醒沉睡在寒冬的山林、小溪、房屋、动物……

炎热的夏天到来，我向往夏天的山林。夏天，烈日炎炎，也许在喧闹的都市、宁静的乡村都显得枯燥、没有生机。而在山林中，依然是那么生机盎然。树木的叶子都在吸收炎热，释放氧气。小溪欢唱起来了，欢快地流淌着。也许这时，山林中会传来几声鸟叫，也许偶尔会刮来带着凉意的风。夏天，山林里的夏天好美！

我向往秋天的山林。秋风萧瑟，不禁带来一丝凉意。如果你问我，秋天的山林里最多而且最常见的是什么？我会回答：“树叶，金黄色的落叶。”幻想自己在山林中漫步，秋风把树叶刮得漫天飞舞，像是在给秋天的交响曲伴舞。秋天，多么惬意！

冬天的山林更美！整个山里，一片雪白，山川、河流、小溪、房屋，一切都在雪白的世界里，银装素裹的，好像仙境一般，这样美的一幅山林中的风景画，有谁能不向往呢？

神奇的大自然，人类的家，你有那么美！有多少令我向往的地方，草原、湖泊、山川，更多的地方都等着我们去发现它的美，感受自然，向往自然。

向往、希望、飞翔

伴着清风袭来，踩着原野初融的残雪，你姗姗走来，你的爱使我温馨，我，不再忧郁，彷徨。曾经编织过那个七彩的梦！

春，我找到你了！你就在我的身边，我问太阳，太阳不言，只顾散发出热量；我问小河，小河不语，只急奔向海洋；我问小草，小草不理，只忙着换穿淡绿的衣裳。一切都很美妙！

曾几何时，我喜欢独自坐在窗前。春雨又飘，朦胧的雨像细丝，悄悄地落下。几只燕子斜掠而过，剪断了忧愁，迎来了欢乐！我爱恋春风，是它拂醒了大地，又播下希望的种子，它是生命的使者。

啊，绿柳是你飘然的长发；桃花是你动人的芳容；泉眼是你闪亮的眸子；小溪是你缠绵的柔性；夜莺是你婉转的歌喉。雨后，你显得更有活力了，湿润的空气夹杂着泥土的芳香，迎面扑来。你是生命的耕耘者！

此刻，面对着你，该说些什么呢？我，不再单纯，不再忧郁，而是乐观和自信！我对未来十分憧憬——你中有我，我中有你，我们共同有一个属于我们的最美的季节！

三百六十五里路

看，那是远方！那是李白看到孤帆远去的远方，那是哥伦布遥望茫茫海天的远方，那是朱自清看到父亲背影逐渐淡去的远方，那是张骞手执节杖踏上丝绸之路的远方。那迢迢的未知之旅通向了未知的远方。

远方的人儿，你们何时能回来？新一批的开拓者已准备踏上征途，走过三百六十五里路，走过春夏秋冬，走过艰难险阻，走到那神秘的远方。

远方有什么？是鲜花锦簇还是荆棘丛生，是流觞曲水还是幽壑险滩，是文明开放还是荒夷野蛮？人们带着种种的疑问望着远方的世界。正是这探询的目光，才使远方充满巨大的诱惑，人们也才不断想象着它的美好，将它作为自己灵魂的寄托，久而久之，人们再也禁不住好奇，抑制不住骨子里不安分的天性，按捺不住灵魂里涌动的向往，迈出了走向远方的第一步，勇敢地踏上了征途。

现实是过去的远方，远方是将来的现实。过去的人们的开拓是向往、追寻的远方，变成了现在的现实；而现在的人们向往、追寻的远方，也必定会成为将来的现实。人类的进步就是从未知到有知。我已说过，人的骨子里就有不安分的因素存在。他们永远不会安于现状、停滞不前，开拓创新是人类的老祖先最经典的生存之道，远方永远是人们的新目标。人们向往远方，不仅仅是远方有美好的生活，更具有他们未曾经历的种种挑战，具有他们所有的梦幻与激情。

向往远方是李清照的“一种相思，两处闲愁”的幽思，向往远方是孔子的“道不行，乘桴浮于海”的自由，向往远方是李白的“且放白鹿青崖间，须行即骑访名山”的洒脱，向往远方是辛弃疾的“金戈铁马，气吞万里如虎”的慨叹。远方是文人墨客讴歌的对象，也是雄心勃勃的志士征服的目标。向往远方是诗人手上的诗篇，描绘着美丽的生活；向往远方也是秦始皇的利剑、汉武的竹简，上面写满了征服的欲望。

向往远方，去迎接新的挑战，去开拓新的世界，去应对三百六十五里路的风风雨雨。

“路漫漫其修远兮，吾将上下而求索。”

四、出示写作要求

我向往蓝天，向往它神秘的蓝，我想变成一朵白云，永远自由地游走于它的身边。我向往大海，向往它神奇的蓝，我想变成一条小鱼，永远快乐地游于它的胸怀。我向往大地，向往它质朴的黄，我想变成一只小鹿，永远开心地奔跑于它的掌心。我向往森林，向往它静谧的绿，我想变成一只小鸟，永远不离地居住于它的枝头。我还向往……请你以“向往”为话题写一篇文章。运用多种表达方式。不少于600字。

学生自由写作。

五、教师归纳写作方法

1.题目可以扩大或缩小。

如可以命题为《向往的地方》、《三百六十五里路》等。

2.形式可以是散文，也可以是记叙文。文体不限，但文体不能杂糅。

3.向往的可以是美妙的四季，可以是春天的期盼，可以是理想的追求，内容应该是开放的。只要体现积极的现实意义即可。

评价：围绕以上三个方面进行。

教学反思：

这节写作课让人读来，也许有种太随意的感觉，不就是一节随堂写作课么！的确是一节随堂课。但笔者的目的就是引导学生“学会写生活，学会在生活中写作”。此教案达到以下目的即可：①针对目标，有意识克服写作中的问题。②有“写作完全可以从模仿开始，仿是创的基础”的意识。③认同“写作即生活”的理念，知道读书生活能带给我们仿写的素材，如果暂时不喜欢读书，可以从“为需要而读书”开始。

这是一堂讲评与写作的结合课。第一部分讲评，第二部分积累，第三部分写作。目的是用上篇文章的评价赏析，指导本节课的教学，用第二部分的积累，丰富本次写作内容。

教师下水文

寻找身边的幸福，幸福地写作着，引导着孩子们发现身边事，描写身边人，快乐地发现着。

——焕银

我幸福，因为我做着教师

清晨6点50分，我骑上自行车，迎着朝阳，沐着春风，穿行在别具一格的欧式商业街上，盘算着一天的计划，惬意前行着……猛抬头，天空中的朵朵白云也来凑乐了，此时我脑中出现了海伦·凯勒爱的名言——爱像云，我们虽然摸不着云，但能感到雨的滋味……随之而来的便是同学的大作——“爱，便是老师的一个眼神，便是家长的一个巴掌，便是同桌皱起的眉头……”；“爱是那牵着风筝的线，任你风筝如何遨游蓝天，她总会不厌其烦地将你紧牵……”看来，爱不仅可以复制粘贴，还可以循环播放；爱不仅可以接力传递，还可以发酵蔓延；爱不仅可以抚慰心灵，更可以获得信赖…… 有爱这一基石作后盾，我更自信地朝着那理想的殿堂走去……

“老师好”！晨迎的同学个个挺胸抬头，神清气爽，听着他们真诚的祝福，看着他们的飒爽英姿，我胸中不觉再次升腾起一股力量。“同学们早”……拥有这样的孩子，我真幸福！

匆匆扎好自行车，我快步向签到处去签到，这可是我高兴的活儿，因为那儿有同事们的真诚问候——“王姐早”，“王姐，宝宝怎么不来了，我想他”，“王姐今天好年轻呀”！“王头，看你整天都是用不完的劲”……沐浴着同事的问候，享受着和谐温馨的幸福感，我胸挺得更直了！步伐也不觉加快了，与孩子们一起晨读。今天小张宁又会给我带来什么欣喜呢？——哇！什么？《幸福其实很简单》！

“现在才发现，幸福其实很简单，真的简单得令人咋舌！”因此看来，我们该珍惜的幸福实在是太多了！可以说：我们拥有的都是幸福。幸福就这么简单，也就这么朴素，带着一颗满足的心生活，带着一颗享受生活的心态，人生就是那么幸福！我好幸福，我拥有这么温馨的环境，互相体贴、关心的同志，我拥有这么可爱的同学！

“作成功的八班人，我能行，我最棒！付诸行动。身静而思维活跃，室静而激情飞扬！”踏着同学们的齐呼班级誓词的声音走进教室，我的心也被他们的激情感染了。“同学们，有了我们的学习热情，有了我们成功的急切心情，我们又有什么理由不全身心地迎接今天呢？齐呼——为了我们的成功，让我们用全身心的爱来迎接今天，迎接今天的课堂！”

于是也便有了一次次难忘的课前三分钟训练活动——指物描写，现场写生。学生在班内自由表演——一个动作、一个眼神、一种表情……在大家开心一笑的同时进行现场训练。想想每一个“我”都积极参与的细节，真觉得受益匪浅。

三分钟训练后，我们便开始《春》一课的学习。我深深知道要学好这一课，我必须找准教师的角色——鼓劲者、设计者、指导者、合作者，在我们充分朗读、品味描绘后，我引导大家进行以下训练——“春”字怀想，许多孩子由“春”想到四季更替，由自然界的春天想到人生，社会的春天，但有一个孩子的联想让我瞠目结舌：他由“春”字想到了“蠢”字，他说在人生的春天里，就是在青少年时期，坏习惯犹如两只虫子，拼命地追随你。你，一不留神，便被坏习惯拉下了水，便成了“愚蠢”之人，成了大傻子。好聪敏、有个性的小伙子，掌声怎会不响起来呢?!

还有一位同学对《春》一文中自己认为精彩的句子进行拓展训练时，说了下列一段话：“四中一八班像刚落地的娃娃，从头到脚都是新的，它生长着；四中一八班像小姑娘，花枝招展地笑着、走着；四中一八班像健壮的青年，有铁一般的胳膊和腰脚，领着四中向前去……”字里行间充满了对学校、对班级的爱。好一个激情飞扬的教室，好一群思维敏捷的学生！

一只只高高举起的小手，一双双闪烁着火花的慧眼，一张张想合也合不拢，涌出急切、流利而又逻辑性强的语言的妙嘴，一张张因兴奋而涨得通红的小脸……围绕着一位因投入而忘形的教师……这样的课堂，是使学生情绪高涨，智力振奋的课堂；这样的课堂是忘我的教师、忘情的学生组成的课堂，这也是我苦苦追寻的课堂！更是完成决战课堂、决胜课堂任务的课堂！好惬意、好幸福的课堂！

我自豪，我是一名教师，我幸福，因为我做着教师。

晚上，在灯下兴奋地翻阅着学生的日记：“今天已成为大美容师的我终于研制出一种特效美容药，经过1000号女士实验，成功率百分之百。哇塞！我得先给老王送去，我可不想让可爱的她满脸皱纹呀……”“二十年后的我已是一个太空旅游站站长，五一这天我一大早便驾驶着我的直升机出来了，今天说什么我也得去接老王——这个老小孩，别看她如今已五十有三，可依然童心未泯，事业心依旧，连双休日也泡在学校里。再说她也白费，她总有一句口头禅等着你——不行，我得每年进步一点点。哼，今天，我绑也得把她老人家绑来——要不是她想当年整日里唠叨什么‘不想天空以上，地面以下，河流与天空的孩子不是好孩子’害得我……”

读着、想着，想着、读着，心中是无上的欣慰和幸福！这是园丁采摘果实时的幸福和欣慰；这是农民收获庄稼时的幸福与欣慰；这是战士获胜时的幸福与欣慰……它如蒙蒙细雨，甜蜜蜜地滋润我的心田；如融融春意，暖洋洋地慰藉着我的心灵。花有花的光彩，叶有叶的荣耀，根也有根的感受。树叶轻轻亲吻大地，慢声细语地说：“我不会像树干那样，劈里啪啦，喊得满天响，但我却甘愿为你奉献生命……”大地拥抱落叶说：“我懂，我懂……落红不是无情物，化作春泥更护花”。此时，我耳畔竟响起了一组交响乐——是一首用呢喃的风声配乐的诗朗诵——

好雨知时节，
当春乃发生。
随风潜入夜，
润物细无声。

2005年 5月

风景，这边独好

重庆，梦想中的山城。当我如愿以偿地走进这座山城时，竟有种失落感——有“雾都”、“山城”美誉的重庆竟然这样破烂不堪？也许只是经过，也许火车站经过的地方一般是偏远地段，市中心肯定不会是这样。带着些失落，又坐上了开往鬼城丰都的汽车——沿着盘山公路，一路走去，望着山坡上梯田，望着昔日一见便令人欣喜若狂的香蕉树，我竟无丝毫感觉，也许是转晕了！等被热情好客的丰都人送到会场，见到会务组的人员，受到热情的招待后，才有了一丝高兴的念头。

按以往的习惯，我早早进入了会场。会前，有很多实验学校在发资料，亮展板，我便饶有兴致地转了一圈，看着别人的教研成果，我心中猛然升起一股热浪——我一定不虚此行！

我学习，我反思

“人生在勤，不索何获？”天文学家张衡的这句话时时挂在我嘴上，印在我心里，落实在我的行动上。因为我清楚地知道“使人疲惫的不是远方的高山，而是鞋里的一粒沙子”。更何况我便是这样一个常常被一粒沙子阻挡前进的人。为了不再出现一叶障目不见森林的现象，我只有将自己定位在“我是一名学生”上，作为学生，我需要学习，我更需要反思。

每到一处，我便会四处观察，特别是今天——传统文化的学习，更需要我细心观察。传统文化，是凝聚在一个城市的一草一木中的——

首先，引起我重视的是这里的饮食文化。

四川的辣妹子，重庆的火锅。应是这里的饮食文化特色了。

夜市

我们安顿好住处，已经是夜里11点了，而大街上的人仍是熙熙攘攘，特别是小吃一条街更是热闹非凡———一帮光着脊梁的小伙子和一帮大嗓门的重庆姑娘们围着一个火炉子，猜拳行令，叫喊声将锅里的串串香震动得沸腾起来了，火光将她们洋溢着幸福的脸映得通红，汗水顺着小伙子们宽厚的臂膀往下流——闷热的天丝毫没有影响他们对串串香的品尝。我们选择了一家最热闹的串串香店，挤挤挨挨地坐下来，融入了这“红浪翻滚，香气四溢——麻辣、闷热、汗味”环绕的夜色中……

早餐

品尝了夜市的火热，同行中的几位已经有了些许不适，于是乎一帮人决定第二天早上喝点热粥。还未到小摊，早有地道的重庆小贩们大声吆喝——小米粥，小米粥，刚出锅的小米粥……看来，小米粥倒是南北相同的稀饭了。等白白的糍粑端上来后，才知道其实就是用我们平时吃的糯米蒸熟后煎制而成的。但甜的发腻，可能被爱吃甜食的南方姑娘们视为美味佳肴吧！

重庆火锅

来一趟重庆，不吃火锅等于白来。第二天中午，我们便决定找个名店大吃一顿。找什么店呢？当然是老字号——德庄火锅了。边进店边听服务员介绍——德庄绿色毛肚:色泽，与天然无异；涮烫，缩水率小；入口，脆嫩化渣。一经面市，食客盈门。重庆有线电视台记者高度评价:此乃火锅界一个启迪、一次地震、一个奉献、一场革命、一大创新也!进的店来，果然是名不虚传，大厅里已经座无虚席，我们只有选择一个包间独自品尝了。

红汤上来，一股香气便迎面扑来，服务员介绍得绘声绘色，我们来不及细听，因为那是饮食文化——服务员的和声细雨只供我们一饱耳福，而我们需要的是一饱口福——滚滚红汤，红汤上面的麻椒如一个个蝌蚪随波逐流，小辣椒则如红色金鱼游历大海，下到锅里的羊肉、苕皮、南瓜、冬瓜、笋片都如一个个调皮的孩子，在锅内嬉戏，诱惑的大家忍不住伸出双箸，尽捞美味佳肴，唾液便伴随着香味悄悄地流向嘴边，张开大嘴尝上一口，啧啧，真够辣！麻辣的两嘴合不住，麻辣的双颊汗珠直往下流！但禁不住的是香味的诱惑，越辣，越想吃！

边吃边聊，听同行的人讲：重庆火锅已经成了一种文化，他们有专门的火锅协会，据说他们的辣椒文化就够我们研究几年的！

饮食文化，是永远不会中断的话题。

鬼城

来到重庆丰都，有两道景观不可不去。一个是自然景观——雪玉洞，一个是传统文化景观——鬼城。

雪玉洞果真名不虚传，它如当今遍布全国的所有溶洞一样，可谓是鬼斧神工。而我感兴趣的却是丰都的独特风景——神曲文化。丰都的神曲文化得从唐代大诗人李白说起，就是他写的“下笑世上士，沉魂北丰都”的诗句使鬼城之名远扬。因时间关系我没有到所谓的阴曹地府走上一遭，说来十分遗憾，但我从丰都中学的“神曲文化”读本中已经对丰都文化略知一二。其实，有关神曲的理解，和我们所听来的一些鬼故事是相吻合的——小鬼盈门、掀棺见福、迷魂汤、断魂桥，以及阴曹地府的阎王殿，审判庭，油锅炸人、绞刑、锯头等重刑。神曲文化只是一种文化，是用来欣赏的，它并不代表真有什么妖魔鬼怪。当然，当地的一些文化传统倒是极有风趣的——男左女右上断魂桥，如果先迈左脚下一辈子就变成男人，先迈右脚下一辈子便会成为女人，如果是母女的想下辈子做母女就还是手拉手上桥，不要分开，如果分开下辈子就做不成母女等。其实，所有的文化里蕴涵的都是一种真善美，就是阴曹地府里的死刑，也含蓄地告诉大家，行善积德，死后也得好报，作恶多端，死后阎王爷不会饶恕你。试想一下，当时的这些想法就是当时社会的一种“法律”，一种制约人、统治社会的手段。在有些时候，它比现在的法律还管用呢！

可见：传统文化，利在当今。

市体育场单双杠前，不到四岁的你，一次又一次地攀爬着成人使用的双杠，看着你因搬垫脚砖磨红的小手，看着你用力攀爬已磨得几近流血的小腿，妈妈几次含泪走到你身后，可是你坚决拒绝……三天后，你竟成功了！孩子的羡慕，围观人的赞叹，我这个当妈妈的心情如何，你知道吗？当时，妈妈暗竖大拇指——

儿子，你真棒

亲爱的小先生：

你好！

你听惯了妈妈的唠叨，你看惯了妈妈整日劳碌的身影，你习惯了我这位不合格妈妈的生活节奏，并配合妈妈上演了一幕又一幕的“喜剧”、“闹剧”、“开心剧”。儿子，你意识到了吗？正是因为有了你的棒言棒语、棒举棒行，你妈妈才能整日信心十足、精神倍增地生活；正是有了你的独立性、自主性，妈妈才有了更多的时间来从事咱俩都喜爱的教育工作；也正是有了你一次又一次的“创新”，才激活了妈妈的思维，引导我的学生们创新语言，创造生活……

我的“小先生”，妈妈讲这么多，你可能还不懂，但妈妈要告诉你——你很棒！

记得你不到两岁，妈妈陪你到郑州动物园看动物，一边看，一边说个不停。当时妈妈真为你懂得观察而高兴。没想到，在观看大象时，妈妈按“瞎子摸象”的顺序给你介绍完那头断鼻子象后，你竟脱口而出：“大象比房子还大呢。”儿子，你有这么强的创新能力，你能成为语言大师。从那以后，你的“西红柿小得像眼睛”、“白花跟雪一样”、“色如红旗”等表现你联想能力的句子便连续不断地问世了！因为你的这些妙语，妈妈给你的大哥哥、大姐姐上了一堂“联想说话”课，在真实情景的引导下，他们也像你一样联想出了精妙的比喻，恰当地创新了语言。

今年四月，妈妈要去“少林寺”学习一星期，妈妈给你商量时，你含着眼泪答应了，你还嘱咐妈妈:“妈妈，你一定要好好学习，你学习回来后再给我讲故事好吗?”一会儿，你又很奇怪地问我：“妈妈，你要到少林寺学武功吗?你也得成为和尚才练武吧！”我被问得哭笑不得。哭笑之余，我发现你的知识面真够宽的，你竟然知道“天下武功出少林”的名句。当妈妈带着你的支持学习回来后，给你带来一套“少林和尚拳脚”模型玩具，你可有事做了，对着和尚边欣赏、边比划，俨然一位“专家”在研究功路呢。儿子，你这份好奇心，你这份求知欲，直接影响了妈妈，所以我们母子俩再次游郑州动物园时，又多了一项对“长颈鹿”和“羚羊”的新认识，并一起尝试着画下它们。

我乖巧的“小先生”，你最棒的地方表现在你的“学以致用”上。今天妈妈不给你谈你如何理解“红灯停，绿灯行”，不讲你如何“过马路左右看”，也暂且不说你是如何在公园里唱“公园里百花开”，妈妈讲讲两个月前你丢失的故事吧！那天妈妈领你去逛天龙市场。妈妈一直认为你跟在妈妈后面，不想，当我试完一件衣服回头找你时，你竟然不见了。妈妈着急地赶紧回头找，最后，在体育用品店里找着了你。当时，你正拉着一位警察叔叔的手，妈妈发疯似的抱住了你！这位警察叔叔一直夸你棒：“这孩子记忆力真好，刚才我正陪着我孩子买衣服，一只小手抓住了我，给我说他家电话，爸爸的手机、家庭住址，一口气说那么多，我正准备把他送回家呢。”儿子，妈妈教的“迷路怎么办”这一方法，你用得真是恰到好处，你还能在茫茫人海中找到一位警察来救驾，儿子！你真棒！

我的“小先生”，你听烦了吗?不会的，在你眼里，妈妈的唠叨便是真爱。母亲节到了，妈妈看了你送给妈妈的创作画，妈妈更是高兴，我为我有这么一位自理、自立、自强、自护的儿子而自豪。儿子，加油干吧，不管在什么时候你都是妈妈心中的最棒！

紧握你的小手！

母 亲

2001年5月9日

送母亲

母亲的骨灰盒就在她亲手设计并操劳修好的堂屋正门，房子潮气还没有去净，母亲已先它而去了！泪水模糊了我的双眼，怀里搂着我未成年的小妹，我眼前闪出了母亲的一幕又一幕……

晕倒在沟边的中学生

寒冬腊月，一位拾粪的老农发现了沟边躺着一位尚有一口气的、脚裹破棉絮、棉絮中渗着血的小姑娘，臂弯里还挂着包着书本的破布包……无儿无女的老俩口，精心照料了三天三夜，小姑娘醒了。原来是流血过多，放学路上昏倒了！在老两口吃惊的眼神中，小姑娘叩头道谢后，径直离开了这个温暖的家。因为她的唯一亲人小妹肯定哭疯了，她要养活小妹……

这便是我的母亲——一位四岁丧母、七岁丧父、与小她两岁的小妹相依为命的姑娘家。这两位老人也成了我懂事后逢年过节必去看望的姥姥、姥爷。

哭昏头的第一名

用学校资助的一包菜团养活妹妹的母亲，坚持着用棉絮包脚过冬的母亲，严寒酷暑始终靠几杯冷水充饥的母亲，硬是保持了年级第一名的好成绩。好几次已走进地里割草挣工分的母亲，一次次被校长、老师劝回学校；一次次被生产队长赶回学校；一次次领着小自己两岁的妹妹穿梭于家与距家十里外的学校之间……她退缩过，彷徨过，但她挺过来了，她以全县第一名的成绩考入寿张师范！多少人羡慕，多少人赞叹！可是一贫如洗的她，看着那天文数字“十二元”学费而痛心疾首！十二元，一个生产队也担负不起呀！拿着录取通知书，她退缩了，她抱着妹妹痛哭了一场，便扬头走进了农田。她知道，只有这样才能让她和妹妹有一条生路……

教子有方的好妈妈

“小霞，快回家吧！你哥的录取通知书到了。”当时正在教室学习的我，被老师叫出了教室。

“好好干，你们家真行！十六岁考大学，全县第一家！我相信你比你哥更强！”我高兴地飞奔起来，也顾不得听班主任的唠叨……

妈妈正在厨房，哥哥又不在家，我大声叫道：“妈妈，拿什么庆贺呀?”妈爽快地回答：“炸茄子。里面有肉丝。快去看看你哥，他又去拔草了，在菜地里。”

我一溜烟地跑到地里，看到留着小平头，穿着爸爸的中山装改小的蓝上衣，正背着一箩筐的草往回走的哥哥。“哥，通知书来了，开封黄河水校。”一边大喊，我一边凑到哥哥的身边：“哥，你真棒，16岁，咱们全县的唯一。”哥哥忽闪了一下大眼睛：“妹，别说了，我辜负了咱妈！”哥哥没有一丝一毫的得意，而是意味深长地说：“妹，你聪明，你得好好干，咱家得出个像样的大学生。我也得干，我还要再考！”

妈，我记得那天的炸茄子很好吃，我也记得在吃过饭后你召开的家庭会议，我更记得你对哥的赞扬，对弟弟的指责，对我的欣赏……这就是您的因材施教！

妈，您离我们去了，但您的一言一行，您的笨拙的每一道菜，您的每一巴掌，都印在我的心里。妈，您应该很自豪——

哥哥，是咱村第一位研究生，第一位高级工程师！

我，也立志当咱村第一位高级教师！

弟弟，是他们单位唯一水政专业人员，并多次被评为优秀水政执法人员！

小妹，她也不会辜负您，明年她会成为我们四个中的最棒！

妈，您走了，您放心地走吧！因为有您这位教子有方的好妈妈，有您生前的好教育，它会伴我们一生！

2002年9月15日

忆母亲

母亲的坟墓就坐落在我家的那块自留地里，我觉得母亲的感觉一点也不会孤独，因为这是她亲手领我们全家用铁掀平整的一块地，不能忘记这块地里的红薯是我们队的最高产代表，更不能忘记她带着刚满十岁的我在烈日炎炎的暑假，挥动比我大得多的锄头，最不能忘记的是那个深秋之夜，母亲挽起裤腿还湿到腰的抢灌的镜头……我清楚地记得那年我家的小麦比别家每亩多收了300斤！母亲就是这样的一个女强人——

被拒之门外的女校长

记得我还在上师范的时候，回家后，母亲给我讲了一笑话："霞(我的乳名)，今天我去开会，会场在县城电影院，我拿着开会通知进门，结果守门的不让进，你猜为啥?"我一笑："肯定是您太厉害啦!""错了，人家看我穿的平底布鞋，大棉袄，肥棉裤，说我简直像个农村妇女，这里开的是校长会，你德和（当时母亲的一位领导）大爷来了才帮我解了围……"当时不到四十岁的母亲边说边放声大笑起来。

我记不起当时的感觉，现在想来不禁又是一阵辛酸。母亲是个苦命人，自7岁便成了一个孤儿，还得养着比她小两岁的妹妹，受苦受难可想而知。结婚后养了我们兄妹四个，家里家外一把手（父亲长期在外搞副业)，而当时我哥已经上班，有了一定的收入，我也不用再过多浪费家中的钱了（当时师范的补助已够我节俭着生活了)，然而，她仍然是一身老打扮——蓝布上衣，蓝布裤子，自己亲手作的大棉鞋。我只记得当时自己发狠省钱，为妈妈买一件像样的校长服装，也让妈妈堂堂正正、风风光光地去开一次校长会。我将我的饭票节余下来，到小卖部兑换成钱，每天省三毛……直到我上班，发了第一次工资，我凑足了一百八十元钱便去了老城买回了一件呢子大衣……

我忘不了母亲抚摸大衣时的激动表情——泪眼模糊地对我说："真好看，真好看……"衣服被母亲放到柜子里，除了那一次试穿，我再也没有见她穿过……第二年，我放假回家后，母亲对我说："你亭云姨（从小关照母亲的一个远房姥姥家的姑娘）要结婚了，妈准备把那件大衣给她，给她吧，年轻人穿上好看……"

我没有回答，只是点了点头，我暗暗发誓，我一定存更多的钱给妈买更好的……

嫂子进门了，给妈买了很不错的衣服，妈都是很高兴地接过来，试穿一番，又压到了箱底，然后又与嫂子商量这衣服什么时候派什么用场更合适……

姑嫂二人就这么不断地想让妈妈阔绰一回，妈妈便这么接连不断地试穿着新衣，直到现在，我柜子里还挂着去年春节弟妹给母亲买的羊绒大衣。而去年，母亲过节时穿的仍是大棉袄、大棉裤，依然是几年前的那件上衣……

进修学校里的老班长

1989年，我师范就要毕业的时候，我家又传来一条爆炸性新闻，四十岁的妈妈又要上学了！当时，我哥已参加工作，弟弟也上了高中。家人本不赞同，但妈妈的主意一旦拿准，是谁也改变不了的，于是我们家的门封了，进修学校成了我们的家！

记得那年专升本预选分数通知后，我以一分之差居于第三名，我发疯似的挤上回老家的汽车，一路流泪来到进修学校。当时，头发过早花白的妈妈正在给同学开班会，旁边站着那位不到三十岁的她班的班主任，我强压心头的悲伤，静站在窗前。只听妈妈激昂地说道："我很高兴，你们能叫我大姐，我更高兴你们能推选你们的大姐当班长，既然是为弟弟、妹妹们服务，我认了……"底下是一片掌声。

"不过，我也以一位老大姐的身份告诉大家，别人眼中的进修学校是混日子的地方，而咱们班不能，咱们不能。我时常告诉我的孩子'知识是支撑门户的顶梁柱，没有知识是不行的！'我的孩子有一位已大学毕业，到现在他仍有早读的好习惯，他很优秀。我的女儿今天在师范等她的预选分数。但她太在乎了，我告诉我的孩子：'咱们并不仅仅看结果，只要你努力了！……'"

我再也听不下去了，眼泪不由自主地往下流。走下讲台的母亲发现了窗外的我，看到以泪洗面的我后，走了出来。母亲拍了拍我的肩膀，拉起我的手往寝室走去……

我只记得我趴在她的肩上痛哭了一场后，便离开了进修学校，坐上了返回濮阳的班车，并很快投入到忙碌的毕业实习中……

母亲，你是我生活中的抚慰者，你更是我学习上的老班长呀!

朴素、好学、勤俭、节约，是母亲一生的珍宝，也是她留给我的一笔宝贵遗产。我知道它们足以让我享用一生!

2003年11月15日

念母亲

母亲的遗像就放在我卧室的桌头上，这是一张母亲三十岁时的照片，我觉得这才是母亲的“真我”。刚满六岁的儿子每每爬上桌头，天真的抬起头：“妈妈，姥姥还会回来吗？我给我们班的小朋友说了，我妈妈是老师，我大舅妈也是老师，我姥姥是校长！姥姥管着妈妈和大舅妈，妈妈和大舅妈管着我和小姨，这就叫校长管老师，老师管学生!”

管，谈不上，但我觉得妈妈这位优秀的语文教师，她教给我的不仅是知识，而更多的是习惯的培养，是能力的提高!

母亲是我初中一年级的语文教师。（1982年）她的课除了记得挤满了教室的听课人外，我已经印象不深了。但她的某些做法我却记忆犹新——

痛打后的安抚

母亲的严是全校，乃至全乡出了名的。再调皮的学生也怕她三分。记得那是个炎热的夏天，铁青着脸的母亲，拿着教鞭走进了教室，二话不说，用教鞭指了包括我在内的三个学生，让我们在黑板上做几道不同的数学题：

(a+b）的平方，(a–b）的平方，(a+b）的立方……

当时，被全乡英语抽考第一名的成绩冲昏了头脑的我，根本没有听那节数学课，更没想到这位好事的语文老师来个数学题的突然袭击，我吓破了胆，乱填一气后，便慌忙逃下讲台，坐在门后的座位上……我屁股还没挨着板凳，便觉得眼冒金星——妈妈拿着教鞭劈头盖脸地打下来……

我不知是怎么逃出教室的，我只记得妈妈在天黑时才在学校南面的小树林里找到已哭睡的我。我当时恨死了妈妈。在班内年龄最小的我给她考个全乡第一她还不满足，太自私了！后来，只记得妈妈坐在我的身旁给我讲了好多，最后妈妈抱着我，母女俩痛哭了一场。再后来，妈妈破例给我买了两个包子——真的，那次的包子好香。

强迫性的记忆

妈妈代我一年语文课，有一个癖好，让我当堂背诵。现在想来，我那时的记忆力似乎特别好！每篇课文讲完后，我妈便说："请小霞（我的乳名）同学给大家背诵"或者"请小霞同学给大家复述课文"。奇怪的是母亲话音未落时，我总能勉强背下来或流利地复述下来，然后母亲便说："她是班内最小的，你们都能比她强，下节课轮流背。"就这么简单的一句话，惹得大家都早早起床，到地头上哇啦哇啦地背语文。现在想来，那时我便是妈妈的教学中的"托"，其实我早上背的都是还没有学的新课文。

臭水沟的苍蝇会

现在想来，让我们到臭水沟边观察苍蝇，应该是妈妈培养学生写作的最高招了！其实她是在进行创新写作训练呀！记得她在引导大家背诵过的《澜沧江边的蝴蝶会》后，便说："下午拿着本跟我去东头的小河边玩。"同学们在好奇心的驱使下，每人都兴致高昂，那烈日下的苍蝇会也让我记忆犹新：

一小堆，一小堆，在太阳的照射下发出绿荧荧的光，一股股臭味扑面而来。但我们仍是兴趣十足，还有的同学逮大苍蝇来观察。在大苍蝇嗡嗡嗡的叫声中，我们疯跑了半个多小时后，便带着一身臭气，回到教室，写下作文《臭水沟边的苍蝇会》。也正是那次，我和我的同学学会了观察，也开始觉得作文并不难了！

二十世纪八十年代，那个“满堂灌”的年代，我觉得她老人家好脱俗呀！

母亲退居二线以来，好像变了一个人似的。开始要求不当校长了，随便带节课。后来，老师多了，课也不带了！要强的她除了工作，可谓一无所知，慢慢地，精神上也空虚了，身体也一下子垮了下来。

心理治疗和医疗的结合疗法，使母亲转入了安乐晚年的生活轨道。但我现在想来，才觉得母亲为这个社会付出的太多了。她已用尽了她的精华和精力，想想她那经历了五十八年的一生，对别人来讲应该已经是两个、三个，甚至是四个五十八年了，在她的安静思考中，在她刚刚转入老年人的正常轨道时，她静静地走了……

“她是我们的好妈妈，她是我们的好老师！”她的孩子、她的学生这样说；

“她是我们的好领导，她是我们的好战友!”她的同事、朋友这样说；

“她还是我们的好孩子……”村上的老人们呼唤着，流泪说；

妈妈的追悼会上，联校校长的话又回响在我耳畔：为了清水河乡的教育，她献出了毕生精力，她的光辉形象将会永垂不朽……

2004年8月31日（母亲去世三周年纪念日）

我家有女初长成

——写给我的干女儿

每每看到11岁的女儿忽闪着那双会说话的大眼睛，想到当代女作家程乃珊写的那篇《我家有女初长成》，我就情不自禁地想起白居易的诗——“杨家有女初长成，养在深闺人未识”的名句，咋啦？我家也有靓女初长成呀！

说起我们家的靓女，我最欣赏的是我们一家三口吃饭时她的杰作。特别是她升入初中后，每当吃饭的时候，她可以高兴地和全家人在一起，干她自己愿意干的事情，而我自己最幸福的莫过于孩子用杯子给我倒水喝，小嘴还嘟囔："给妈妈倒水喝。"然后，再给她爸爸倒，她自己吃着饭，说着话，幸福着自己的幸福，当然她不知道什么叫幸福，只是高兴——中学了，孝敬父母应成为孩子的责任！

孩子是一张白纸，当我们涂画的时候，最好是有目的、有计划性的，这样才可能会成为一个合格的家长。在我们和孩子玩、交流的日常生活中，时时刻刻充满了教育的契机，常用自己的行动感染着她，影响着她——行动从孝顺开始。

眼看着小家伙一天天长高，虽然只有11岁，但个子已超过1米6了，依然黑黑的小脸，依然瘦细的腰肢，但升入初中后的她，精神却格外的好，好的简直是一棵春天的壮苗，看着她急匆匆的飞奔出院门的身影，小时候的一幕幕又闪现在眼前——

女儿病了，因为感冒导致咳嗽，一个多星期还没好。刚刚感觉脸上有点肉，又因为生病吃不进东西而憔悴了，一副病西施的样子，让人感觉到可怜，总想抱在怀里亲上一阵子。有时，一病就是十天半个月，人民医院不行，职工医院不行，妇幼保健院还不行……好歹打听出一个民间医生，我和他爸骑上自行车，不知费多少口舌，走多少弯路，总是昏天黑地，抱着昏昏欲睡的孩子走回家！

带着瘦弱的孩子看病，是一种亲情，是一种爱恋；但看着生病的孩子，那种无奈……而今，看着升入初中后的她，身体心理的健康发展，作为父母，我们得掏心窝子的感激——健康是生命之本呀！

当女儿熟睡的时候，总是一种自信、很有主见的样子，似乎在梦里，她也显示自己的与众不同，每当这时候我总是幸福地看着自己熟睡的女儿，就这样幸福着，看着在老师教育下幸福成长的女儿就是幸福。

孩子喜欢的东西，孩子就愿意学。家长喜欢的东西，认为有用的东西，就逼着孩子学，但是孩子不喜欢。我们能走进孩子的心灵吗？我们自认为了解孩子，为了孩子，但是我们知道孩子在想什么吗？我们不知道，我们真的不了解孩子，孩子的那种线性的思维方式，那种单纯的思维方式，我们真的不了解。

就说珂珂学琴吧。小学时，家长和老师都想让她坚持下去，但她执意不学，“任你东西南北风，坚持不变是初衷”，我磨破嘴皮她就是坚决不去，万般无奈，我只有屈膝投降。已经取胜的她竟然在升入初中后做出了一个伟大的壮举——参加英语辅导班，不让参加不行，我要学，我要学好英语！好学精神一下子出现在她身上，我们做家长的又怎能不齐呼万岁呢？

昨天早上，骑车送孩子上学的路上，珂珂突然发话：“妈妈，我相信你一定能超过他们的！加油！”原来，有好几位家长超过我们，珂珂发现我们落后了。“谢谢你的加油！”我抓紧感谢珂珂对我的鼓励。“不客气，妈妈。”她的小嘴倒挺赶趟。

其实，孩子的言行，是在生活中潜移老师、家长的言行。我想，老师在与孩子交流时，常用一些鼓励的词语和孩子交流，孩子在说一件事时也喜欢用这些词来表示。有时，孩子的话语也很惊人，那天放学回来，珂珂突然对我说：“妈妈，不管你认识还是不认识的朋友，你都要和她去交流。”“是吗？谁告诉你的？”“我老师，因为一个不会交流的人是不会适应社会的！”说实话，我真是一个不善交流的人，女儿真是言为心声。

全家人一起在餐桌上吃饭，是我们交流的最多的时候，而桌子上的核心当然是那个吃饭都让人操心的女儿，她的一举一动，她的一言一行，都吸引着全家人的目光，成为全家人注视的焦点。她的奶奶说，看见珂珂吃点东西，心里别提多高兴了，比自己吃了都舒服，这或许代表了全家人的心声。女儿就这样被幸福包围着，除了我的几声呵斥，餐桌上更多的是笑声。

有一次我说，珂珂，吃饭的时候，全家人都围着你转。女儿说，不对，是全家人都围着桌子转。

我们听后哈哈大笑。

我的女儿啊，此“转”非彼“转”啊！好一个和谐的家庭天使！

陪女儿一起洗碗，更让我受益匪浅。记得让女儿第一次洗自己的碗，女儿洗碗非常认真，洗得也非常干净。洗完后，女儿兴奋地告诉全家人，我自己洗的碗，洗得可干净了，很有一种成就感。洗一次碗不要紧，我家乖乖女可是真正长大了。你听，她在给我们两位家长上政治课呢——“其实，孩子的潜能是很大的，不让孩子做，怎么知道孩子不会做，不让孩子做，怎么知道孩子哪里不会做。怎么教给孩子做？家长要有意识地、有计划地培养孩子某一方面的能力，这一方面的能力就显得格外突出。”

怎么样，我剪裁的靓女的生活细节，给你什么样的感觉？羡慕吧——我家靓女初长成！

平平淡淡才是真

“鞭炮还没有响起，酒宴还未开席，我的祝福已经传递：金鸡鸣盛世，瑞雪兆丰年！金鸡伴你旺一年，一年更比一年甜。”大年三十下午三点不到，手机的短信息铃声便温柔地飘满了整个客厅。

读着短信，包着饺子，哄着老公，逗着儿子……

“妈妈，短信息——”刚刚过完8岁生日的儿子叫道：“一天后，祝你春节快乐；7天后，祝你情人节快乐；16天后，祝你元宵节快乐；愿我的祝愿永远是最早的，如果不是最早的，请把它们都删去，因为它们都是一样的！”儿子夸张的脸显出吃惊的样子：“妈妈，你们大人也这么调皮？”我笑着接过手机，指指儿子的鼻子：“大人也曾经跟你一样是孩子！以后不经允许不许看爸爸妈妈的手机！”“遵命，我知道了——未成年人不许入内。”真是个“淘气鬼”！

“堆积了365天的思念，凝聚千丝万缕的柔情，拼却春夏秋冬的痴恋，采撷夜空璀璨的星宿，只为祝你春节快乐。”丈夫拿起手机读完后说：“这短信写得好，夸张、排比、对偶同时使用，大气！不过，有种大材小用的感觉……”

春节联欢会开始了，精彩节目不断，收看节目的过程中，短信息的铃声同样是“声声入耳”，萦绕不断。一会儿是“让平安坐上《开往春天的地铁》，让快乐与你《不见不散》，让祝福与吉祥《一个都不能少》，让你的浪漫与快乐《没完没了》……”；一会又是“送你一件外套，前面是平安，后面是幸福，吉祥是领子……”；一会又有“一千朵玫瑰给你，要好好爱自己；一千只纸鹤给你，让烦恼远离你；一千颗开心果……”

2005年新华的钟声早已响起，手机里的短信早已换了又收，收了又换，换了几轮，但朋友、同学、同事的祝福仍是接连不断地响起，心中充满的是不断的得意、是不断的满足、是不断的……收短信、发短信、赏短信、回短信……在一片满足心、虚荣心的驱使下，我酣然入梦，有美好的祝愿做伴、有惬意的心情抚慰，又何愁美梦连连呢？

鲜花、掌声围绕着我，同事、学生簇拥着我，老公、儿子呵护着我……我兴奋、我满足、我春风得意！我幸福地说着、笑着、唱着……突然从悠远的地方传来一阵音乐声，轻轻的、柔柔的，这音乐声越来越近，就似在耳边，我停止了疯狂，用耳朵静静的听着，并且睁大眼睛寻找声音来源——就在耳边，就在耳边——揉揉那双鼾睡的眼睛，音乐声已经停止，这才恍然大悟，原来是短信息铃声！一边开手机，一边想着那些祝福的妙语，心想：是谁？又给我带来什么惊喜？

“丫头，春节过得好吗？祝你节日快乐！”好平淡而又真实的语言！短小，直白，朴素、大方……短短三句话里包含的是无尽的关心、无上的关怀，此时，胸中涌起的竟然是无上的激动，是朴素的、发自内心的感激！

“平平淡淡才是真！”此时我才真正明白了它的含义。

和谐的传递

今天，嘉希要来，我依然是六点起床，进行简单的大扫除。收拾到餐桌的时候，我竟然没有忍心下手，望着堆满“生活”痕迹的桌子，昨晚的一幕又浮现在我眼前。

昨天，我和老公陪儿子上完乒乓球训练课已经8点多了，儿子吵着要回家吃饭，于是回家后我便扮演了成功的贤妻良母的角色——说实话，不怨儿子想回家吃饭，一周的时间陪儿子吃饭的时间又有几次？就别提做饭了。

回家后，我衣服也没换，就一头扎进了厨房，快速烧水、打汤，在等锅开的过程中，我飞速打开冰箱门，寻找可以做菜的原料，还好，冰箱里还躺着一棵小白菜心，一块不大的里脊肉，晚饭不愁了，我的招牌菜——水煮肉片，儿子的最爱！

既然下了厨房，就得来点名堂，于是我又从冰箱里找到了“辣椒鸡蛋”，从储藏柜里搜出了“凉拌木耳”、“干泵粉条”……哈哈，四菜一汤，营养丰富！

一边得意地准备，一边轻轻地哼着小曲，此时，才注意到客厅里热闹的声响：儿子和老公好像正在玩什么游戏，嬉笑声夹杂着争吵声，好像儿子不服气，把老公压在沙发上，又好像听到老公在求饶……心头一热，不觉放慢了做饭的速度——难得老公不忙家务，难得儿子这么开心，我要给他们父子的和谐镜头定格！

“刺啦——”，等我干净利落地把散发出花椒芳香味的花生油倒进水煮肉片时，一股香味扑鼻而来，张口便叫“开——”，“饭”字未出口，我便捂住自己的嘴，蹑手蹑脚地从厨房朝客厅看：还好，两人没有一个被我的大嗓门影响，人家专心地玩扑克游戏呢！只见老公在摆牌，边摆边对儿子说：你任意抽一张，我就找出和它一样的下一张”，儿子不相信地说：“吹吧，吹牛不上税。”儿子边说边在桌子上划拉，好像是想拿他爹一个“丢人现眼”……

于是，本“贤妻良母”赶紧缩回厨房，继续我的“四菜一汤”，手放得更慢了，因为我要给这和谐的家庭来个“锦上添花”。红黄搭配的“辣椒鸡蛋”里撒上点绿色的葱叶，来个色彩悦目；单调的“干泵粉条”里加上一点红萝卜讲究营养；酸辣“凉拌木耳”里多放点香油来个香气扑鼻……四个菜整整齐齐地放在炉灶旁，黄色的玉米羹也早已熬出了香味，偷眼一看，哇，已经9点半了，这爷俩却仍然兴致浓厚，不行，孩子早饿晕了。

“开饭了——”我的女高音在餐厅响起。父子俩一跃而起，“妈妈，你得多加锻炼了，做饭速度太慢，我和爸爸都快饿死了”。两个人一哄而上，把我和四菜一汤全包围了……

门响了，嘉希和妈妈走进来，我笑着说“看看我家的桌子，乱死了。嘉希，从乱哄哄的桌子上想想我们的家庭生活场景”。也许孩子想不到这一幕，但她肯定能从“扑克牌”、“随身听”、“零食”、“积木”里面想到她家的那一幕，不管此幕彼幕，我们给孩子的应该是家庭和谐的一幕。相信嘉希一定能从凌乱的桌子上找到写作的真谛，更能享受到生活的真谛。（备注：嘉希是我的学生，因家住得比较远，每次都是有妈妈陪着提前有约而来。）

于2009年10月17日星期六

这里有个“十八弯”

某高校的万人礼堂里，来自A市的二百多名学科带头人集聚一堂，大家正在小班主任的带领下，做自我介绍，话筒传到最前面的一位旗袍女教师手里——这位旗袍女教师一头披肩发，发尖打着小卷，并染得黄黄的。话筒在旗袍女教师手里停留了足有两分钟，她才“害羞”地站出来，此时站在眼前的是一个拥有“九曲十八弯”的瘦女子，我就奇怪了——这么瘦，个子又不高，怎么会站成这个样子呢，不婷婷玉立，也得落落大方呀！

好歹等她扭过身子，脸从头发里钻出来后，才发现这是一个皮肤白皙，眼睛细小、鼻子稍塌、嘴唇较红的“弱”女子，她拿着话筒用“拥有十八弯”的声音捏着嗓子说道：“我来说两句吧，班主任让我当班长，我就好好为大家服务。”声音虽不好听，但感觉热情度蛮高的。

虽然感觉不大气，但我坚信人不可貌相，海水不可斗量。正如她所言，这位“旗袍”班长每天总是早出晚归，并且永远坐在属于班长的那个位子——第一排的第一张桌子上，并且每天都要换件旗袍。天哪！一位高中教师竟然把“旗袍”作为自己的职业装，对于她的衣着打扮，我倒也觉得无可厚非，但总觉得替她麻烦，每天换来换去，岂不是浪费时间。

第二次注意她，是那次学习考察，她正忙碌在大家集合的广场上，天哪，这位四十有余的女人，竟然未穿旗袍，穿的是一条学生模样的镂空绣花牛仔裤，看来，真是“志不同而谋不合”，真是难看呀，同样是一个地市的教师，为何差别这么大呢？

也许都是成人，这位班长好像渐渐被忽视了。再次注意到她是照毕业照的时候，她穿的依然是与小学生一样的镂空的牛仔裤，在大家照相时她窜到摄影师的前面，再次展示了她“九曲十八弯”的身材，来来去去而没有指手画脚，在无人搭理的情况下，又再次“害羞”地“扭”回她的位子，做好了照相的准备——伸直了脖子，抬起了那张载着一条细缝的眼睛，稍塌的鼻子，红红的嘴唇，此时，脸上的“盖脸纱”在与阳光挑逗。

“咔嚓”，摄像师给历史进行了定格，二十天的学习生活结束了，我们聚焦照片，不觉哑然失笑，齐哄：大师，何不为此“旗袍”小传?

乃作此文，以享学友。

丑红薯

天哪,宽厚仁慈的地母竟然生出这么丑的孩子?！站在红薯摊前的我看着孤零零躺在地摊角落的那块红薯,心中不由得发出这样的感慨。

我蹲下身子，拿起这块无人问津的红薯：这是一块满身疮痍的红薯，弯弯的尾巴上方是由十几个大大小小的伤疤组成的螺旋形伤痕带，一直延伸到这块红薯的腹下部，中间一带之隔的四个大伤疤占据了这块红薯的腹部地带，头部的四个条形伤疤便是这块红薯的五官了。翻过红薯的身子，背部有两条贯穿全身的伤疤，仅有的一片净土——后脑勺上还有一个鲜疤，肯定是收红薯的农民不小心砍伤的。好可怜的红薯，今生今世生不逢时呀！

“买吧，如果你要五斤红薯，这个免费送你！”粗门大嗓的卖红薯的大嫂大大咧咧地说：“这红薯甜着呢！大妹子。”

我微笑无语，算作回答，提起了这块奇丑无比的红薯，天哪，倒过来看的红薯竟成了一个骷髅：尾巴处的疤痕成了髅骨的眉眼，腹部的伤疤成了鼻骨，头部的条形伤疤成了满嘴的牙骨。伤痕累累外加形象不吉利，我放下这块红薯，还是买光滑适中的吧，我又不是什么慈善机构！于是，拿丑红薯的手悄悄放了下来。

匀称、光滑的红薯一块块放进我的购物袋里，我起身离开，身不由己又瞥了一眼那块红薯，仿佛看到幼年的它在接受虫子的叮咬，又仿佛看到碎石挡路时它的无助与顽强，还仿佛看到它身处逆境，奋力吸食营养时的拼搏和进取……我抽身返回，快速将丑红薯装进我的购物袋，笑曰：同志，请重新给我称一下，好像钱给少了。

自此，丑红薯安居我家，它未进厨房，而是连泥带土地陈列在我家的精品柜里。

2009-11-8

随 便

写前小序：2010年元月，因友县邀请，带领全区优秀语文教师交流，路上本想就交流事宜做一安排，考虑到教师压力，改为才艺表演。哪曾想一位教师因听过我的《乡愁》诗朗诵，起哄让我进行诗朗诵，内容随便。我正待朗诵时，见高速路旁的树缝隙间透出落日余辉，举目远眺，又见慵懒的太阳随便地挂在空中，随写此文，并朗诵。

冬日下午五点半
作为小学教师
应该是我们随便的时间
但在随便的时间里
我们
又何时拥有过随便?

今天
我们随便单独出行
随便地坐在公交车上
随便地任汽车在高速公路飞奔
我们
振臂高呼
我们拥有了随便

举目四望

路旁栏杆
随便地站着
隔离带里的冬青
随便地绿着
干枯的树缝隙间
夕阳随便地映着羞红的脸

收回视线
看见驾驶员
双手随便地放在方向盘上
那种娴熟
那种流畅
竟赶走了终日的劳碌与匆忙
那种随便
浸润了不停歇的心田
此时
心中有个声音在呐喊
让我们偶尔拥有一次随便
因为
它也是人生中一道靓丽的风景线

2010年元月

乡村教师

——献给岳村乡的教师们

一日，因参加岳村乡的高效课堂活动，搭乘接送岳村教师的班车，与岳村教师同行。随作此诗，以享岳村乡的教师们。（岳村是一个偏远的农村，政府配备班车接送在此乡工作的教师，但教师必须早出晚归，中午不能回家。）

朝阳下
我们与班车一同出发
虽然孩子还在早餐
虽然路途很远
但是
我们拥有
成人少有的每日聚会的空间
空间里的欢歌笑语
却那么令人垂涎

教室里
我们与孩子一同出发
朝着理想课堂追寻
虽然孩子学习有点困难
虽然教师步履维艰
但是
倾心的交流，真爱的付出
换来孩子的张张淳朴的笑脸
却那么令人垂涎……

休息室里
我们与同事携手
筑起温馨的家园
虽然饭菜有点简单
虽然环境有点简陋
但是
绿树氧吧里带给我们的清新空气
心无杂念的境界带给我们的学习时间
却那么令人垂涎……

夕辉里

班车送我们回家
虽然孩子已在渴盼
虽然忙碌了一天
但是
一天的摸索、揣摩
一天的丰硕收获
却令人垂涎

焕银于2010年4月10日星期六凌晨6点

师生情缘

青青园中葵

真的，我好喜欢这个充满活力的班集体，特别是现在，在经历了三个月的风风雨雨后，我犹如见到了彩虹……

在这里，充满着不可抑制的激情——“做成功的八班人，我能行我最棒！”小斗牛们可谓群情激昂，每个人用心呼唤着，鸣奏着，努力着……

“老师，我认为刚才那位同学的发言不够完整，我以为……”

“老师，我反对刚才那位同学的观点，我觉得他的理解太表面，并且很不到位……”

“老师，他不尊敬人就是不对，大家如果都像他一样，咱班还有点温暖气息吗？犯错误的人应帮助，不对的行为就应改正，这才是务实的八班！”天哪！好有头脑的人物，令人佩服之至！

“好啦，大家不要说了，我的确有不对的地方，他的发言的确有一定的理由。”被同学批评的一无是处的大班长的一席发言，更让我瞠目结舌，特别是听说事后大班长主动邀请给他提意见的同学吃饭一事，更让我伸出大拇指——行！比我大气。

哎哟，这样充满正气、充满激情的例子在八班实在是不胜枚举，不信走进教室看看——假小子张力维，数学状元王永过，作家男冰心，时刻充满好胜心的于江飞、王震北、王佩资、魏轻松、张宁……大有一种“五岭逶迤腾细浪，乌蒙磅礴走泥丸”之势。好小子，努力吧！

在这里，有决心、信心大无比，敢想敢干的一批优秀的班级勤务兵——没有经过任何形式的选举，一切都是那么自然，一切又是那么顺理成章，三个丫头，一个帅哥便脱颖而出了。早上7点，朗朗的读书声已从八班教室传出，“p i g \ p i g \ p i g……”曹“大侠”口齿清晰、语音正确的领读声，同学们感情充沛，声音洪亮的跟读声组成了四中一道靓丽的风景线……用我自己的话说那便是——事在人为，要知道本来在班级20名的曹燕南，在责任心的驱使下，在班级工作的感染下，一下子跃为年级第一名！

语文课前三分钟训练开始了，“老马识途”，一点不假，马班长早已做到心中有数，安排好训练内容——“流动红旗来我班”的感受，多合时宜的集体主义教育呀，真是个有心的孩子！有了她的引导，也便有了“今天‘三角战士’来到我家，他身穿一件大红袍，红袍外还披着一块黄沙……”等优美的诗句，更出现了“我们不仅要留住他，我们更要让他常年入住我家”的豪言壮语！

而我觉得最吸引人的当属中午的一段光阴了，因为大歌星兼班长白志利此时要走向舞台大显身手，实话告诉你，她可不是独唱，而是耐心地组织合唱。大家试想一下，这些从小甚至没有上过一节音乐课的农村娃娃，能齐唱一首好歌，得多难哪！她不仅做到了，而且很出色，我除了表扬还能有什么呢！

立志上一高的体育班长王炳南，不仅在体育课带个好头，威震一年级十个班，号称“飞毛腿”，他还能知错就改，自强不息，给大家做出了勤学好问的榜样；甘于奉献的宿舍长张文君，不仅带出了一个和睦、文明上进的寝室，更与同寝室的人一起走进写作的殿堂，引导着八班同学走上了一条“我要写作，我会写作，我爱写作”的健康写作、兴趣写作之路……

数来数去，实在是令我惊叹，我再掰着指头数，也怎么都数不清，因为，同学们心中装的都是八班，做的也都是有益于八班的事，这么多爱组成的“爱雨”，我怎么又能用我的一双凡手数得清呢？

在这里，有一群善解人意的姑娘——“老师，我们可爱看您笑了，您的笑容能让我们产生对学习的兴趣”；“老师，吃吧，一颗女性都爱吃的酸糖，越吃越漂亮……”；“哇塞，你好靓呀”！……

一个个乖乖女围着我吱吱喳喳，似小鸟、似红杏、似甘泉……简直是我的开心果！只占全班1/3的15名女生宝贝，让我好高兴！

继续看，数学成绩“98、100、99……”语文成绩竟然出现了这么多的“98、89、91、95”分。英语自不必说……信不信由你，这里有6名同学挤入了年级前10名，24名同学挤入了年级前100名，而最后一名也进入了年级前400名。

在这里真的会创造奇迹？在这里真的会创造奇迹，在这里一定能创造奇迹！

静下来想，三个月的风风雨雨，三个月的付出和收获，三个月的成熟、成长——真的，我好喜欢这个充满活力的班集体！

注：作者当时正在一所城市边缘的农村小学任教。此文写在接班后的第一次期中考试后。

用激情营造的风景线

当你工作和研究的时候，必须具有强烈的激情

——巴甫洛夫

班级管理是教学的音乐伴奏。没有管理能力的教师，难以成为优秀的教师；缺乏管理艺术的教学，不可能是优秀的教学。缺乏激情的班主任不会是一个成功的班主任。

大凡当班主任的老师，给人的感觉永远是风风火火，嘴里永远要说的一个字就是“忙”，但很少有班主任能说说他近段忙的是什么？收获是什么？更有一些班主任是班级工作干得比牛都累，但出力不讨好，换来学生背后的指指点点、甚至是谩骂！其实，这些曾经的班主任或现在的班主任们，我们的忙乱是因为我们的工作盲目性！是因为我们没有树立牢固的信念，我们没有具体可触的目标。正如歌德所说：

“人身上原有许多愿望和向往，高贵的冲动和善良的激情，可是这一切都给日常生活中的琐屑事情破坏，被淹没在日常争吵的泥潭里了。”多年来的我不管是作为教师，还是作为班主任，坚信的一句话就是：当你坚信某件事情时，就无意给自己潜意识下了一道不容质疑的命令，有什么样的信念，就决定你有什么样的力量。你的目标就是你的未来！作为老师是如此，作为学生更是如此！所以，在班级管理的过程中，我便用激情营造了一个个真实、上进的班集体！

一、运用目标激励，以激情带动热情

人一旦心里没有一个努力的方向，他就会像失去航标的船帆，在大海里随处漂流，心里除了失落就是无聊，找不到前进，努力的动力和意义。同样，一个班级的进步也应是“目标先行、制度先行”。为了让学生在振奋人心的口号中，找到自己的精气神，我们首先制定班级目标、商定班徽、班歌、班纪、班约。经过一节课的充分讨论，我们设计了这样的班徽：

外面的圆像一轮冉冉升起的红日，里面的“一”代表的一年级，同时又是一个平面镜，上下是“八”和“八”字的倒影，象征的是一八班就是四中的一轮红日冉冉升起。相信“今天我以四中为骄傲，明天四中以我为自豪”。

在班徽的引领下，制定了“一年创学校文明班级，两年创市文明班级，三年争创省文明班级”的目标；立下了“今天，我以八班为骄傲，明天八班以我为自豪”的豪迈誓言，确定《团结就是力量》这一凝聚力极强的曲子为本班班歌，商定了“做成功的八班人，我能行，我最棒”的每日三省吾身的班级口号。

阿米尔曾经说过："没有激情，人只不过是一种潜在的力量。就像火石，在它能够发出火星之前等待着铁的撞击。"在激情的带动下，师生激情撞击产生了火花，燃烧起了同学们的主动性、自信心、争胜心，班级的凝聚力展示出来了……看，此时的班级，如刚落地的娃娃，从头到脚都是新的，它生长着；像小姑娘，花枝招展着，笑着，走着；像健壮的青年，有铁一般的胳膊和腰脚，领着同学向前去！

二、创设育人环境，以激情感染激情

中学生正处在自我意识逐渐形成的时期，可塑性大，是教育的最佳年龄阶段。他们精力充沛，喜动好奇，缺乏经验和自制力，思想情绪不稳定，"染于黄则黄，染于苍则苍"。面对这些幼稚的心灵，我们又该如何雕塑他们的心灵，让他们真正成为一个社会人呢？我记得教育家斯宾塞说过这样一句话："记住你管教的目的应该是养成一个能够自治的人，而不是一个要让人来管理的人。"秉承学校的"环境育人，活动育人"的原则，为学生们创设环境，让他们拥有一个良好的学习氛围，便成了贯穿班级建设的一条红线。

育人环境的设置，不是由教师一朝一夕刻意安排的，它应是"随风潜入夜，润物细无声"的自然、随意，应是"野火烧不尽，春风吹又生"的执著……记得开学前那个难忘的下午——打扫卫生，收拾教室，打印花名册，分配接待任务等等一系列的杂事结束后，天已经黑透了，本想将自己写的一首拙诗送给新同学——

致2004级八班新同学

轻轻的，你走来
走进了你的新世界
轻轻的，我走来
走到你心的世界

两颗心
在四中
在四中这片热土上

相撞、相依、相融、相和……
两颗心
在八班
在八班这块草地上
相亲、相互信任、相敬如宾……

五十六位同学
五十六位兄妹，
五十六个脑袋，五十六颗红心
愿我们心心交流
心心相印
谱写八班的鸣奏曲
愿我们手拉着手
心连着心
共创八班的辉煌！

诗作写毕，又觉稍有不适。今年的孩子，年龄小，离家远，可谓背井离乡，外出求学。班主任的调子不要定得太高，弄不好会把学生吓住或有一种望而生畏的感觉，对他们来讲，最亲的莫过于家，于是我在黑板上写下了这样几句话——

八班是我家，
人人都爱她
为家做点啥？
欢迎你——咱家！

在创设了温馨的环境之后，没用过多的制度管理，孩子们在温暖的家里，便快速进入主人的角色。最难忘记，第一天的孩子是怎样对待我们温暖之家的，更难忘记同学们是怎样为这个家做贡献的。李琳为老师收报到条，马路红为领书忙得不亦乐乎，有更多的同学打扫卫生，收拾教室……

在家初具规模并崭露头角后，大家重温约定——为家做点啥？于是，人人找优势，人人展特长。小作家们将写作大赛的奖状、《濮水河》发表的文章都贴在“我为我家添光彩”栏目上；巧手的设计师们将寓意深刻的剪纸绘成了创新图案贴在“我行我素”栏目中；同学们手写的名言警句、班级誓词、班徽班歌都成了我们家的装饰……走进八班的教室，就有一种责任无处不语，团结无处不在，榜样力量无穷的感觉！一点不假，环境就能造就人才。

三、抓好“开头”，以激情促进激情

“良好的开头是成功的一半”。所以，我非常重视一个新年级的开头，一年的开头，一学期的开头，一月的开头，一周的开头、甚至是一天的开头，抓好了开头绝对会起到“事半功倍”的效果。

伏尔泰曾经说过：“激情是使航船扬帆的骤风，有时也使它沉没，但没有风船就不能前进。”这句话用在刚升入初中的学生身上是再好不过的了。在初一新生刚入校时注入的激情，更是让学生展开奋飞翅膀的原动力。

最难忘的是2004级的军训前的动员工作，以往的动员大会无非是对同学们提一些注意安全，遵守纪律等方面的要求，但那年我们的动员大会是这样进行的——首先给同学们讲了美国历史上第一位黑人州长罗杰·罗尔斯把目标换成信念并创造了奇迹的故事：

罗杰·罗尔斯出生在纽约声名狼藉的大沙头贫民窟。这里环境肮脏，充满暴力，是偷渡者和流浪汉的聚集地。在这儿出生的孩子长大后很少有人从事体面的职业。然而，罗杰·罗尔斯不仅考上了大学，而且成了纽约州的州长。在就职的记者招待会上，一位记者对他提问：是什么把你推向州长宝座的？面对三百多名记者，罗杰·罗尔斯只字未提自己的奋斗史，只谈了他小学时的校长——皮尔·保罗。

1961年，皮尔·保罗走进大沙头诺必塔小学的时候，发现这儿的穷孩子不与老师合作，旷课、斗殴，甚至砸烂教室的黑板。后来他发现这些孩子都很迷信，于是上课的时候就多了一项内容——给学生看手相。他用这个方法来鼓励学生。

当罗杰·罗尔斯从窗台上跳下，伸着小脏手走向讲台时，皮尔·保罗说：“我一看你修长的小拇指就知道，将来你是纽约州的州长。”当时，罗杰·罗尔斯大吃一惊，因为长这么大，只有奶奶让他振奋过一次，说他可以成为五吨重的小船的船长。这一次，皮尔·保罗先生竟说他可以成为纽约州的州长，着实出乎他的预料。他记下了这句话，并且相信了它。

从那时起，“纽约州州长”这一目标就像信念的种子在罗杰·罗尔斯的心灵中萌发。罗杰·罗尔斯的衣服不再沾满泥土，说话时不再夹杂污言秽语。他开始挺直腰杆走路，在以后的四十多年间，他没有一天不按州长的身份要求自己。五十一岁那年，他终于成了州长。

在就职演说中，罗杰·罗尔斯说：“信念值多少钱，它有时甚至是一个善意的欺骗，然而你一旦坚持下去，它就会升值。”

故事结束后，笔者说了这样一句话：在我们这个世界上，信念这种东西任何人都可以免费获得，所有成功的人，最初都是从对目标怀有坚定的信念开始的。信念是所有奇迹的萌发点。同学们，刚升入初中的你们，又准备做一个什么样的人呢？今天的军训就是你迈进人生的第一步！希望你谨慎的迈好人生的第一步！

教官是个新手，于是我很认真的对教官讲了三句真话：“军训，对你来说胜利很重要，因为会操时你们的长官要到场；你很想取得好成绩，你会很尽力，我觉得技术上不成问题。但是，面对不认识的学生，你可能会有种无从下手的感觉，打吧人太小，不禁打；哄吧，小孩容易上劲，纪律上一松散可能会影响效果。”教官笑了，非常认同。于是我便提出了“谁都想当好孩子”的事实以及对待学生应该“严而不厉、爱而不溺”的观点，并适时地对教官提了以下几条建议：

(1)关爱学生要真心，军训要求要到位——制定高压线，谁撞高压线必须严惩不贷。让学生有怕头。

(2)有绝招，让学生佩服——吹拉谈唱，武术表演等一项绝招即可。

(3)严爱结合，亲近学生。——训练场上纪律严明，休息时间亲如一家，你就是和学生一伙的。

(4)文武结合、有张有弛。——训练时快节奏，目标清楚，让学生短时间达标，切忌消磨时间久，耗学生体力，费时不见效果。

这样紧抓“开头”，在尊重教官，让教官乐于接受的情况下，将教学计划顺利进行。在教官、教师达成共识后，便分别进入了自己的角色。教官的名言是“同学们应像一只只小老虎”，老师的“鞭鼓”是“人就活那么一点精神，千万记住精气神”，同学们的口号是“团结就是力量”。

记得一位教育专家说过“班主任在，学生表现好，是基本合格的班主任；班主任不在，学生表现好，是优秀的班主任；班主任在，学生仍表现不好，是失败的班主任”。被刚开学的杂事忙得焦头烂额的我，既没有对军训死盯死守，又没有放声大吼，在教官和同学们的共同努力下，八班竟然取得了第二名的成绩。说实话，看过表演后，我觉得应该是一等奖，是真正的一等奖。记得在教官含泪和同学告别时说道：“同学们，你们今天的表现很好，虽然是第二名，但的确是真正的第一名！”那种信任，那种关心，那种手足情，又怎能不让我们终生难忘呢?!

良好的开头，的确是成功的一半。

四、建立竞争机制，以激情营造竞争氛围

为让激情永驻，在全班同学的参与下，人人制定自己的近期目标、中学目标以及一生的总目标并张贴在班级目标栏中，最后，还清楚地写出自己的近期竞争对手，并写清失败者送给胜利者的奖励以及竞争双方的签名等。近期目标都是根据自己的实际情况制定的蹦一蹦就能摘到的果子，为了实现自己的近期目标，大家选取了适合自己的竞争方式：有的是对自己有用的惩罚措施——如面壁思过多长时间；有的是失败后叫爸爸、妈妈和老师帮自己分析失败原因；有的用的是“有用”的提醒——如，课桌上张贴自己崇拜的人的语言，或自己喜欢的警句等，还有的桌子上放了一只手工制作的手，代表妈妈操劳的手，代表妈妈会拧耳朵的手……

为了将竞赛进行到底，我们还选取或撰写“名人名言”作为我们的座右铭，将大家都认可的并对全班有激励作用的语句汇总为班级誓词，一日三遍诵读。如初一上半学期的班级誓词是：“做成功的八班人，我能行，我最棒！付诸行动！”下半学期便调整为：“希望永远都在今天，只有今天才是我们生命中最重要的一天，只有今天才是我们生命唯一可以把握的一天，只有今天才是我们唯一可以用来超越对手，超越自己的唯一一天，不要把希望寄托在明天，希望永远都在今天，希望就在现在，立即行动！只有行动，才会让我们不断超越对手，超越自己，立即行动！立即行动！立即行动！”

很多人不敢去追求，不是追求不到成功之路，而是因为他们的心里面默认了一个“高度”。这个高度常常暗示自己的意识：成功是不可能的，这个是没有办法做到的。“心理高度”是人无法取得伟大成就的根本原因之一，不要自我设限，每天都大声地告诉自己：我是最棒的，我一定会成功。有些老师笑着说：“你们班每日呼号时简直可以震惊整个校园，感觉学校掀起了又一次‘文化大革命’。”我总是用司汤达的那句话回答道：“在热情的激昂中，灵魂的火焰才有足够的力量把创造天才的各种材料熔于一炉！”

有了班级誓词，有了同学们一日三呼的习惯，同学们的竞争意识在呼号的过程中，也融入了心中。于是，同学们又提出了“鞭打快牛”的观点。正如一位同学所写的那样——“鞭打快牛”这话说的一点也不假。八班是一匹快马，跑慢了就是失败。我觉得的确如此。不信大家看，第一次的团员选举，就是一个很好的例子。暂且不说落选的同学，就看入选的前八位吧，他们又有哪一位是甘于落后的同学呢？三位班长未经任何形式的推荐、选举，毛遂自荐，不仅赢得了同学们的心也赢得了所有老师的心，更赢得了他们自己的心。他们锻炼的不仅是组织能力，他们还逼迫自己走上了一条成功路——学习上的带头人。

为了显示自己是最棒的，出现了大班长马路红同学晚上熬到十一二点的壮举，也才让这个有名的笨丫头一举成名！在她成功的事实面前，同学明白了“不学就要落后、打铁得先本身硬”的道理。纪律班长王炳南，力战八班高手，获“飞毛腿”的称号后，紧接着出现数学考试不及格现象，为了做好表率，他立志在学习上东山再起，发扬“打破沙锅问到底”的精神，数学考试进入优等生的行列，他也被选为团员。他的成功告诉大家：学生中没有笨学生，有的是懒学生，勤能补拙！张宁、张利威、于江飞等同学如果不是拥有一颗爱班级的心，一股上进好学的激情，他们能取得胜利吗？如此等等。所以，还是那句话——“事在人为”！我们仍应坚信：昏与庸，可限而不可限也，不自限其昏与庸而力学不倦者，自立者也。

激情，可以燃烧整个世界！

五、注重培养学习习惯，以激情调动真情

叶圣陶先生曾说过：“凡属于养成习惯的事，光反复讲未必有用，一句老话，要能游泳必须下水。因此，老师的任务就是用切实有效的方法引导学生下水，练成游泳的本领。”叶老的话能打动我，也一定能打动学生，只要老师付出真情，就能调动学生的真情。于是，在“25天，我就能形成好习惯”的班会后，师生达成共识：习惯的培养就从行动开始。

抓学生学习习惯，从“进门闭口，坐下学习”开始，为了促进学生习惯的养成，老师更需要以身作则，养成早到教室的习惯，教师端坐讲台，认真读书，学生便会自然而然的效仿。在“进门闭口，坐下学习”的习惯养成的同时，我们还商定了以下学习习惯：

(1)书写认真、规范的习惯；

(2)日日清、周周清的习惯；

(3)每日三问的习惯；

(4)讲卫生的习惯；

(5)团结同学、尊敬师生的习惯；

(6)学会感恩的习惯；

(7)敢于负责的习惯；

(8)吃苦耐劳、刻苦学习的习惯；

(9)高质量完成每次作业，每次测试的习惯！

一旦习惯形成，就等于优化了同学的学习过程，有了优质的过程，又怎用愁我们的结果呢？另外，根据学生的性格特点，我们还进行了约定，要求同学每天进步一点点。因为成功来源于诸多要素的几何叠加，正如数学乘式中每个乘项每次只增加了0.1，而乘积将很快会成倍增长。一个人，如果每天进步一点点，哪怕是1%的进步，也不能有什么能阻挡他最终的成功。

老师们，有科学实验证明：好习惯是在25天养成的，如果我们能在25天内养成一个受益终身的好习惯，我们又有什么理由不帮助同学们坚持住这重要的25天呢？别说25天，能拥有幸福的一生，25年也值呀！

六、对学生的爱“严而不厉，爱而不溺”，准确把握好爱的“尺度”

我以为这个世界上有两种爱是没有理由的，一种是父母之于子女，一种是老师（尤其是班主任）之于学生。这两种关系的缔结都是因为缘份。所以我开学之初对学生说的一句话，也经常挂在嘴边的一句话就是“因为你是我的学生，所以我爱你，没有理由”。因为爱，我必须负责，因为爱，我必须宽容，因为爱，我必须严格，更因为爱，我必须处处从学生的未来考虑问题。

(1)同一起跑线。开学前一天，从教务处通过抓阄领来了一八班的学生名单，第一眼便是想看看学生的入班分数，但我强忍着没去看，我害怕我的思维定势——给自己戴上分数的眼镜，以至于在与同学的交往中会“带着有色眼镜看人”。在公平、民主、和谐的班级管理思路引导下，我召开了第一次班会——“我们站在同一起跑线上”。我是这样进行开场白的：初中四年的生活好比是400米长跑，现在咱们即将进行的是第一个一百米短跑，现在大家站在同一起跑线上。初中生活是你新生活的开始，它虽然与小学有一定的联系，但联系并不是太大。我十几年的教学经验告诉我：只要保证努力从今天开始，脚踏实地，今日事，今日毕，就算是小学的差生也能成为班里的尖子手。“大家看，这是咱们分班时的成绩单，我一手撕掉，决不让它影响咱们的发展。”

于是，在孩子幼小的心灵中，便撕去了小学时的成绩阴影，撕去了不平等的竞争，撕去了教师心中那份虚拟的等级，更撕去了存在于教育中的那一个禁锢人心灵的框子……

真的是“没有想不到，只有做不到”。我的设想竟然出现了奇迹，我班同学在同一起跑线上起跑的第一个100米赛跑中，真的没有了小学时的痕迹，曹燕南，我班的20名跃为年级第一名，李琳、郭晓婷位于年级的二、三名，董可达年级第六名，年级前十名竟然有八班的六位，八班的倒数第一名是年级的360名，天哪，“八班没有差生“的口号又一次喊对了！

(2)我和学生是一伙的。有人说班主任与学生是死对头，我就觉得怪了，学生与班主任都是班集体的一部分，都是为班集体服务的，应该是一个战壕里的朋友呀！但真正与学生交朋友的班主任可能是为数不多的，原因是班主任急功近利所致。也许这个词稍微大了点，但试想一下——为了争得班级的高分，不惜教学生造假的行为是不是急功近利？为了一次评比的第一名，不是从兴趣入手，而是占用学生的体育课、音乐课、美术课拼命的补习语文、数学，是不是急功近利？为了应付卫生检查，一节课、两节课甚至整晌的打扫卫生，而老师泰然旁观，这是不是急功近利？相反，如果你真正觉得你和你的同学们都有一种美好的愿望，渴盼某次活动的成功，你帮他们出谋划策，就是一个星期不休息，他们也毫无怨言——因为你是他们的天使，你和他们是一伙的，此时换回的是你们师生间零距离的接近。

(3)“该出手时就出手”。在认定了你是他们一伙的以后，班主任就“该出手时就出手了！”对待中学生，一味的宽容有时会导致学生无视集体纪律，甚至有时黑白是非不分，从而导致走弯路或放纵自流。所以，我觉得教师对学生还是应做到“该出手时就出手，该出口时就出口”！并且，只要是严重的问题就必须一纠到底，非得整个水落石出不可。特别是第一次、第一个人碰撞了学校或班级的“高压线”，你必须“出手（口)”，让他震动、震撼，或者是身体的，或者是心灵的，只有让他有了震撼，他才能知道轻重利害，他才能铭记在心。

繁忙的班主任们，一味的繁忙只能是一个勤劳的班头，真正的优秀班主任是充满智慧的，充满智慧的班主任留给自己好多思考的空间，留给学生好些行动的余地——

树叶轻轻亲吻大地，他慢声细语说：“我不会像树干那样，噼里啪啦，喊得满天响，但我却甘愿为你奉献生命……”大地拥抱落叶说：“我懂，我懂……落红不是无情物，化作春泥更护花。”

这是心的呼唤

——写给我可爱的孩子们

“山无棱，天地合，才敢与师绝……老师，您是我的第二个妈妈！”我真的不相信，这位令我讨厌、暗地里被我视为“流氓胚子”的学生竟会称我为“第二个妈妈”，在我的印象里，他是个“满口”脏话、粗话，站没站相，坐没坐相的“二号”农村人……

任课教师曾经告状：“你班×××，唱得歌没法听！”但我未生气，把他叫到办公室，问问年龄，谈谈中学时期，谈谈未来，谈谈人生，耐心地进行正面教育，他终于明白了是非。从此，他再不唱那样的歌了。再让他把那歌唱一遍，他没唱，看他很害羞。

事后问他原因，说：“当我被叫进老师办公室时，我知道麻烦来了，以往的经验，不是一顿臭骂，便是一顿狠打，弄不好又得叫家长，都怨我这张臭嘴。哪曾想，老师让我放声再唱一遍，必须字迹清晰——我简直无地自容，唱不出口呀！不打不骂，和颜悦色……我总觉欠老师什么。老师给脸，咱得要哇！”

还有同学告他的状：“咱班×××，骂人骂得可难听了，还骂班长。”我说：“你们都是孩子，需要教育，咱们大家来帮帮他，相信他能行。”于是，充满爱心的班集体伸出了友谊的手，让他不好意思，自此，极少见他再骂人。

还有一次我正在教室后面评说几位同学的练字，忽听一声：“滚——快给我滚——”抬头看，竟是他，大家公认的进步学生，我强压住心中的火气，问道：“让谁滚出去？”他呆呆地站在那儿，泪汪汪的双眼瞪着我，不服气地辩解：“谁让她坐我这儿了，我不让她坐！”我说：“同是兄弟姐妹，坐你凳子有何妨，你怎能骂人呢！你先出去一下。”“我没错，不出去。”……最终，他还是出去了，泪也掉下来了。这时，同学们站起来乱为他求情：“老师，别生气，其实，他并不坏，他只是管不了自己。”“老师，他近段进步可大了……”“老师，原谅他这一次吧……老师你也可以找找他的优点呀！”尾随我走进办公室的几个女孩子，来帮他说话了，其中包括那个被“他”欺侮的女孩子……

看看眼前的班长、学习委员、他的同桌、被他刚“欺侮”和曾经“欺侮”过的人，都来替他求情，我还能再说什么呢？他在检查里写道：“老师，我静下来了，我的确不应该！”“山无棱，天地合，才敢与师绝。”面对“妈妈”那可敬的称呼，我还有什么气呢？就这样：家长未请，批评仪式未进行，课他照样上了。就因为他拥有一个充满爱心，有关心，有帮助，有包容心的班集体！

“我班×××，现在可真变了个样，他当选了我们班体育委员……看，他打豆奶、扫地，还帮助女同学，上课积极发言，那张黑脸也变可爱了……”出现了这样的日记，我舒心的笑了！

静下来想想，能有这样的班集体，真让我欣慰，看来“二三班没有孬学生”的口号是喊对了。的确，在我眼里三班没有一个孬学生！

许海东，那个被小学老师称为“头脑简单四肢发达，遇事易冲动，爱使拳脚的胖家伙”，刚入校时着实让我头痛了一阵子，因替哥们出气，痛打弱不禁风的边祖勇，因一时冲动再打我班班长，后又因“铁哥们”抽烟，而受连累被拉到政教处……不出两个月，做的不体面事是一桩又一桩，多次的开导谈心，多次的知错痛哭，多次的宽容，多次的改正！在被我“保回班级”后，在他因为我出面未被叫家长而被感动的“痛哭流涕、悔过自新”中，他确实好了一阵子。可两个星期后的那个星期天，他又旧病复发——因一句玩笑，打了来办黑板报的女孩，并打坏玻璃！我感觉到事情的严重性。我想，我们的任务是培养一批完整的社会人，这样的人如果任其发展，推到社会上去不是一大祸患吗？在校内我劝劝说说，他坚持住了，但不是最终目的。我得想办法，必须将他引向一条正确健康的道路，我得与家长携手并肩，共同探讨，共同施加爱心，让孩子从心理上受到震憾，让家庭学校共同教育孩子。

于是，我便以喜报的形式向家长发了邀请书，让他们来看看他进步的儿子的表现：①能完成作业；②主动为班集体服务；③乐于助人等。在承认孩子之余，我又面对学生、家长讲了孩子有待努力的方面：

“易冲动”，需学会“静下来思考”。当时我便以一位学生因冲动而被收容为例，讲明了易冲动的坏处，尤其是本人所受的制裁。然后又从家长的角度来考虑此事 ——孩子现在惹事，父母承担被监护人造成的后果，长大后再这样，家长便承担不了刑事责任，而是承担无尽的精神痛苦。在引起了他们的高度重视后，我们共同制定了老师和家长共同帮助孩子的一系列措施，确定了“爱要付出责任，爱要学会包容”的教育思路。

这个“黑李逵”变了，他主动摆车一年有余，见老师变得彬彬有礼，即使偶尔有旧病复发现象，也能在静下来思考后主动找对方道歉。学会了静下来思考，成绩也在静下来思考中大有进步！

从他身上，我深刻体会到中学阶段是人生的三叉路口，在这关键的路口上，只有真正充满爱，只有真正地耐心教育、鼓励，才能塑造培养一批合格的社会化的人才，否则学生将走到无法挽回的深渊。

杜志军，这位邻村暴发户的孩子，从他身上，我感到调整理智，让理智控制情感，调整情绪更是一位班主任不可缺少的素质。

记得那天下午，我与同学们一起讨论完关于“早恋”的话题后，我又加了一句“吸烟”也不是现在应进行的话题——“你年龄小，身体还在快速的成长过程中……”同学接了一句：“老师，杜志军抽烟。”并随手举起一根烟，我当时并未着急，只是说：“你咋这样，年纪轻轻，太让我失望了！”他竟满不再乎地把烟要回去说：“咋了，我没抽。”一句话惹恼了我：“还嘴硬，一三班没你这样的学生，滚出去！”我不知道我当时的“丑态”，但我知道，我肯定很着急，等我像发怒的狮子似的将他拉出去时，全班同学都吓呆了！站在走廊，他仍是满不在乎地看着我，我拉着要把他送回家，他恼怒地瞪了我一眼，任我怎么拽就是不动，我都快气疯了！拉了班内一位女同学便气呼呼地往他家走去……

“王老师，你怎么来了，我们正说去谢你呢，俺二小在家整天夸你，说你讲课好，对学生好……”等他那六十多岁的奶奶拉住我往屋里走我时，我才恢复了理智。我一句话未说，老人已经把我夸成一朵花了：“俺孩子交给你放心！你今儿咋有空了，是不是二小惹事了？”

"奶奶，他……"跟我来的孩子刚要开口告状，我便笑了笑说："你先回学校上课，我一会儿就回去了！"一边说一边迅速地调整思路：①表扬孩子的进步，孩子比刚入校时有了很大进步，如坚持说普通话，不再说脏话、废话，作业也比以前认真多了！②找潜力，这孩子很聪明，如果能对学习感兴趣，那成绩会"一发不可收拾"，谁也比不过他，另外，他还很有个性，这种个性要是用到学习上就更棒了！③询问家里的情况，关于家中烟、酒、钱的存放情况等。

说到这些，他奶奶激动了："我年轻守寡，守了两个儿子，我这两儿都有志气，现在他们有钱了，但两儿子谁也不抽烟、喝酒，可这小孙就不行，有时就拿他爸的烟（都是办事用的或别人送的），因这事前两天二小还挨了打，把屁股都打烂了，他就是嘴硬……老师，孩子说你对他好，帮俺管管吧！"老人说着、哭着。此时，我还能说什么呢？我只感觉自己肩上的担子又重了！与老人谈了一些关于家教的内容后，我便准备回校，老人执意要送我，于是我又只好撒了谎（因为杜志军被我揪出来还站在走廊上，其他同学都已放学）。"志军，你怎么还在等我，知道我去你家了，我告诉你奶奶说你在校表现可好了！你奶奶非要来接他进步的小孙子回家。"又走上前悄悄说："你爸妈没在家，我未告状，现在跟奶奶回去，晚上将今天的事写清楚。"他不相信地看了看我，跟奶奶走了，以后的日子，便不用再说了……

这件事使我深刻认识到：初中阶段是孩子不成熟期、危险期，家长那种不理智的做法使孩子产生对抗情绪，而我的理智，我的包容，我的爱则使他"死灰复燃"，使他大彻大悟！可见，做一个让理智控制情感的教育者是至关重要的。

其实做好班主任工作，还有更重要的一点是对学生施加"伟大、圣洁的母爱，沉淀到基因里的爱"。

这种体会，我是从一个奇怪的家长身上开始的，记得那是一年级开学不到一个月的下午。那天下午，常华龙父亲的来访着实让我大吃一惊，没想到他父亲竟是这么了解孩子的：

"老师，我和他爷爷可以说是轮流盯了他六年，我们也被叫了六年家长，现在，我对他已没有丝毫信心，他只要不出事，我就满意了！”当时，班内的学生还未认全，我便接待了他。他的来意很明显，“以后少叫家长，我常不在家，他妈是后妈，反正吃喝不愁。”我很快在吃惊中清醒过来，并耐心听完了他的苦衷：六年级因打跑他，全家人找了半个月，五年级不写作业我找教师陪礼十几次……楼下与他同龄的孩子多出色……跟他妈一个样……“我极富同情的说：“唉，真是，养个孩子太难了！不过这孩子现在可真没一点你说的迹象（其实，我还未对上号——华龙到底是谁），我觉得这孩子满可爱的！”我的一句谎话孩子他爸竟信了：“真的，老师，他真的不这样？”“绝对的，我看这孩子又尊敬老师，又爱劳动。”在孩子爸爸怀疑的目光里我问道：“孩子的缺点，你说了一大堆，他有什么优点，请你找找，最低得三条”。费了半天工夫，他爸终于给他唯一的儿子找了三条优点：①胃口好；②变化快，你说啥他说啥，从不打别人；③不出门乱跑（说着这些优点又夹杂了胆小懒惰等缺点）。于是我又从“新”的角度说了孩子改变的可能性，并提出对孩子要求应有一颗平常心，不要有补偿心理，最后商订从“表扬入手，从细微处提醒，从小事帮忙”的思路来管理学生。

孩子父亲走后，我觉得奇怪，他父亲的谈话中关于孩子妈妈——这一家庭重要成员的话只有一句——还是贬义！从那以后，我更关心这孩子了！从他的日记中，我渐渐了解了这一个奇怪的家庭。

他父母离异，继母对他是钱不放手，吃放手，其他方面采取不闻不问的态度。我还常见孩子瞪着一双大眼，呆呆地想什么，有时中午不回家吃饭……我没用过多的语言来表达，只是偶尔陪他在教室吃饭——孩子饭量大的惊人，他能把别的孩子吃不下的饭全部吃完，有一次，我给他五元钱让他给我俩买吃的，我说我要一个饼，一份凉皮，你能吃多少买多少，开始孩子不肯，在我的劝说下，他买回了两张凉皮，两个饼，看他吃完他的那份后，我把我的凉皮推过去，孩子又吃完了。我自此明白了许多，于是我包里便常常有一个苹果，一块糖等小食品，孩子跟我也更亲近了。记得那次春游，在我的再三要求中，他爸同意让他参加，他把仅有的一包方便面、一包果冻送给了我的儿子……是我那朴实的母爱感染了他！现在，这孩子虽然还有一些小毛病，但逃学、不写作业的现象已完全消失了，并担任了他们组的劳动组长！

看来，对学生施加爱，施加那种自然的，真挚的爱，不仅会感化孩子，让孩子品尝爱，我们自己也会得到爱的回报，我为我拥有这份爱而骄傲！

任何一个人的成长都需要立体化、全方位、全天候的教育环境。在学生成长的全过程中，要涉及学校、家庭、社会各个方面。作为家庭中的一员，作为一个家庭的未来，家庭环境的好坏对孩子更重要。下面是一位学生及家长一年来与我的谈话摘录。

生：老师，我妈不靠我，我还有一个妹妹呢！人家说了，靠女儿吃饭呢，我妈不管我，也不给我做饭。

妈：他给我打架，我打他，他和他爸打我。我就是不管他。

父：她不给孩子洗衣服，整天瞎唠叨，现在又不给孩子做饭。

生：老师，他们为了省心，让我上私立学校，吃住都在校，还说我让他们倾家荡产。

父：上私立学校省心，省得让老师、家长生气。

妈：我们都不愿来学校，觉得这孩子丢人。现在你没叫过家长，倒想来看看，看看是咋回事。

父：来，我们以后要常来，听您说说，按你说的做，觉得家里的气氛好多了！

生：老师，我哪都不去，我能学习好。

妈：孩子说作文受表扬了，我来看看。

父：孩子说自习课可安静了，在那儿不得不学习，我来瞧瞧。

同样的孩子，同样的父母，但感觉大不相同，效果当然也不相同了，因为他的父母懂得了对孩子应有“平常心”，而不应有补偿心！当今的学生家长都知道得重视孩子。好多家长把自己得不到的，都寄托在孩子身上，想让孩子填补自己的各项空白，这样拔高的要求对孩子只会产生负面影响，导致孩子“反正我也做不到”、“反正我也做不好”、“努力也没用”等破罐子破摔的思想倾向，所以班主任应及时地举办一些家教讲座，帮助或提醒家长规范行为，修正思想，并根据学生的年龄，身体、心理特点，推荐一些教育方法等。一旦家长放平心态，多为孩子着想，多看重孩子的正常发展，那孩子与父母的关系便会融洽多了。有了和谐的环境，有了放平心态的指导者，孩子便在周围布满“鼓励”、“信任”、“包容”、“理解”的沃土中健康成长了。

有朋友般的父母，兄妹般的同学，善解人意的老师，团结向上、力争上游的班级体，再加上成功教育的尝试，还愁培养不出一批思想健康、全面发展的完整的社会人吗？

注：此文写于2000年12月，当时笔者所在的中学是一所农村移交到市里的中学，任班主任兼两个班语文课。内容是对一个学期笔者教育随笔的梳理。

人中有差异，心中无差生

——“不让一个差生从我手里产生”侧记

“这鬼天气，真叫人头痛，多少年不遇的寒冷！中原地带竟低到零下14℃……”我一边将冻得锁不住的自行车锁硬拉在一起，一边将冻得僵硬的手放在嘴边哈着热气……

“王老师，快点，郭增虎迟到半分钟，说什么也不进教室。”班长迎上来对我说。

又是郭增虎，我不免皱了皱眉，什么也没说，便快步朝教室走去。

门口果然站着一个瘦高个男孩，仍然是那件棉坎肩，头埋在前胸处，肩膀一耸一耸的……气顿时消了一半，一股怜悯之情缕缕升起，双手不由自主搭在他的肩上，故意将声音压低了八度：“孩子，今天又怎么了？咱不是说好了吗？”

孩子沉默无语。

“是表坏了吗？还是学习太累了，没听见铃声？”我强压住怒火，故作平静地说。说心里话，不提表还罢，一提表我血往上涌，昨天的班会又浮现在眼前——

开班会前，我在和学生商定班会内容，学生就提出郭增虎迟到问题，并说“老师，咱把他开除算了，老师，你看他让你费了多少心，开始，您要每天打电话叫他，可他家没电话，您做工作让赵旱宇叫他，坚持了一个星期，又开始迟到了。老师，依班规处理，也该让他停课反省了。老师，您总是心太软。”

停课或叫家长都够条件，但叫家长的目的是什么？仅仅是为了出出气吗？停课的不可取性我更是清楚，这样的孩子，不耽误一点课，能跟上就不错了，哪敢停课？但为了让其他同学接纳他，理解他，我这样说道：“要想不让一个差生从我们班产生，我们应该相信每位同学，要发自内心的帮助他，还是那句话‘谁都想当一位好学生’。如果我们连一个学生的迟到问题也解决不了，那我们也太没能力了。我就不信，咱们这么多人，就想不出一个好办法！”劲激上去了，不让一个差生从我班产生的信心更足了，一堂班会课的设想也初步形成了：《和时间赛跑，做走在时间前面的人》。为了让班会达到高潮，让增虎彻底改掉迟到的毛病，我悄悄地买了一个闹钟，准备在合适的时候送给他。

班会在班长的主持下如期进行，在同学们查找失败原因后，小组又商订了赛跑计划。望着同学们群情激昂的情景，我不失时机地走上讲台，激动地说道：“同学们，你们真的长大了，听着你们的慷慨陈词，看着你们朝气蓬勃的小脸，品味着你们好胜、要强的心，我再一次震撼了——我有什么理由不与时间赛跑呢？我一定要，一定要做好你们的领队！同时，我也想送给郭增虎同学一个礼物，也是一个同时间赛跑的武器。”

在激烈的掌声中，我将小闹钟送到郭增虎的手里，在接送的一刹那，我看到的不仅是晶莹的热泪，我更感觉到那颗滚烫的心！

“老师，我实在没脸进教室，我对不起你……”孩子边哭泣边说，“我没有任何理由……”

望着孩子满脸的不好意思，我更是一脸的迷茫，一心的想不通，看看哭成泪人的孩子，我轻叹一生说“孩子，我知道你不是故意的，今天别忘了定表铃。”

班会后，班长告诉我，表没有坏，郭增虎为了报答老师，下决心做走在时间前面的人，他将表定在5点，本想迷糊一会就起床，哪曾想，又一觉睡了过去，睁眼时已经7点钟了，脸没洗，牙没刷，一气跑来，7点10分的铃声刚打……

孩子能做到这些，已经足够了，我又在班里表扬了郭增虎，肯定了他的态度，同时，我又在不住的反思：表，能代表什么？他只是一个机械品，是人为的。人才是最有代表性的，他的积极因素才可决定一切，现在，我有了这一因素，增虎有了动力，家长又充当了什么角色？对，我忘了另一动力——家庭教育。于是我决定家访。

一说去村里家访，很多人便劝我“你甭去，现在的学生家长，可不比你们的老学生家长素质高，没一点文化，给他讲还不够生气的呢!”“别自找麻烦，凡是不开家长会的，叫不来的，都是刺头，咱也不在乎他一个。”话是这么说，但倔强的性格又使我不想服这个输，试一试咋啦，我就不信这个邪：世上会有不关心孩子的父母？会有不想让孩子成为优秀学生的家长？我为他孩子考虑、替他孩子着想，他还能骂我不成？于是我做好了充分的思想准备，顶着严寒出发了。

路果然不好走，又赶上停电，等我摸索着找到他家时，天已经黑透了。气喘吁吁的敲开门，屋内是我意想不到的沉默。爸爸只淡淡地说了句老师坐吧。我没话找话地问道：“孩子他妈没在家？”回答却大出意料：“在里屋听收音机。”依然是平淡的出奇。我不再说话，私下打量了一下房间——房子真够大的，仅客厅就足有30平方米，房里的摆设更是简单，一张沙发，一个小饭桌，小饭桌被一个盛满饺子的大拍子占的满满的，一张已掉完漆的三斗桌上放着一台14寸电视机……孩子的妈妈还是未出闺房半步。看来，人家是不准备见我！我告诉我自己“别慌，按计划行事！你的目的是让家长觉醒，让他们清楚，孩子是他们的。”

我清了清嗓子，慢慢说道：“孩子上中学已半个学期了，你们感觉怎样？觉得我们还有哪些方面做的不到？”

“老师，没有，真的没有”看起来像个犯错的孩子。

“孩子表现你满意吗？与原来相比你觉得有啥变化？”

“孩子现在知道学习了，每天都爬在那儿写到十来点，这孩子笨，干啥都慢。”比刚才舒服多了，脸上的红也渐渐消失了……

没有了我的问话，屋内再一次陷入了寂静。

“你是干什么工作的？忙吗？收入怎样？”我唠家常似地转了一个话题。

“给工程队干活，早8点上班，钱说的不少，一般到不了手。”

我心里有了谱，家里收入平常，父亲文化程度不高，自己根本没有教育意识，我又问道：“孩子妈干啥？”

“扫大街，每天4点离开家，7：30回家，她回来，孩子已经走了。”

对孩子的迟到我更理解了，我同情地说道：“你们也真不容易。不过说回来，谁家都不容易。”他父亲主动说道：“老师您更不容易，我听增虎说您因为给学生补课，忘了接孩子，把孩子都丢了。您还想着给增虎买个表，真是谢谢您了。”

“老师，您看增虎行吗？”郭增虎的妈妈不知什么时候出来了，“老师，俺孩子笨，小时候出过车祸，人家老师都说俺孩子没救了。”

“怎么会没救了呢？增虎挺好的。他写作业态度认真，劳动积极，体育成绩极好。他尊重老师，团结同学，最重要的是他有一颗积极向上的心。”我一边回答，一边积极地搜寻所有适合增虎的好词语。

孩子的父母眼里露出了希望，在我告辞时，非得留我吃饺子，盛情难却，我竟莫名其妙地答应了。饺子是什么味道我真的没吃出来，但信任的味道，感激的味道，我可品尝了个够！我永远也忘不了他们一家三口送我时的那句话：“孩子的福气，能有你这样的老师。要是我有你这样的老师，也不至于落到现在的地步呀！”

事虽小，但深深震撼着我的心灵。10元钱，一个闹钟，一个小时的时间，换来的是无价的诚意，是孩子的信赖，是家庭的希望呀！有了这短短的一个小时，少少的钱，小小的闹钟，便有了一个广阔的世界！通过这一个例子，我也更加坚信：没有一个理由能让一个差生从我手里产生。至此，我也彻底觉醒了：

杜绝差生从我手里产生，

要从一点一滴做起，

从心做起！

创设和谐轻松环境之我见——

承认差异

自学考试过后的星期一，应该是教室里最乱的一天。那天，都应该比平时多用十分钟来打扫卫生。讲桌上的纸条、小抄，讲桌底下考生未带走的书籍，地面上的废纸…… 非值日生更是忙作一团，拉桌子，找板凳，也是司空见惯。那天，也是我最易发脾气的一天，7点前乱糟糟的教室最让我心烦，于是在我的怒吼下，便有了黑色星期一。因为那一天有被我的怒吼吓得唯唯诺诺的同学，紧接着便有无精打采、枯燥无味的课堂，纵然我使出浑身解数，说的唾沫飞溅，也难以打破那沉默的气氛，紧接着便是我沙哑的喉咙，疲劳的身心…… 这样的恶性循环不能再搞下去了，课前必须调整 心态，争取让坏事变好。本次月考的星期一便出现了可喜的一幕——三分钟创造的奇迹。

中午第二节课，是六班的语文课，将心情调整后，便兴冲冲地走进教室，准备进行十分钟训练，抬头看到书桌底下乱七八糟地扔了一堆书，我强压怒火，故作平静地问道“这是谁的书？”“于德市的”。“天呢！怎么会是他？”我暗暗叫苦不迭，真是狗拿耗子多管闲事，又不是班主任，脏它脏去……可眼下……真是骑虎难下，不管也不好下场了。眼一闭，上吧！

“于德市，是你的书吧？快收回去。”

“……”

“于德市，你诚心让我生气，是不是?”

“下课再收……”声音小的几乎听不见，但总归是回答了。

“不行，必须现在，不能因为咱一个人影响全班。”我义正言辞地说。

“……”连刚才哼哼的声音也没有了。

抬头看表，还有一分钟就该上课了，以往的课前三分钟训练已经开始了。这个犟筋敢与班主任犟一天，还不敢跟我犟一周呀。脑子里迅速做着调整，课是万万不能耽误的，但事情又得有个了结……

“同学们，请大家准备好三分钟训练本，先观察我的动作、神态，再猜测我的心理，写下来，并给今天的所见、所闻命个题目。”我一边若无其事的说着，一边快速下手整理讲桌上的书籍，一边给同学逗趣：“当娘真的不容易，操碎心不说，有时还得不到孩子的谅解……可悲呀！当老师就更难了，既当爹，又当娘……”三分钟不到，书便被我送到于德市的课桌上。此时的于德市已是满脸通红，以往“死猪不怕开水烫”的阵势竟被不好意思代替了。还是没有话，但一双手忙不停的在帮我收拾东西了……

三分钟训练时间已到，我没有按以往的规矩只读两个人，而是读了更多。因为那天的话题不仅仅是人物动作、心理的写实，对于德市来说，更是一种心灵陶冶。至今我都忘不了那天的主题《他变了》、《我们班的保姆》、《这样的老师真难得》、《她向学生低头了吗》、《于德市也是人》、《宽容，赢得了学生的心》……

有了这样的三分钟训练，不用说便有了轻松、愉快、和谐的课堂，我只记得那堂课很短很短，下课铃响时，同学们都可谓余兴未尽，不约而同的“啊”了一声，依依不舍地告别了课堂。

静下来想想，我们课堂的紧张、沉默，其实往往是因为一件小事，甚至是因为一件纯属偶然的意外事故引起的，因为我们忽视了我们平时挂在嘴边的“学生的个性差异”。

承认学生的个性差异，对一个班主任来说，尤其重要。大家知道：好多班主任老师常常是因为处理班级事务，影响了正常上课，而因为课前处理学生导致一节课的失败更是家常便饭。好多老师课后生气地对我说：“王老师，这学生是没救了，我训了半节课，结果，那课堂更死了，简直是沉默、沉默、再沉默……”望着对方一脸的无奈，我深有同感地点点头，然后再加上一句“为了不让学生沉默，咱也只有不训学生，尤其在课前。”虽然对方很无奈地摇摇头，但我却会替他说“不训，那不更没辄了吗？我们可以改变训的方式，变外训为内训，变师训为自训，并保证不能因一人之过而导致全班受罚。”有事例为证：

上周五，在电教室忙了一个上午，赶回家时已经是十二点半了，我还未坐下，电话铃便响了，丈夫接过电话便朝我递来“快点吧，这小伙子已经是第四次找你了！”“老师，今天我又犯病了，我当时只想报复孙志森，没想到给咱班丢脸了……”话未说完，竟哭了起来。我一听就知道是那个一头又黄又稀的头发，瘦得如芦柴棒、发起脾气来像拼命三郎的岳铭。对他来说，能达到主动承认错误已经很不错了，更别说后悔地哭。我赶紧说道：“天塌下来有我托着呢，再大的事咱也不怕，还是那句话：保证不犯同样的错误就行。能自己觉醒并主动承认错误已是你最大的进步了！什么也不要说了，赶紧吃饭，早点休息，养精蓄锐，争取更好地改进自己。”

话虽这么说，但我还是放心不下，两点，我便来到学校。还没等我发问，两个班长便围了上来“老师，咱得好好收拾收拾他们，你对他俩这么好，他俩也太过分了，真丢咱班的人”。我笑着说道：“那咋办？三千字的说明书，罚款多少元，拉下去重打四十大板，还是弄到讲台上狠揍一顿……你们想想哪种办法能因为收拾了他俩，就能带给恢复我班名誉的可能呢？”两人不明白我葫芦里卖的是什么药，疑惑不解地问道：“老师，那这就算了？那他俩的确是有错误呀”“你们说对了，我觉得现在的关键是如何让他俩知错，尤其知道错在何处，又能使全班同学防微杜渐，这才是真正目的。具体操作办法是你们的事，我不再过问了！”

看着两个班长皱眉而去，我便开始了我的调查工作。首先我找到那节课的任课老师——历史老师赵宏利，了解了事情的来龙去脉：那天的课间操后，她提前5分钟赶到教室，正赶上岳铭气势汹汹地拿方便面朝嬉皮笑脸的孙智森扔去，孙智森机灵、淘气，一躲一闪，弱小的岳铭根本碰不着他的边际，他的一头黄头发都给气得竖起来了，知道惹麻烦的孙智森已左右不了局势，岳铭已发疯了……历史老师的出现使岳铭出现了暂时的冷静，两人都安静地坐在了桌子上。听赵老师说，当时岳铭就意识到自己的错误，说扔方便面不仅扔掉了父母的血汗，而且扔掉了自己的诺言，并主动清扫教室。至于说方便面撒了一地被校长发现，那时岳铭正在清扫教室。

等调查清楚后，我再次回到教室，将思路交与班长参考：

(1)正确定义这件事（岳铭做的事情本身是错误的，但对岳铭本人来说是意料之中的事、是有损学校、班级形象的)。

(2)商议帮助办法（分小组进行)。

(3)用个性、发展的眼光看问题。

在师生的共同帮助下岳铭很容易地接受了自己的错误，并在同学们的帮助下，制定了一套让自己减轻火爆脾气的方案。当爱的氛围笼罩着整个教室时，下课铃响了，同学们胸怀着“和谐”“互助”的心理，去上课了……我不敢说那节课的效果如何，但我觉得承认差异的处理比一视同仁的效果要好得多。

由此可见，我们对待学生的成绩要承认差异，对待学生的过失更要承认差异，承认了差异，落实了“心中无差生的”信念，便为轻松的课堂打下良好基础。

2002年10月8日

就做一次“糊涂”班主任

期中考试过后，邵金利老师来找我说了这样一件事：前几天，他们班出现了几次丢钱之事，最多一次竟然达到了40元之多，邵老师针对这种现象，首先做了一次隐秘的调查，然后上了一节“思想品德”洗礼课——从“小时偷针，长大偷金”一语谈起的主题班会，并在最后提出美好的愿望——希望借钱的同学将所借的钱于下周一归还，哪知，下一周钱非但没有回来，这位同学(原来丢40元的那位同学)本周的生活费再次不翼而飞。在这样的情况下，邵老师从钱包里掏出了25元钱，放在该同学的书桌里，让其他同学帮忙监督，结果在同学们众睽睽之下，25元钱在中午时间再次不翼而飞，邵老师很是想不通便来找我——王老师，现在该怎么办!

其实，偶尔“丢”钱的事好像在每个班都出现过，每个班主任都觉得很正常，但连续丢钱的事并不多见。于是，几位班主任便就这件事开始了讨论，大家统一帮助查找邵老师这一系列过程的漏洞——

"钱"(诱饵)放好后，教室特别是孩子的桌前应该时时处处在人的视线之中，不应该有"离开"之时，而邵老师却安排不周，所以未抓住"小偷"。我虽然参与了这次讨论的整个过程，也找出了邵老师工作中每个细节的漏洞。但我却丝毫没有为大家找到问题而高兴，反而觉得心里闷闷的——我们的目的仅仅是为了查找到这个小偷，找出同学丢的这一百元钱吗?

在我肯定了自己的问题答案后，我有了一种豁然开朗的感觉：孩子太小了，"小偷"的命名太早了!这件事处理不好，损失的绝对不是100元的问题，应该是孩子一生命运的关键!于是当时我便进行了一项任务的布置：召开"什么是偷"的主题班会，写一篇"丢东西"随想的日记，来一次"我觉醒，我进步"的讨论会，让孩子在讨论感想中教育自己。

我班的主题班会《他是小偷吗?》如期进行了，首先我读了《谈偷》一文(是笔者从生活、学习及社会三方面分析的，文章附后)。

当天晚上，学生的日记——《丢东西随想》、《我是"偷"吗》、《我身边的不良行为》使学生进行了一次生活的回顾，思想的洗礼，从同学们的目光中我感觉到他们已觉醒了!但是，孩子纯洁的心灵如一张白纸，任何污点都印不得，为了让同学更真实、全面地认识这一问题，讨论会便在下一周的班会进行了!我是这样进行开场白的：同学们，你们现在的年龄正是一个犯错误的年龄，犯错误并不怕，可怕的是在同一个问题上犯错误，但是我觉得"犯错误"才是我们真实的表现，我们应该避免的是如何少犯错误，如何不犯同样的错误。"借东西忘还、别人不在而用了别人的东西，事后忘打招呼……"这种事对我们正成长的孩子来说算不算"小偷"? 试想一下：马路江因为喜欢曹艳楠的"头花"而戴在自己头上，这算是"小偷"吗? 我觉得不算，只能是"因爱而借用而已!"但我们能这样放纵自己随便"借""拿"吗? 更不能!我们应该从小锻炼自己，培养良好的生活习惯、学习习惯。下面咱们以"借、拿"东西这件事为例，来归纳一下我们应该养成哪些习惯。

20分钟过后，同学们达成以下共识：

(1)实在喜欢的东西，而自己又没条件买，要经同学同意后借用。

(2)别人不在，最好不去别人书桌前乱翻。

(3)考试或习题时尽量提醒自己：做诚实的人，真实检测自己。

(4)不做囫囵吞枣之事，课堂上的东西不懂就问，发扬“打破沙锅问到底”的精神。

(5)“偷钱”丢人，而“借钱”不丢人，学会计划花钱。

(6)团结、互助、帮助需要帮助的人。

没有查钱的丢失数目，没有查钱的落脚处，更没有立案侦察，在讨论会的第二天，武天奇告诉我：“他的复读机回来了。”张宁告诉我他丢的五元钱也回来了……我不知道孩子们心中是如何想的，更不知道是谁送来的，我只觉得在某些事上，教师真是应该“难得糊涂”！

附：在下一次班会课上，我选择了一句话送给大家：“爱心，人皆有之。因为爱去拿别人的东西，同样，因为爱，有爱心的人又送来了丢失的武器。”所以，我写了一篇《爱》送给觉醒的同学，献给有爱心的人(附文《写给有爱心的人》)

写给有爱心的人

——致自新的同学

悄悄地
他走来
因为这儿有
这儿有他的所爱
因为爱
他扭曲了心灵
因为爱
他伸长了那双稚嫩的手
爱使他走上了那条不归路

因爱物的丢失
那哭得红肿的眼睛
那因爱而伤痕累累的心田
再加上两颊上流下的两行
因爱而伤心的泪
他又因爱人
产生了怜悯之心
换位思考
折磨着他
拯救着他
心中升起了那片绿意
爱使它心灵有所转变

此时，手中“借来”的爱物
已变得那么刺眼
更变得让人心烦意乱
……
爱，再次让他伸出双手
爱，让他再次捧起了爱物
爱，让他自己手术掉第三只手
爱人之心
俘虏了他那颗不安分的心灵

孩子，你真棒
这是我发自肺腑的呼唤
因为，你懂得爱
更因为，你会付出爱
爱物，使你走上了岔路
爱人，使你找回了自我
爱心，会使你有一次次的成功

走向成熟
博爱，会使你身价倍增
坚信——
人人都献出一点爱
八班会变成美好的人间

“偷”字随想

（读给我的孩子们）

其实，我实在不愿意提那个“偷”字，特别是在你们这些天真的孩子面前，在你们一个个含苞待放的圣洁的花朵面前，我觉得用“偷”字都是对你们人格的侮辱，但是，王老师今天还要给大家讲这个“偷”字。

我想先从一篇文章谈起——

今天早晨，我读了一篇题目是《我要钱干什么》的文章，主要是讲一个科级干部贪污公款无数的故事，当他妻子被捕时，他妻子说道：“说实话，我不知道我们有多少钱，有几张存折，我也不知道要这么多钱干什么，现在……家破人亡，只剩下一个上高中的女儿在家，好可怜的孩子呀！”此时的痛苦又有何用呢！早知现在何必当初。同学们，他们家是偷，他们是大偷，偷的是国家和人民的钱财。更让人想不到的是，这位大偷，相当年竟然是一个响当当的大学里的高才生。他是被钱蒙住了眼睛，神使鬼差地走上歧途——其实这也是心理不健康所造成的呀！

还有一个例子，是我妈妈小时候讲给我的——一个惯偷，在最后被枪决的时候，要求见见他的妈妈，等妈妈来后，要求再吃一口娘奶，哪曾想，他一口咬掉了娘的奶头并生气地说：“谁让你小时候不管我?!”就算把老妈杀死，又能何妨？就算有“子不教，父之过”的古训，而被杀头的还不是自己？——心理不健康走上歧途，心理不健康又害了自己的老母！

同学们，可见，偷这一习惯，不仅害了别人，还害了自己，关键是会祸及自己的家人。而偷的习惯真的在我们身边不存在吗？不仅在，还大大的存在！

曾几何时，当你有道数学题不会做时，你想到的是什么呢？问老师，向别人要答案，还是一抄了事？特别是当门外同学的闹声传来时，或者乒乓球台前呼声四起时，你还能实事求是地完成作业吗？当考试已近尾声，而你仍有题未做时，你能保证苦思冥想吗？假使此时监场老师又因事外出，你还能保住你那颗诚实之心吗？……孩子，这也是一种偷呀！这是知识的小偷！同学们，这种偷的结果又会如何呢？小则愚昧无知，大则失去一生的幸福生活！

俗话说得好“小时偷针，长大偷金”，知识的小偷会影响你心理健康成长，甚至出现畸形心理，养成攀比、虚伪、投机取巧等不良习惯，这种习惯可能就会给你带来一些不良行为，从而出现刚才所讲的故事中的情景，这也是在所难免的。同学们，思思想想，我们能让自己的人生如此荒唐吗？

同学们，这还不算最可怕的，你知道昨天我看到的一幕有多可怕吗？昨天下午，我与政教主任在教室后面检查卫生，哪曾想看到一双稚嫩的小手竟伸进我班一位女同学的桌斗里，并拿出——我故意停下，巡视了一下全班同学，然后拿出该同学桌斗里的钱。（其实，这一幕是我假想的。昨天马路红告诉我班费丢了20元，并肯定是上微机课时丢的，我不愿就钱谈钱，根据八班实际情况——近段屡有丢钱事件发生，设计的这一情景）停顿片刻后，我又不慌不忙地说道：“这个孩子肯定有难处，要么就是经济特别紧张，急需用钱，要不然，他绝对不会这样，因为他是我心中最完美的孩子。”今天我本应该点名让他站起来，并大批而特批，但我临时改变了注意，我不想要任何人看不起他，我准备替他掏出他拿别人的钱，并将这20元钱作为赌注押上，如果经过努力，他不仅改了偷钱的毛病，并把学习成绩快速提高，这20元我便作为奖金奖给他，相反，我要通报家长，并取回我的20元钱。不过如果不想这样也可以，你应该给我一封感情真挚的信，表表你的悔改之心，如能感染我，我也会原谅你。总之，20元钱买的应是你的悔过之心，应是你的进步与成熟！

同学们，让我们每个人都警觉起来，同我们心中的“偷”字决斗！为了我们的生活，更为了我们的生存！

附：至今，班内再未丢钱，我桌斗里多了一封长信和一张欠条。同学们的成绩也得到很大提高，所以本来便不知真相的我，又做了一回“糊涂”班主任。

一个多余的电话

那是2005年的那场大雪后的一个晚上，校长宣布班主任会议到此结束时，时间已经是八点半了，留下一年级同仁再开小会。小会未完两位学生高烧，刚扎好吊针，电话便响个不停——一看号码，知道是老城打来的，听那急不可耐的声音，我知道肯定又有事了！

果不出所料，还是卓××和董××之间的矛盾！天哪！两个孩子在班内看似风平浪静，哪知背后却“仇深似海”，竟然还有打群架的征兆。事不宜迟，我在放学铃声打响的一刻，走进教室，留下了对我面带微笑的董××和卓××——再次使出了我的绝招——做思想工作：从窦××到边××（原来教过的两位与这二位极像的学生），从成绩到人品，从成人到成才……9点50分，两个孩子终于言归于好，三双手紧紧握在一起！

出门一瞬间，竟出现了意想不到的一幕——董××一个人朝宿舍方向跑去，卓××呢？可能上厕所了？还没来得及多想，便走进了校长的办公室，谈学生转学问题。等我踏上自行车走向回家的路时，10点的钟声早已敲响了，车子此时真是“如履薄冰”。逼得我下车步行，猛然一个念头跳入我的脑中：卓××到底回去了吗？他不会再跑吧？回去看看——天真够冷的，路又这么滑，回去再回来，可能都得十一点了！再说凭他刚才的态度，我也大可放心！还是回家吧！在矛盾之中，经过半小时的跋涉（平时只需10分钟），我到家了。

人到家了，心还是不稳，把事给我的丈夫唠叨了一遍，本想借机减减负担，但却是身不由己，心不在焉，两只耳朵仍竖起来听着电话——总觉得电话马上会想响起来，然后听到那个负责宿舍管理的男中音告诉我“王老师，你们班××未到!”

看到我坐卧不安的样子，爱人笑了：“打电话吧，要不，你彻夜难眠!”

“你——你不讨厌我心中只有学生了!”我孩子似的笑了，冲到了电话机前“你好，男生寝室吗？请你查查309宿舍的卓××睡觉了吗？一定要亲自去看看，五分钟后我再打电话!”

五分钟真是太难熬了“一秒……一秒……”眼睛盯着钟表，我真算明白了度日如年的滋味，好半天才过了两分钟，看来，卓××肯定跑了!要不……？

“铃……”三分钟时，电话铃竟响了，是男生宿舍打来的，“完了……，肯定是卓××出事了……”爱人看我傻呼呼的，接了电话，然后平静的告诉我：“孩子已经睡着了!——自作多情!”

没事?！我竟激动地抱住了老公——好了，今天不再说学生的事，放心睡觉了!

丈夫心痛的看了一眼表“十一点了，洗脚水在卫生间。”我无言，竟如孩子般哭了……也许今天我真的又打了一个多余的电话!

两个可怕的电话

大雪后的那个星期天，天气冷得出奇，窗户全蒙上了一层白雾，下午两点钟，我接到一个来自老城的电话……说了半天，我才判断出对方那位哭诉的女人是董可达的妈妈，她告诉我一件意想不到的事。下午，卓瑞鹏带着几个社会青年到董可达家打架，并扬言如果将此事告诉老师，他会在下周五打死董可达，等董可达的母亲找到他家时，他妈妈竟然说，她管不了儿子，儿子在小学时打架是小菜一碟！并且可达的妈妈亲眼看到卓瑞鹏把他妈妈批得一无是处，甚至有大打出手的表现，所以可达的家长很担心，决定以后接送孩子回家。对于家长的表现，我听后有种无可奈何的感觉，但家长提出在学校的安全时，我下了这样的保证：你绝对放心，我能保证孩子在校的人身安全！并且我会很妥善地处理这件事情的。

经过半个小时的交流后，电话挂上了，但一位母亲的那颗悬于半空的心，是放不下的。这事的确不小——事关生命安全，我为生命做担保！我正在苦想如何处理此事之时，电话铃再次响起来，电话还是老城打来的，只不过换成了卓瑞鹏的母亲！

母亲是伟大的，母爱又是自私的。一点儿不假，这位母亲又说了一下两人之间的事情：

卓瑞鹏与董可达闹矛盾是因为董可达拿宿舍的暖瓶，自己独占，还不让同学喝水引起的，鹏鹏看不惯，便找人打董可达，老师，我们也不想让孩子打架，但我们也怕出事呀！下午董可达的家长找来了，说我们鹏鹏打他孩子了。

听完另一位母亲的哭诉，我知道事情已不像我想的那样简单了，为了防患于未然，我必须立即行动！面对这种情况，我又该如何下手呢，星期一下午的班会课，我便进入角色。

班会课开始，我便以少指责、多赏识为原则进行了“宽容与负责任”的主题班会，深入浅出地讲述了“宽容”的效力，讲了不负责任之人的下场，并且用学生身边的例子讲述了“小肚鸡肠人”的下场，紧接着提出“做正确事，正确做事”的原则。最后让学生进行自我检讨，看自己做了哪些不正确的事，正在做的不正确的事是什么？怎样做正确？

在我的引导下，同学们都交上了自查报告，未用双方家长的告状信，我便知道了事情的真相，接着我进一步引导说：错误算不了什么，只要是能正确认识自己的错误的同学，那他也一定能改正自己的错误，现在请大家根据自己的错误原因，制定一个改错计划，我看哪位同学能在短时间内获得最快的发展。卓写道：“我错了，不问青红皂白便乱骂一气！”“我也错了，我的自私之心太严重了，有时很不能顾全大局！”董可达也这样写道。一节课下来，即没用单独将两个孩子隔离开来审训，又未让两人难堪，我还自认为我处理之妙！

其实，这件事情还真的就随着班会的结束而画上了圆满的句号！

奇怪的女孩

开学都一个月了，我从来都未注意过她——又高又胖，看起来土里土气的女孩。可这两天我不得不注意到她——每天我到教室时，讲台上既不是马路红，又不是曹艳楠，常常是她——要么给同学讲题，要么帮同学打扫卫生，要么便是在教同学唱歌……总之，她已经成为班级的又一位带头羊。我不得不将视线转到她的身上。

她叫白志利，其实我早就应该注意她了，她不仅个子高，很成熟，她的思想也比大家成熟，分宿舍时这小姑娘便自告奋勇入住到其他班的宿舍（因女生剩余人数不够八人，有四位同学需单独居住到其他班寝室）。

她是一个有责任心的人

她真正引起我注意是那个中午——那天，我于中午一点半来到学校时，便听到从教室里传出来一阵阵唱歌的声音，并且时起时伏，听起来乱糟糟的。因为那一个月重点搞的是“进门闭口，坐下学习”，而谁这么放肆？等我气呼呼地走进教室时，发现是那个胖墩墩的白志利，站在讲台正中间教大家唱歌，黑板上写满了歌词，记得歌词好像是《同一首歌》，而下面的学生则是坐姿各异，神态各异——有专心跟白志利唱歌的，有跟着瞎哼哼的，有弓腰趴在桌上的，有左顾右盼对笑的，真正学唱歌的寥寥无几。这些无法无天的孩子呀！

我强压住怒火，在黑板上写下了一行字“现在，咱们是在干什么？别忘了干啥说啥，卖啥吆喝啥！”我扭头心疼地看了白志利一眼说“站在讲台上，便是老师，就应像真老师一样要求自己”说完便轻轻地关上教室门，走了出来……等我再次回到窗口看时，理想的镜头出现了——形象大方的小老师，认真用心的同学，不悦耳但动听的清唱，她告诉我：“八班又要有一位女士脱颖而出了”！

无形中，口中夸奖的话语多了，赏识的语言也多了，白志利在自己的出色表现中不仅赢得了我和同学们的赏识，也赢得了所有任课教师的信任。她简直成了一八班的佼佼者。收费，找学生谈心，帮老师存钱、取钱……

她是爱“美”的姑娘

随着自身形象的完美，这小姑娘的变化也越来越大了。每天出入于教室、办公室之间，每天有一群叽叽喳喳的女孩围着她说笑逗乐，她当然也是有种乐不思蜀的感觉，这种感觉在她的身上表现出来——三两天不穿校服了、偶尔换换座位了、经常和其他班的女生来找我，办件谁都能办到、事后她又蛮显面子的事了。我知道她优越感太强了，得快点帮助她，要不这么优秀的苗子要夭折了。

心动就得行动，特别是班级管理更得如此。心灵的挽救是容不得时间的，也许就那几秒钟。正在我雷厉风行，快速对她明察暗访之时，六班的班主任找来了——

“王老师，你们班是不是有个白志利?”

“有，说吧，她出什么事了?”口里平静地问着，心里想着“我还是又慢了一步”。

“我们班有个年龄稍大的女生，她们经人介绍认识后，白志利不仅老给我班女生写信，还帮你们班男生送信给我班女生……”未等邵老师说完，我便证实了我的猜测——刻意的表现自己不仅表现在了穿着上，还表现在与同学不太正常的交往上，好在被及早发现了。于是我笑着问道“还有什么，邵老师?”

“有，不打扫宿舍卫生、穿别人的衣服，别人说她，她笑笑则已，到头来还是照做不误!”邵老师很认真地回答道。

“对不起，我会把她变好的。”……

通过交谈，暗访，观察，我知道这个女孩真的变了。尤其是课堂上的她变得简直不可思议，除语、数、外，其他课堂她都是在写信中度过的，她的日子就是在不停的写信、收信。另外，她还懒得出奇，星期天衣服也不洗，都是到好友马路红家用洗衣机洗，最近，她还老说丢钱，爱穿别人的衣服，星期六不回家……天呢，特别是马路红的那句话“老师，咱班可能要出第二个边楠了（边是以前一位小女生。

因为受不了四中的约束转到其他学校上学，听说……)”

谈话

又一次月考结束了，成绩出来后我找到与这位自命不凡的胖女孩谈话的切入点——刚刚回升的成绩又一次大的回落。等我在课间操后找到她的时候，她已哭红了眼睛，一脸后悔的样子，还未见我便泪流满面。时间很短，并未谈什么实质性的问题，我只说了这样一句话“成功人士是懂得思考的，我觉得你该静下来思考了。你的思考包括你的生活和学习，因为从一个人的生活态度，可以看出她的学习态度。现在，你急需的是回去后的静下来思考。切记：思考是为你自己服务的，不是向我写说明书，更不用为自己解脱，它需要你自己的真诚。”

她深深地点点头，低头走出了办公室。我心里十分没底，这样的谈话到底有什么作用？她到底有多成熟？她真像其他老师评价的那样吗？依我的感觉她不会，它有的是农村孩子的真诚！

下午，说明书交上来了，天哪，真是太出乎我的意料了——一小张说明书，只写了“与六班朱鹏同学的关系”，并下决心痛改前非，坚决断绝与朱鹏的关系。我看了竟有一种可怕的感觉，真有这么“神”的孩子，对待自己的过错犹如蜻蜓点水，你对自己的作为装聋作哑，我不妨给你来个“打草惊蛇”，将你的过错讲出来看你如何再装聋作哑？心思已定，我再次找到白志利严肃地说：“机会是你自己把握的，老师这样引导你，是出于对你的信任，正如我常说的一句话：业精于勤，行成于思。它同样是适用于生活和人生的，现在，我能认真地、严肃地同你谈论这一问题，是出于我对你人格的认可，能力的信任，更是我对你人品的肯定。你现在需要静下来，仔细回忆生活中的每一件事，将你认为不对或不合适的做法找出来，机会不可能同时降临到同一个人身上三次！”

说明书很快又交上来了，这次的纸比上次又小了一圈，但上面却清清楚楚地列出了自己的十大罪状，条清缕晰，语言简洁到不能再简洁的地步，我可以说失望极了，难道我又看错人了？谈话，我实在不想再进行了，干脆来个冷处理——对白志利置之不理。

这一招还真有用，冷战的第三天，一张漂亮的信鸽飞到我的手里——白志利用三张信纸给我写了一封心灰意冷、渴盼我理解的信。我顺手接过信，扫了一眼，又假装不在意地将信放在口袋里。朝她笑了笑，算是缓解了这几天的矛盾。于是，我顺手将记账纸交给了她，也算是恢复了对她的信任。本以为应该让我放心的她竟又上演了一出喜剧——

可怕的“加号”

凭我对白志利的信任，我知道她肯定是个诚实的女孩。一个月来她帮我管账，收钱、取钱，可谓得心应手，哪曾想这次却让我大吃一惊——这次我不知为什么竟莫名其妙要了原底，又莫名其妙地清理学生存款情况。我发现白志利的存钱栏目进行了修改——明明是减去20元，而她却用与我颜色不相同的笔添了一竖变成了加号，本已取光的钱却变成40元。惊讶之中，眼前出现了星期天晚上的那一幕———老师，给50元，还你20，存30元，当时我竟神使鬼差地写下-20，+50……而现在纸上明明是＋20，＋50。看着、看着，我竟后怕起来，这孩子怎会这样呢？我该怎样既不伤害孩子的自尊，又能帮助孩子改正错误呢？我不禁陷入了沉思……

星期天下午，在作文讲座结束后，我请来白志利同学，很认真地告诉她有一件重要的事情请她帮忙。她一听便很爽快地答应了：“老师，说吧，没问题。”“你帮我整理账务时，都有谁在场？有谁动了咱的账？现在账目肯定错了不少！你应该记得你的钱吧？”“老师，我还真不记得了”“你给了我50元，还在讲台上大喊——王老师，还你20元，存30元，你又取了30元，结果竟有人将你的-20元，变为+20元，你看这加号，与原来的笔分明是两种颜色。”她听了连连点头“对、对，先将我的改过来。”说着便动笔划去自己的存钱数目。随后又帮我分析出错的原因，并自告奋勇与同学核对钱数……

第二天，钱数核对好时，志利来了，不仅脸上露出了会心的微笑，更重要的是她的心态变了，形象变了：原来长长的头发变成了小子头，是那么有精神，浑身洋溢着一股子冲劲。神力——信任真是奇迹！我的信任彻头彻尾地挽救了这孩子——真高兴，我又为八班培养了一位真正的女中豪杰！

2004年12月15日

第一个祝福电话

附近村民的鞭炮声早已响起，我虽然未养成懒床习惯，仍是惬意地躺在被窝里。一年了，难得有懒床的日子，今天是大年初一，我闭上双眼尽情回忆……

和谐而又温柔的音乐声在枕边轻轻响起，那难有的轻柔，拽走了我的双手，双眼微睁——7点整。轻按“OK”键——“老师，新年好。”略带成人气的童音从电话里传出。“我的学生——”我一时兴奋地坐起，学生的第一个拜年电话！好清新、好诱人的话语。“新年好，新年好”我忙不迭地回答。（还真觉得奇怪，从大年三十早上到大年三十晚上，不，准确地说应该是在大年初一早上，我接疯了短信息，好歹在凌晨三点才得到安静，悄悄地入睡了。只是觉得忙，竟怎么丝毫没有这种感觉呢？）

“老师，你猜我是谁？”——

凭那吧嗒吧嗒的小嘴，我知道肯定是能说会道的冯超，更何况年前我还单独将他留下，开了小灶。于是我脱口而出——“小冯超。”

“不是，老师，再猜”，对方调皮地说道。

“那一定是邵李洋”，对方声音略带失望，“老师，是我——”

“张宁吧？”我猜得没有了底气。

“老师，是我——董可达——”

“啊”我想我当时的吃惊肯定是前所未有的。估计那张嘴没张到耳根，也张到耳梢，“可可？”我惊呆了，心里又是一阵冲动，真的是那个走路低头，见人脸红，从未主动给我说过一句话的大个子董可达吗？我收到的第一个拜年电话竟然是他的。“天哪，怎么会是你？孩子，我为你走出自我而高兴！你的拜年是今年我收到的最早的也是最好的礼物！”一向侃侃而谈的我，此时竟变得语无伦次了。此时话筒里的声音丝豪没有因为我的猜测错误而失望，仍然是兴冲冲地道着他的拜年语："老师，祝你新年愉快，万事如意，鸡年大吉……"好小子一口气说了十几句祝福语，天哪，好让我欣慰的孩子，他的进步便是我的幸福。

电话挂断了，而我的思绪之线却接上了——天哪，董可达，这个踢上三脚都不来反抗的人物！怎么会是他呢？可见"孺子可教也"！——

二连冠的大个子男生

其实，一开学就注意了他，并不是因为他的入学成绩，而是因为他那个只看一眼就给我不舒服感觉的同伴——并且双方父母和孩子都要求将两个孩子派到一块。我的直觉是正确的，两人的性格果然有天壤之别，成绩也是班级里"两最"（最好和最差）。但两个人有个共同特点——向来不在老师面前随便发言。可可的成绩一般在前十名，总是老师青睐的对象，更何况这样的二连冠呢？所以，我便不自觉地亲近了这位高个子男生——上课总想提问他，即使他不举手也是如此；下课总想逗逗他，即使他对我爱理不理；校园里见到他，总想叫住他问长问短……而他对我的关心总是抱爱理不理的态度。我尽力了，但我的感觉是好心未得好报，再加上这孩子除了学习上刻苦，其他方面——比如尊师爱生、热爱劳动、热爱班级体、积极主动参加校内班内的课外活动、助人为乐等方面就可见一斑了。有时还常常表现出一些对进步同学的讥讽、嘲笑之意，对班干部的挑剔之情……说实话，一开始，对于他这样的学生我是极尽耐心的，这么聪明的孩子怎能让他做思想上的差生呢？一旦他的思想定性了，他的心胸会变得很狭窄，随着私心的发展，他的思维也会受到限制，导致成绩不断下滑……直到成为一个双差生为止。这样的结果我再也不想看到第二个了，我决不能再因宽容而放纵任何一个孩子。

于是便有了第一次谈话，从合作到交际，从学校到社会，从名人到周边的例子……我觉得就凭我的感染力，这次对他的感染应是终生性的教育，我看到的应是翻天覆地的变化。真想不到孩子的内向、自私这么可怕，在我面前不言不语，而对同学、对班级仍是冷嘲热讽，用同学的话说“老师，他就是这人，别白费口舌了”。但我不信，我也不能信，我还是相信那句话——“精诚所至，金石为开”。

被逼上任的扫雪队队长

空洞的说教往往起不到教育作用，通过活动教育学生往往是最有效的教育途径。对于这个大个子小男生是否行得通呢？一场连续一周的大雪覆盖了整个校园。机会来了，我要用“封官”的方式，“拉拢、诱惑”一下我的目标。记得那天中午，我走进班里，笑着说道“今天下午，我们有一项非常重要而又极其艰巨的任务要完成，为了我们目标的胜利完成，我想临时指派一位负责人，让他带领大家为我班做好这次服务。这个负责人，我不想再让我们的女将出马了，因为咱班已有阴盛阳衰的趋势，今天我想把任务交给男生，交给我们的男子汉，同时，我还想锻炼一位同学，让他通过这次劳动，不再仅仅只是大家学习上的标兵，也成为劳动上的标兵。”我用眼睛扫视了一下董可达，他好似正有一种无所谓向有所谓改变的态度。“因为，我说过，在众多的活动中，劳动是最美的，它也能创造一切美！大家说选谁呢？”

有了我的这番鼓动和演说，我本想着可达应毛遂自荐了，而他却将头低了下去，脸涨得通红。我装作看不见的样子说道：“看谁能来个毛遂自荐，我要看他有没有勇气——”边说边朝最后方向走去，有些同学已被我煽动得跃跃欲试，纷纷举起了小手，口里兴冲冲地喊着：“老师，我！我！”天哪，这小子真够硬的，一点也不给我面子。我干脆摊牌算了：“今天，有位同学在日记里写道，他非常愿意与大家搞好关系，并且真心地希望同学们伸出援助之手，他说，他学习虽好，但对集体和同学的关心不够，如同学能给他一些为大家服务的机会，他一定会尽最大努力为班级效劳，这位同学就是我们班的董可达同学，大家愿不愿意给他一次机会？”

“愿意——”同学们齐声回答。

“董可达同学，你愿意为大家服务吗？”

“老师，我愿意。”声音小得不能再小了，但他终归答应。（要知道，日记的事是我瞎编的，他够给我面子的。）

“逼上梁山”的独幕剧上演成功，那次的劳动也极为成功，只记得那天好多同学在日记中写道：“今天的劳动很有意义，我们的学习标兵肯定能成为劳动标兵。今天，他是所有参加劳动的同学中的干得最卖命的一个……”

有了爱，我还愁什么呢？不就是再培养他的语言表达能力吗！我就不信，有我的这张嘴会带动不了他，我，我要向他的交际方面努力。

今天的电话不就是最好的证明吗？我不自觉地挺了挺胸，顿觉精神倍增。我知道这是自信带给我的力量，该起床了——“叮铃铃——”音乐又响了……

兴师问罪的家长

在我心中这件事已经有了了结，哪曾想在周三晚上的班主任会上，我的电话不时振动，我知道对方非找着我不可，我一看来电显示，是老城卓瑞鹏他爸打来的，但会议不能耽误。会议结束，我便拨通了对方电话：“喂，你好！”我仍是极有风度地与对方打招呼，“你干啥了，刚才为何不接电话！”天啊！谁这么不讲礼貌？……难道是我同学打来的？“……”我一边想，一边迅速分辨对方的声音：“请问你是谁？……”“卓瑞鹏的家长！”对方语气丝毫没有变，说实话知道姓名后我的心凉了半截，这就是我以心换心的结果？但我是老师，什么时候也不许失态，我强打精神问道：“您有什么事？请讲！”“刚才鹏鹏打电话，又说暖瓶的事，不行，明天我去抄他家，孩子咋能随便撒谎呢？”我一听知道又遇上一个不讲理的人了，但事情不能弄僵，我还未张口说话，对方便将电话挂断了！瞬间，我有种被污辱的感觉，挂就挂，事情本来就不是在学校发生的，何况家长打架、打死活该！

话虽这么说，但心却仍是放不下，我又心平气和地将电话打了过去：“卓师傅，你好，我是你儿子鹏鹏的班主任，我听你将电话气冲冲地挂断，我很是摸不着头脑，难道您对我的工作有意见吗？如果有，你千万说出来，家长的支持我可不能失去！”

“老师没有没有，是我不对，对不起，我刚才太冲动了！”对方话语气大变！

“没什么，但我还要说咱们应该以和为贵，不能冤冤相报！我觉得作为家长也应该先找自己孩子的原因，帮助自己孩子进步，如果一味将错误推到别人身上，这也是不负责任的表现，孩子小错一回也是正常的，但咱们成人可不行，得有宽容之心呀！……”

我不晓得我说了多长时间，但我知道对方让我说服了，因为他主动告诉我，他明天要去董可达家，将此事解决！

虽然，那天晚上我回家很晚，但我心里很坦然，我觉得我不仅走进了孩子的心中，同时我也走进了家长的心田！

难说分手

文前小记：离开课堂已经三年了，我的孩子们仍然记得给我过生日，今天是我们师生离别三年后的我的生日。孩子们走后，随作此文。

“聚是缘，散亦是缘”，相处两年后的我因工作调动离开讲台，离开了可爱的孩子们。曾经后悔过，伤心过，痛苦过。但善于适应的我很快找到了自己的位置——作一名出色的教研员，影响更多的教师们，培养更多优秀孩子。于是，又幸福地做起了我的教研员工作。

2006年、2007年，初三、初四的他们用不同的方式为我的生日祝福；2008年，成为高中生的他们用行动告诉我——难说分手。

焕银于2008年11月25日星期二

农历十月二十八日（本人生日）

“滴铃铃——”睡眼朦胧的我，被悦耳的短信铃声叫醒了，我边看短信边小声嘟噜：“肯定是那位痴情的男孩又发错短信了，我还得回信息告诉他，别傻等了，回家吧，发错短信了。”“天哪！白志利怎么了？有事吗？”短信竟是那个已辍学三年的学生发来的！该不是又被她醉酒的爸爸扫地出门了吧？我迫不及待地打开短信息：“终于到了零点，祝你生日快乐！明天会有铺天盖地的短信扑面而来，但相信我的祝福是第一个！志利。”

“我的生日？”我打开手机内的阳历日期——天呢，阳历11月25日，就是农历十月二十八日，我的生日，一点不假！这个粗心的丫头还没有忘记。望着身边熟睡的老公，我的眼睛竟有一丝湿润的感觉，今年的生日还是我的学生，我已经离开了两年的学生提醒我。“谢谢姑娘，我就等你的电话呢！”“老师，本来想让你明天早上得到的惊喜，没想到你看到了。”“不要再给其他同学说了，大家上高中了，忙，别耽误学习！”

志利可能睡着了，而我却怎么也静不下来。两年前的那个下午又历历在目：我正坐在郑州回濮阳的车上，电话铃响起来了，按动接听键，震耳的声音从话筒里传来：“老师，生日快乐！——”当时车上静得出奇，很多人都看着我，向来伶牙俐齿的我显得词汇极其贫乏，满口发出的只有两个音节“谢谢，谢谢，谢谢！”

去年的生日更是让我记忆犹新，那天早晨，一开门，门逢里掉下来一张蛋糕卡和一张签满同学名字的信笺，还有一封慰问信。更难忘的是那天课间操前全班同学对着话筒的齐呼：“老王，生日快乐！”一年来，只要有机会说说我的班主任生活，这都是我炫耀的“法宝”，我的经典讲解是“人人爱我，我爱人人”。

“美丽的王老师，愿你三百六十五天天天快乐，今天更快乐！”落款是“您的儿子学生李阳”。清晨六点钟，短信彩铃再次响起，是调皮鬼李阳发来的短信，多欣慰的称呼！我不由窃喜——我真幸福，拥有这么让我自豪的儿子。

“老班，生日快乐！”“妈妈，祝您健康长寿！”“愿36岁的您一天比一天年轻！”“党中央祝你生日快乐！”……短信不断发来，我可坐不住了，孩子还得上课呢？怎么办？——去阻止他们，不可能！现在他们已经是高中生了，分别在省实验，油田一高，市一高、二高、外高，华龙区高中……我无奈地关了手机。

十二点了，我走在下班的路上打开手机“老师，我们在家门口等您，您几点回家？”短信一个个接踵而至，天呢，孩子们下午还要上课呀！我赶紧截了一辆面的冲回家。

蛋糕上的图案是两只老鼠，围着的是十几个男孩、女孩，我坐在中间，任他们在脸上摸摸画画，此时的我更觉得自己变得木讷了，连孩子们的午饭都是他们自己做的面条……

转眼间，孩子们上学的时间到了，望着他们红彤彤的小脸，看着他们身上或脸上白白的奶油，听着他们慌里慌张地边跑边喊“老师再见，老师生日快乐！”……我始终坐在沙发上纹丝不动！直到手机收到马路红的郑州长途——王老师，生日快乐！您又幸福透顶了吧！

人到中年，有时竟没有考虑自己的时间——老人需要照顾，孩子需要教育，亲戚朋友需要关心，单位里更是忙得不亦乐乎。年龄大的同志身体不好，年轻人又缺乏工作经验，三十五、六岁正当年！我就是这样正当年的人，此时脑子里竟然出现了《散步》中的那句话：“妻子背上的（儿子）和我背上的（妈妈）加起来就是整个世界！”又有哪位中年人想到给自己过生日呢？

而我却又不同，因为我有我的学生！我有时时想着我的孩子们！

实小在我心中

（学生发言稿　华龙区实小　二年级学生使用）

“不知细叶谁裁出，二月春风似剪刀”，春姑娘用二月的春风剪出地上的嫩草，树上的幼芽，吹醒了冬眠的河水、沉睡的大地……她一路欢笑着、歌唱着走来，陪我去我心爱的学校——华龙区实验小学畅游。

实小的美在我眼中

我沐浴着春姑娘送给我的清晨第一缕阳光，兴奋地跳下妈妈的自行车，整理一下胸前的红领巾，站在学校大门口尽情欣赏：拔地而起的别致的大门，大方、美观的教学楼，旧貌换新颜的校办楼，干净、整洁的校园，再加上校园内匆忙而又有序地飘动的“红领巾”……组成了一幅素净、优雅的风景画。我眼中的实小真是环境一流！

实小的礼仪在我耳中

“老师，您好!”“同学，您早”着装得体的实小的师生们演奏的晨曲，体现出实小人蓬勃向上的风采，在和谐晨曲的伴奏下，我们开始了周一的升旗仪式——全体师生严肃认真、精神饱满、高唱国歌。我耳中的实小可谓礼仪争先!

实小的文明体现在我们行动中

下课后，我与同学们唱着新编的“文明礼貌歌”，向操场走去——有几个高年级的大哥哥边走边在楼梯上蹦上跳下，很危险。于是我走上前去说：“大哥哥，你们这样太危险，摔了自己，也会撞倒别人的。”还想着大哥哥得生气呢，哪知他却不好意思地说：“对不起，小弟弟，刚才我们在回忆课文内容，没注意做了不文明的事。谢谢你的提醒!”“不客气，大哥哥!”再一次享受成功的我又高声地唱起文明礼貌歌——“知错误，就改正；不欺小，讲文明……”我们的实小可谓文明典范!

实小的风采展现在教室

这一节是语文课，我们语文老师可是个讲故事能手，今天，老师像以往一样走在大家中间，用她亲切的语调，绘声绘色地给大家讲述孔融让梨的故事，把我们深深地引入了课堂，于是，老师就让跃跃欲试的我们都来读一读这个故事，让我们学着老师的样子讲一讲这个故事，并让我们说一说自己周围有这样的事吗？我班的孔融又是谁呢？课在我们读书、听故事、做讨论的过程中，轻轻松松地上完了，我们不仅会读了这篇文章，会讲了这个故事，最让我们高兴的是我们都有了一种决心——我们也得做孔融!

在我们实小的每一节课堂上，我们都能愉快地学会知识，我们都能幸福地进步、成长，凡听过实小课的人，又有谁不伸出大拇指，对我们实小的老师说“棒”呢?!

实小在我心中

与春姑娘手拉手，行进在干净整洁的校园间，欣赏着实小的美景，观察着实小的人，沐浴着实小的文化，体会着实小的精神，回顾着实小的课堂……作为实小的一员，才发现，实小是我的，我已是实小不可分割的一部分！猛抬头，原来，春姑娘已经给实小送来了春天——我的实小，在我心中！

知识变命运，科学能撑天

（演讲稿　适合初二学生用）

科学，人类前进道路上的一朵绮丽的花，它是一只催人奋进的战鼓，是一艘带你进入捷径的战船，是一滴有灵性的甘露……它以“随风潜入夜，润物细无声”的和谐；以“麦随风里熟，梅逐雨中黄”的合作；以“天水碧，染就一江秋色”的技巧，奏响了社会发展的最强音。“科学开山山让路，科学移海海必移”。有谁会不相信科学呢?!

先看看我们的衣食父母——农民，我们的祖父辈们最怕的就是稻麦两季的播种和收割。秋天还好，天气不再那么热，收起来也不紧张。而稻子、小麦就不一样了。早一天不熟，晚一天可能就炸到地里，于是一家老小齐上阵，镰刀、车子一块上，在酷热的烈日下，人人都抢着用镰刀拼命割麦，累、热，甚至晕倒都是正常的事。

而今农忙时节，走进农家田园，看看那一望无际的麦田，在阳光的照射下，发出金灿灿的光芒。压弯了的麦穗随风摇摆着：“我该入仓了，我该入仓了。”庄稼的丰收的确是让老农心花怒放，但这么一大片地，又如何能颗粒归仓呢？镰刀割，墩子压，木锨扬场……烦琐的工序，较少的劳动力，烈日下，真为喜悦的老汉捏一把汗——

只见老汉从腰里摸出手机，满面含笑地拨了电话后，便开始了地头的平整工作，三下五除二，一条路便出现在眼前。就在老人擦汗的工夫，一辆联合收割机开到了庄稼地头，便开始工作。老人慌忙拿出麻袋，坐到车上——真叫气派，一趟开过去，竟扫过3米宽！就这样的速度，一个小时让这十几亩地颗粒归仓！

联合收割机的使用，只见“麦场上脱粒机机声隆隆，村道上拉运麦子的各种车辆往来穿梭”，不仅减轻了烈日下农民的负担，还使收割、剥离一体化，从时间、精力上都将农民解脱。另外，脚下踏着皑皑白雪，手里捧着香甜的西瓜；蔬菜、瓜果不分四季摆在蔬菜市场上的场面不也是屡见不鲜吗？同学们，科学的力量是神奇无比的！

两千年前，勤劳、善良的劳动人民幻想能够登天、登月，他们创造了一个又一个“嫦娥奔月”、“天上有神仙”的美好传说。两千年后的今天，充满智慧的中国人用科学的实践创造了一个又一个奇迹。神五、神六的相继升天，逐一实现了人们登天的美梦。

时代不断前进，科技不断发展，人类社会登上了一个又一个历史高峰。而今，还有一些与社会不和谐的音符——国庆长假期间，爸爸妈妈陪我去看四大直辖市之一天津的风景，我们在天塔周围散步时，竟看到好多人围着一个算命的瞎子，在专心听他作命运指南。我还看到一对青年男女感激不尽地掏出钱给瞎子（当然我并不是不尊重盲人，而是生气），有人马上上前伸手，争着让瞎子看相。我妈妈竟也往前凑，我生气地说道：“一个有文化的人，一个国家干部，竟然让他哄着玩，要真是能算命，会逢凶化吉，他早就不在这儿接受风吹日晒了！”不知是我的话起了作用，还是什么原因，妈妈随我走了，其他人也慢慢散开了……

同学们，郭沫若爷爷曾经说过：“科学是讲求实际的。科学是老老实实的学问，来不得半点虚假，需要付出艰巨的劳动。”今天，我们便要从我们的实际出发，使用好自己的头脑思考，一点一滴积累，千万不要相信“天上掉馅饼”的美丽传说，唯有长时期的积聚才能由点滴汇成大海。今天，我们这一株株幼苗吸足了知识的甘露，在学校这片沃土上茁壮成长，明天，我们便是社会栋梁，扬起科学的大旗，撑起祖国大厦，使它更加繁荣富强！

国旗下讲话

（适合七年级学生使用）

各位领导、老师、亲爱的同学们：

下午好！

漫步在教学严谨、秩序井然、空前和谐、正气冲天的美丽的校园中，作为四中人，我心中便常常涌起这样的感受——这么适宜学生成长的肥沃土壤里定能孕育出一个个优秀班级，而组成优秀班级的又定是那些优秀学生。适值今日的雷锋班级、雷锋学生颁奖会，作为四中人，我便身不由己地挺起了胸脯。俯首静思，伸手轻触那一个个或深或浅的足印，一年多来点点滴滴的感受，或喜或忧，或欢或愁，如五彩缤纷的颜料——抹上了我的心头。的确，一年级六班，是个多彩的班级——

红色的，那是热情，那是彷徨无助时同学们热情的帮助，是不知所措时老师们的循循善诱，是被困难吞噬时朋友的绵绵关怀……红色的热情，燃起了红色的火焰，温暖了一颗颗成长中的少年的心。

金色的，那是拼搏，是挑灯夜战时酸涩难睁的双眼，是一次次失败后尚不愿意认输的倔强，是为维护班级学校荣誉而不懈奋斗的汗水——金色拼搏，灌溉出金色果实，笑开一张疲惫而青春的脸 。

绿色的，那是闲适，是师生漫步散心的读书廊，是和朋友开玩笑、发牢骚的草坪，是遥望苍天的白云、星空月夜的那扇窗——绿色的闲适还培育了绿色的心情，松弛了一根根绷紧的神经。

还有一丝淡淡的蓝色的忧愁和浓浓的咖啡色的喜悦，和着红色的热情，金色的拼搏，绿色的闲适，缤纷的色彩，调出此时我所有的感受和感动——

初中阶段是人生的重要阶段，作为教师我们将鞠躬尽瘁，努力奉献，为每一个学生的奋飞插上坚硬的翅膀，希望同学们牢记“一分耕耘，一分收获”、“天下没有免费的午餐”这样的至理名言，把信心留给自己，孝心奉献给父母，爱心奉献给别人，忠心报效给国家；在日常生活中，对物要珍惜，对事要尽力，对己要克制，对人要感恩。我相信，只要我们带着爱国情、师生情、父母情、同学情，带着热情，带着活力，带着对未来的憧憬，积极乐观地面对学习，我们一定会有一段精彩而有意义的初中生活。我们一定要放眼未来，要有高度的责任感和使命感，要用知识来武装自己的头脑，千万不要满足已经取得的一些成绩和现状，要从自己的学习和日常行为中找到缺点和不足，要真正勇敢地面对和剖析自己，争分夺秒，奋力拼搏。

今天我们班能被评为雷锋班级，不仅仅是我班的骄傲，更不仅仅是我们班级的成绩，它是我们年级组教师共同努力的结果。今天的结果将带给我们更严峻的考验和更高层次的挑战，它将更加鞭策着我们前进，是我们孜孜不倦的不竭源泉。同时我更相信，在校领导的关心和支持下，我们将以崭新的努力去取得更新的成功，以新的成功去开拓一片新的天空，为我们年级的进一步发展，为四中再次腾飞作出贡献。

博客选登（网址bolg. sina. com. cn/wanghuanyin）

今天，有种负罪感

(2009-07-04 07:50:19)

平日里与同事嘻嘻哈哈，营造了那种“高高兴兴工作，快快乐乐生活”的氛围，总觉得很幸福。

今日，因工作需要，与办公室赵主任一同出差，依然是口无遮拦，一路笑声。

也许觉得是周末，也许是大考后的轻松，饭桌上话多了几句，酒多了几杯，依然清醒的我们竟然忘记了时间。

赵主任接第一个电话是10点半，赵主任把电话递给了我。我知道是老嫂子（其实按年龄该叫阿姨）打来的，我并没有在意，只是大包大揽地告诉嫂子：“没事，嫂子，放心吧，我们一会就回去。”“都10点半了，还不回来。”对方好像不太高兴。我一时也没有多想，吃饭仍在进行。

赵主任接的第二个电话是在11点左右，赵主任把电话递给了另一个同事，同事声音小，我也未在意，吃饭仍在进行。

赵主任接第三个电话是在午夜过后，此时我们正忙着弥补一个小漏洞，其实大家早就劝赵主任先回，但他执意不肯，他略带醉意地说:“这是正事，我非得等到事情完全办好才走。”此时的电话又传到我手上，我再次拿起电话，不经意间看到12点半的提示，心竟然沉重而又自失起来——赵主任的老伴退休在家，从平时的6点半到今天的12点半，期间整整6个小时，她是怎么熬过来的呀？“嫂子，实在对不起”平时能言善辩、伶牙俐齿的我竟然变得木讷了:“马上回去，马上回去！”便匆匆挂了电话，全然不顾电话里嫂子无奈的声音。一贯幽默的赵主任仍嘻嘻哈哈地说：“王主任呀王主任，你觉得你关心我，其实最关心我的人是你嫂子，我们共同生活了二十几年呀！”

看着醉意朦胧的赵主任，我竟然有种负罪感，我们追求的办公室的和谐、幸福，又怎能和嫂子二十多年的相濡以沫相提并论呢？我们的幸福，让我有种负罪感！

以后，不能再让五十有余的赵主任享受我们的加班幸福了，因为，他应有他们的幸福！

蝉

(2009-07-04 07:10:42)

最爱吃的是蝉，也许是小时候捉到的蝉都换成读书钱的缘故。

不管是严寒，还是酷暑，每次外出吃饭，总要点一道干煸金蝉或者是炸金蝉、煮金蝉等与蝉有关的大菜，有时候吃起来倒也口感可以，但总找不着三十年前妈妈从装满金蝉的大瓶子里取出的姊妹三人每人一个的煮金蝉的味道。为了找回童年的味道，总异想天开地怂恿丈夫和孩子到城市周围的树林里捉几只蝉，然后精心腌制，精心烹调，大吃一顿，但至今未能实现。去的次数并不少，但收获颇少——最好的一次捉到两只蝉，被儿子和满院的小朋友玩到午夜，最后蝉壮烈牺牲……

今天，与司机去县城出差，看到路两边茂密的树林，突发奇想：回来时停车小憩片刻，捉几个知了。司机轻声道："如今的知了生存环境比我们的地下党都难，哪能轮上你？你看看树林的灯光。"

果然，树林里布满了星星点点的灯光，我竟然不相信自己的眼睛，如今还有人在"专业"捉知了，还能看上卖知了的钱？

正在我大惑不解时，司机师傅又言："五毛一个，农民不用任何成本就可赚钱！"

看着树林里的点点灯光，我陷入沉思。

到了目的地，我依然点了一盘炸金蝉，看着卧在盘里的金蝉，我很严肃地吃进嘴里，吃出的是一种复杂的味道：是对金蝉艰难的生存环境的同情，是点点星光对我童年生活的回忆，是为生活在一日千里飞速发展的社会里的农民慨叹，还是……

回来时，已是午夜，树林里依然是稀稀疏疏的灯光，我没有再提议停车，只是司机师傅放慢了开车的速度……

以后吃饭，我还会点蝉这道菜，因为听说现在已经有人种蝉。

我，也有双休日

(2009-06-20 23:45:14)

早已经习惯了单休甚至是不休的日子，想不到，我也竟然有双休的日子！今天，是二十年来第一次过双休！

习惯了六点前起床的我，仍然在5点50分自然睡醒。一醒，就提醒自己：躺在床上别动，要不然又影响大家的懒觉。反正今天不用加班。心里想着，便顺手抄起枕边的书，等家人醒来。

床头放的是小薄本，很快就读完了。此时，正好7点整，是平时上班的时间。好久不看早间新闻了，悄悄起床，打开电视，声音放在5上，对着播音员的口型，看着屏幕上的字体，很清楚地在早上知道了天下事。但朝闻天下栏目8点半结束，我不能干坐着看电视呀，不行，我得会用统筹方法。于是我悄悄调高了声音，音量到10时，房内的人仍无丝毫反应，为了能边洗衣服边看电视，我把声音调到18，天哪，我真是太高估我的丈夫和宝贝儿子了，也怨我，我怎会忘记平时吃饭连拉带拽都要用10分钟才能叫醒他们呢？睡吧！咱看电视、洗衣服两不耽误。

8点半，新闻结束，衣服全都晾晒好，家人仍是安然无恙，看看酣睡的儿子、呼吸均匀的老公，看样子，一时半会还起不来，我便走进厨房——清理一下冰箱。

冰箱里的冰真够厚的，用手是掰不开的。我停了电，拿起了小刀和抹布……

“妈妈，吃什么？”

儿子醒了，老公也醒了，冰箱擦好了，此时时钟已经指到9点。

准备早饭，吃饭，收拾完已经10点半了。

叠一叠上次的衣服，拖拖地，11点，该去买菜了！

买菜、做饭、洗拖把，该干的活在中午1点前准时结束，下午可有时间了——加班，写东西。但脖子实在疼，医生的嘱托也实在吓人——再不注意非瘫了不可。今天，好歹有个双休日，就不干活，就睡个午觉（笔者属于精力旺盛型，一年四季没有睡过午觉）。

一觉醒来，已经是下午三点。（真叫舒服，醒了三次都能继续睡着，我真的这么需要睡眠？）要不，跟爸爸放风筝去？让他老人家也来享享女儿陪着放风筝的天伦之乐？但念头只是一闪，便消失了，因为有孩子在家，我得陪他写作业！

躺在沙发上，不住地换台，仍然是看一个爱一个，连加播广告也不能容忍。

讲题，看电视；看电视，讲题！天哪，躺在沙发上看电视也能累得人腰酸背痛！

做饭，收拾，倒垃圾，随口闲聊，陪老公散步……我竟然也能过双休日，晚上躺在电视前的沙发上，硬熬到10点，实在熬不下去了，再也顾不得医生的规劝，我飞奔到电脑前，打开博客，用力敲击：“我，也有双休日！”

幸福，与我擦肩而过

(2009-06-19 23:56:48)

下午，密室女友请我洗脚，很是高兴。

期间，女友举了两例幸福女人的例子：

一桌女人吃饭，天将下雨，只有一个女人的手机响了，丈夫提醒她，天要下雨了，早点回家。

大家兴致正浓，谁也不肯离去。

雷声隆隆，雨点已经到来了。还是那个女人的手机响了，丈夫告诉她，不要骑车回家，把车子放到饭店，搭车回家。

女友不再讲，我也不再追问，我似曾感觉，我也曾经是幸福的女人，只是曾经！

休息片刻，女友和我讲起我俩都熟悉的另一女人，女友说：“她真幸福，上楼时丈夫都会搀扶她一把，生怕她摔倒。”

我笑着说：“还好，咱们身体好，不用搀扶。”

“你不知道，人家俩人永远都看对方看不够，那叫感情深，听说，丈夫在给她治病期间，一个月睡在医院的走廊上，人家叫患难夫妻。”

又有几个不是患难夫妻呢?

聊得很投机，洗得很舒服，我和女友告辞而去。

晚上，很少有病的我竟然肚子疼，于是我开始轻声呻吟，本想着在一旁玩电脑的丈夫应该问候一声，哪曾想，人家无动于衷！我怕他听不到，故意叫其曰：“空调开着了吧，我浑身冷。”

“没有”，没有丝毫的怜悯之情，平淡如水。

我哑然，跳下床直奔厕所，出来一身轻松。

幸福的女人，女人的幸福与我擦肩而过……

教育孩子几多愁，恰似一江春水向东流

一贯标榜自己进行的是“阳光教育”，一贯吹捧自己的儿子是阳光

男孩，一贯不担心会与儿子有代沟的我，竟然迷茫了！

细雨蒙蒙，下班后的我毫不犹豫地打起伞，坐上去市一中的班车——千万别淋了儿子。去得很坚决，只是表现在行动上，去得很勉强，表现在彷徨的内心:儿子会不会很烦?这种感觉的出现，让我很可怕，小时侯接儿子放学的一幕又出现在我的眼前——

“妈妈，妈妈，明天你还来接我，好吗?”

一年难得接儿子一次的我，愧疚之情油然而生：“一定，一定，妈妈明天一定来。”

承诺只能是一天，因为我不敢也不能答应儿子每天接他，因为我是班主任，不说学校对班主任的规定，就说那突如其来的家长来访，学生问题，学校临时通知班主任开会等，我也只能许诺‘明天一定来!’

第二天，我没有践行诺言，因为一个家长从黄河岸边赶来了解孩子的情况，那时，我只能是班主任，而不是妈妈！

这样的失信有许多次，儿子渐渐习惯了妈妈的承诺和妈妈的失信，他虽然还在重复那个美好的愿望，但只是把它当做一种愿望而已。我仍然是慌里慌张地接儿子一次，儿子仍然是重复“妈妈明天还来接我”的话题，随着年龄的增长，时间的推移，儿子可以自己骑车上学了，我也因工作的变化和周围朋友的熏陶，有了接儿子的时间和欲望。

刚开始的日子，对于母子俩来说是幸福的！同骑一辆电动车时，儿子的手总是把妈妈的腰搂得紧紧的，小嘴不停地给妈妈讲述学校的故事；各骑一辆自行车时，儿子总是把妈妈“逼”到远离快车道的马路边缘，安全地保护妈妈穿行在柏油路上。周末，母子俩总是推车前行，讲述着自己身边的故事……那时，儿子已经十岁，他上初一。

不知什么时候开始，我接儿子的日子没有了，甚至是我们之间的话也少了，是因为我整日盼望给他找个妹妹？还是因为我口里说着让他阳光成长而又总以商量的口气逼他上各种补习班？还是因为我每天开始陪他写那永远也写不完的作业？还是因为他的教室外面老有我和老师对话的身影？最终不知为什么，在儿子告诉我“妈妈，我班同学说你像间谍”一句话开始，我开始了不接儿子，不去学校看儿子的生涯……

雨还在下着，但明显小了，我竟然盼着再下大点，那样我接儿子的理由更充分。

来到学校门口，门口聚了一堆人，都撑起了本来不用撑的那把伞，但出来还打着伞的孩子却把伞合上，一溜烟地跑了。我仍然打着伞，用力瞅着每一个从校园里跑出来的孩子。见了好多熟人的孩子，但都没打招呼，因为，儿子可能不愿意让我来接他……

正在我百无聊赖之时，手机竟然响了——一个陌生的电话，本不想接，怕接电话的工夫，错过儿子，可能是掏电话时按住了接听键，电话里已经传来儿子的喊声："妈妈，你在哪里？我在学校对面存车处。"

天哪！竟然是儿子！

那年，我14岁

(2009-06-10 08:06:31)

土得掉渣的我，穿着妈妈亲手做的大棉裤、大棉鞋，在14岁那年走进了梦中的天堂——濮阳师范。当时其实是丑小鸭而自认为是白天鹅的我，可以说是雄赳赳、气昂昂走进我的八六级二班的!要知道我们十里八村才出我这么个女秀才!

哪曾想，一进教室，那些衣着漂亮、声音动听的男孩女孩们竟然更是昂首挺胸，傲气逼人，张口流利的普通话。丑小鸭毕竟是丑小鸭，在白天鹅面前很快就变成了丑小鸭，于是，我缩回了我笔挺的胸，低下了我高傲的头，回到属于我的池塘里。

难挨的一周时间很快过去，周六晚上，白天鹅们都回家去了，而我的家在偏远的农村，我和几个同病相怜的丑小鸭们在教室看书——也只有看书，这么黑的天，我们怎会忘记父母的嘱托呢?

教室门开了，光彩照人的班主任叶新萍老师竟然走进来了，手里提着录音机。"来吧，同学们，我们也来个难忘今宵"，叶老师一边说，一边开始拉桌子："傻小子们，快来帮我拉桌子，搭建我们的舞台呀。"在叶老师的忽悠下，我们便忙手忙脚地跟这位天使老师拉场子，录音机响起来了，叶老师的小红帽，黑裙子在教室里舞动，班里竟然来了很多同学，还有几个年轻老师，好像从地底下冒出来似的，此时的我竟有种上电影镜头的感觉。天哪，我可什么也不会，千万别丢丑，于是，我悄无声息地溜到一个角落里，默默地坐下，准备欣赏我那天使老师的优美舞姿。

此时的教室，已经成了真正的舞台，围着大眼睛的叶老师，挤满了可爱的男男女女。叶老师竟然笑着朝我走来了，我迅速往后缩身子，叶老师伸出手来了，此时我的身子已经紧贴墙角，叶老师的手拉住我的手了，我被叶老师拉出了座位，天哪，我的身体随着叶老师的手旋转起来了……我全身震悚，血液沸腾，头脑眩晕，我，我，我丑小鸭被白天鹅抱住了——烫发，大眼，白嫩的皮肤，紫红的嘴唇，可人的微笑，我屏住呼吸……哎呀，听到了天使老师的呼吸，闻到了天使老师的香味，感受到了天使老师的心跳……我闭上眼睛，任随叶老师旋转、拥抱；再旋转、再拥抱；那天，我真正明白了什么是14岁的幸福，什么是丑小鸭的幸福！

老师在我崇拜的眼睛里只停留了一学期,就调走了,听说,因为她的调走而流泪的人,不仅有我,不仅有我班同学,还有很多老师……

那年，我十四岁！

很想打个电话

儿子出去打球，丈夫外面有应酬，一个人坐在卧室的床边，静静地看着慈祥的母亲的照片，内心有股冲动——给妈妈打个电话。

妈妈不给我说话已经七年有余，但她的音容笑貌却时时在我眼前浮现，在我为孩子成绩伤心落泪时，她会轻声告诉我："孩子，你这么大时，数学还考过零分呢！"在我沾沾自喜时，她会厉声训斥我："你的浮躁情绪在潜滋暗长。"在我拼命工作时，她又会站在我身后，轻轻地给我一个安慰："老这么晚下班，不好，女孩子家，不要太强——烦恼皆因强出头。"我慌里慌张地穿过马路时，妈妈又会轻轻地拽拽我的衣角："珍惜生命。"……

妈妈给我不说话已经七年有余，她的坟已被碗口粗的树包围，我知道妈妈喜欢这样的环境，因为生前的她日子过得太过于喧嚣，少年时为生活所迫，讨饭为生；中年，工作、家庭双重拖累，整日生活在孩子的读书声、吵闹声、家庭琐事的唠叨中；晚年，有时，我觉得妈妈没有晚年，退休两年就离我们而去了。用嫂子的话说："妈妈给我们烙的菜饼还没有消化，妈妈竟然永远地离去了。"就这样一位还没有时间找着自我的妈妈，她怎么会不想求得一片净土，安享晚年呢?

妈妈给我不说话已经七年了，望着依然年轻的妈妈，我冲动地拿起电话，拨起了妈妈的生日号码，听着电话里的嘟嘟声，我好似又听到妈妈的唠叨："读书吧，快点读书，再懒就赶不上大部队了，一步跟不上，步步跟不上!"

妈妈给我不说话已经七年了，我真的很想给妈妈打个电话。

中学生"生活化写作"作品

千年滑一回

——第一次滑雪

八年级 郝献泽

终于，来到梦寐以求的哈尔滨，来到魂牵梦萦的滑雪场，开始了我人生中的第一次滑雪。

置身北国的世界里，整个身子被雪包围了，便拉近了心与雪的距离。眼前的滑雪场在公园的一角，从远处看好像一座雪山。飞速跑到滑雪场内，怀着好奇的心情向上一看：好家伙，这么高，这么陡，顶部黑压压的人是怎样上去的呢？正在我好奇之时，只见那群人"哗"的一声从高处冲了下来，一个个低头含胸，犹如狼群下山！滑到半截处，就出现了沸腾状：有的拐弯斜出，与滑雪场的墙网亲吻；有的顺势直行，还高举雪橇做精彩动作；有的则头也不敢抬，双腿努力保持平衡；有的干脆来了个侧滚翻，骨碌碌滚下雪山……

置身热闹的人群中，心里有种冲动，我迫不及待地想跑到最高处，再猛冲下来。在我飞身快跑之时，脚下一乱，"扑通"一声，我重重地摔在地上。哎，我怎么忘了脚下一米长的滑雪板了呢?

在我费尽了力气，还是起不来时，教练灵敏地滑过来，用手轻轻一拉，我轻松地站起来。此时才注意到，顶部不是滑上去的，也不是跑上去的，而是坐"揽车"上去的。我观察片刻后，便依葫芦画瓢，走到边上的滑道旁，把黑色的托盘夹在腿中，身体也随着滑道缓缓上升。

慢滑在越来越高的斜坡上，心里非常激动，头脑一热，直接上了顶峰，那个爽劲，别提！我站在峰顶，直接冲了下去，那速度真叫快，飞雪打得我脸疼。我刚滑到半山腰，便感到身子有点不受控制，随即一歪，便滚了下去，虽没有鼻青脸肿，却也摔得我晕头转向，疼得大半天没有站起来。

被教练扶到边上休息的我，再也不敢鲁莽了，我得先在平地上练练，然后来个循序渐进，一层一层向上走！

顺着滑道再次上升，到半山腰我就慢慢离开滑道，按照教练讲的“滑雪要保持重心，注意平衡，身体前倾”等注意事项，尝试着下滑，速度不算快，但也有俯冲的感觉，因为掌握了要领，我没有摔倒。

紧接着，我又上了一个层次，这次却和顶峰时一样，来了个嘴啃雪。再次摔倒后的我学乖了，静下心来总结了多次失败的教训，信心十足地向峰顶冲去。

站在峰顶上，我心里只有一个念头：“稳、稳、稳，一定要稳！”我深吸一口气，脚下一用力，整个人如同离弦之箭冲了出去。我感到自己好像在飞，“呼——”一阵雪雾扑面而来……“我成功了！”脚上穿着沉重雪板的我竟然跳了起来！

看来不管做什么事情都不一定能一次成功，经历失败也是成功的预兆。

评语：会享受生活的你，当然会用生活写文章。真实、生动是本文的一大特色，特别是动作描写、心里描写成功之极。好小子，这样的文章才是你的真实水平，但本文绝对并不是你的最高水平。相信你会在很短的时间里更上一层楼。

爱你的妈妈

2010年2月

福星高照过春节

——我最喜欢的传统节日

七年级　郝献泽

年年春节都是老三样——饺子、电视和鞭炮，今年也是如此。不过，对于春节我还是回味无穷。

年三十下午，我家已经开始忙活了：奶奶在厨房里和面，爷爷在客厅里忙着调馅，妈妈则忙着收拾桌子，搬面板……一会儿包饺子的节目便在客厅拉开帷幕，那叫一个"忙"：奶奶忙着揉面，爷爷忙着擀皮，妈妈忙着包饺子，看着三个人边说边笑的忙碌样，我和弟弟也不甘示弱，轮番向妈妈求情，最后终于夺得包饺子的权利。领命后的我们，可不敢有丝毫怠慢，先认真听讲解，要领掌握后马上付诸行动。我按妈妈的要求，左手拿起饺子皮，右手用筷子夹一团肉馅放到左手的面片上，哪曾想说起容易做起难呢！开始放的肉馅太少，饺子像个"小瘪三"，肚子饿得扁扁的，下一个多放馅吧，皮又显得太小了，一包挤出一堆馅，沾得满手都是。看来包饺子也得动脑筋！我试着向第三个饺子进攻，选中等皮，放中等馅，双手合拢，两个大拇指并齐一挤，一个胖胖的饺子出现在我手中，"我成功了"，看着笨手笨脚的弟弟，我狂呼起来。一会我又跟奶奶学会包"月亮饺子"、"花边饺子"、"凤头饺子"等，我简直太高兴了，我真棒！

正在我包兴大发之时，爷爷不知什么时候换了角色，成了煮饺子的人。只听爷爷喊道："吃饺子了，孩子们。"这时我才抽出时间看看爷爷，此时爷爷的脸红红的，发白的胡子随着喊声一颤一颤的。在我一愣神的工夫，饺子从爷爷的漏勺里蹦到我的碗里——鼓肚的，瘦腰的，花边的，鸡头的……看得我眼花缭乱，口水直流三千尺。未等爷爷喊完，我就埋头大吃起来。

"别吃了，别吃了，让我再给你加点饺子，意味着你年年有余！"随着奶奶的喊声，饺子又蹦进了我的碗里，我又开始大吃起来！正在我津津有味大吃饺子时，我的牙被一个硬东西狠狠地硌了一下，张开嘴一看，是奶奶包的“吉祥饺子”——一角硬币，我脱口而出“我太有‘财’了。”

吃过发财饺子，我拿了一挂1000响的鞭炮，和弟弟到了楼下。“劈里啪啦，劈里啪啦”震得我耳朵直发颤，鞭炮放完好长时间，耳朵仍处于失聪状态。就这我都觉得不尽兴，又接着放了一个礼花，哪曾想一不小心竟把一捆滴滴筋儿点着了，一声巨响，一朵“黑蘑菇”飞上天，我和弟弟撒腿就窜，一阵风似的跑回了家。

推开门，春节联欢晚会就开始了，我和弟弟异口同声地说：“真是，来得早不如来得巧呀！”

伴随着午夜的钟声，我高兴地躺在床上，想着白天发生的事情，心头涌起一种幸福的感觉，真的是“高高兴兴吃饺子，福星高照过春节呀”！

评语：写的是真话，诉的当然是真情了！你的字里行间充满的是对家庭成员的爱，体现的是浓浓的亲情，相信被亲情包围的你定能写出更多诉真情的文章。

盼你坚持写的妈妈

2009.2

送肉馍

七年级　乔雨

每年春节，奶奶家的厨房里总会有一些肉馍。这些肉馍是吃不得的，只能看看罢了。这些肉馍不是家家都送的，只能送给关系密切的亲戚。每次奶奶都会让我看她做肉馍、帮她送肉馍。

奶奶每次做肉馍时脸上都带着笑容。她先拿一个硬硬的馒头，用刀从中间切开，再从切好的肉中精挑细选找一块合适的肉块夹进去。做好后郑重其事地交给我，让我去送肉馍，奶奶在每次做这一系列动作时，都面带慈祥的微笑。

接下来该我完成送馍的任务了，这肉馍做起来容易，送出去有趣啊。每到一家门口首先要敲敲门，然后走进去，把肉馍交给家里年纪最长的老人。老人会摸摸我的头亲热地说：“好孩子，又长高了！”家中的叔叔、婶婶也会说“小伙子真懂事”、“小伙子将来一定有出息”这类的话来夸我。我也会再说些“祝您身体健康……”等祝福的话，不等对方回话就得转身飞跑。你们肯定会觉得我是对长辈太不尊重。NO！NO！NO！因为如果不跑掉的话，长辈们会给我压岁钱，虽然只是不多的五六元钱，但是这钱是不能轻易接受的，除非老人们追上来、拉住硬塞进我的口袋里我才接受，并以笑容和感激的话语表示感谢。

送肉馍要送给同族的好几家，并且他们几家住得相距比较远，我要跑很长时间，一般送完要花费半个小时。

送肉馍是奶奶村里的习俗，这让我锻炼了身体和胆量，又使我感受到老家人的亲情，让我感受到了奶奶的慈祥！每到春节我就盼着送奶奶做的肉馍。

评语：真实是你写作成功的基础，但切记真实的基础上得突出亮色——乔雨，本文的亮色是语言和神态描写，你觉得写到最形象了吗？继续加油！

Miss Wang

2009.2

春　节

七年级　孙嵩

我们孙楼的习惯，凡是在外地工作的子孙，每年春节都要回老家给前辈拜年。今年春节，我和爸爸妈妈照例回老家。

大年三十的晚上，我和弟弟边看春节晚会边守岁。到了凌晨十二点的时候，是我们全村小孩的天地，大家都把各家的炮拿出来，在村中心放，看谁花样多。（在此对午夜放花进行细致描写，会使文章锦上添花的！本段我还改了哪些内容？想想我为什么这样改？）

到了第二天早起，要挨家挨户地磕头，妇女们在家做饭，男人们去串门拜年，我们这些小孩穿上新衣服去给长辈们要压岁钱，回来后，比一比谁的钱多。我每次去拜年，都有特殊待遇，在我和小伙伴们从长辈手里领到相同的压岁钱后，老人总是从众多人里挑出我来，抱在怀中说："孙嵩，长高了。"婶子大娘们也会扶着我的头说："孙嵩你咋越长越帅。"边说话，边把另外准备的一份压岁钱塞进我的腰包——亲不亲，一家人哪！

我回老家的目的是赶集会，斗羊的、斗鸡的、耍摩托的，应有尽有，琳琅满目。（不合适，应该为"商品摆放得琳琅满目。但我赶集的目的却很专一，那就是看斗鸡！"）有一回，我和弟弟去看斗鸡，谁知有一只鸡像吃了兴奋剂一样，不和其他鸡斗，便向人们去挑衅，那只鸡朝我们跑来，我们见后飞速逃跑，边跑边喊:"不得了了，鸡要叨人了！"弟弟还有心思耍贫嘴，嘴里念叨着："鸡啊鸡，我们错了，再也不看您表演了，您饶过我们吧！"

到了家，我和弟弟喘着气说："打死我也不去看集会了。"但不出十分钟，又禁不住诱惑，朝斗鸡场跑去——场面实在太吸引人了！

老家的春节有趣的事情还多着呢!，招魂回家、购买年货、放鞭炮等都是我们老家的习俗。

评语：本文下笔就有大将风度，不仅表现在思路清晰、详略得当上，更表现在你的结构、布局上。但你的细节处理好了吗？千万别忘了细节决定成败。

Yours Wang

2008年9月4日

花生大战

七年级　郝献泽

今天，我们在教室里举行了一场激烈的花生大战。（开门见山，直接点题，很好。）

上课了，只见老师拿着一包东西走上讲台，神秘兮兮地对我们说："同学们，爱吃鲜花生吗？看——这是什么？"边说边打开包，伸手拿了一个又大又饱的花生，在我们眼前晃了晃，迅速剥开皮，来了个空中飞食，然后就大口大口地嚼起来。此时此刻，此情此境，此香此味，又怎能不让我们垂涎欲滴呢？于是我们一哄而上，准备抢食！正在此时此刻，只见语文老师用那双不大的眼睛，扫了我们一圈，故作神秘地大喊一声："接球！"然后慢慢托起花生，双腿跳起，双肩往上提，双手高高举起，猛地往上一扔，来了个漂亮的天女散花动作，我们分明感觉到一大堆花生朝我们飞来了——于是我们无不变"色"离"席"，奋袖出臂，两股高抬，几欲先抢。哈哈！十几只手碰在一起，落空后四目相对，面面相觑：根本没有花生的影子！原来是老师搞了个小小恶作剧——她老人家只是虚晃一招，连扔都没扔！哎，真是白跳了，碰得头皮到现在还疼呢！

正在我摸头皮的瞬间，王老师再次起跳，此时王老师手中的大把花生真的飞上了天空，教室里划过一道优美的弧线，机灵的孙松已经一跃而起，然后又一个箭步跳上去，抓住了第一颗花生，紧接着花生又大把大把地撒下来，一颗、两颗、三颗……同学们一拥而上，大有锐不可挡之势。但没有金刚钻，揽不住瓷器活，只见高高胖胖、力大无比的乔雨，来了个顺手牵羊，花生进到他的肚子里。

同学们继续为第三颗花生疯狂，我个子太小实在没有优势，只有静观其变了，正在我为他们的失态而大笑时，花生竟送到我桌子上——不知是哪位大力士一巴掌把小小的花生打到我桌上，拿到花生的我边嚼着香喷喷的花生，边看着抢疯而未得的同学说："真是踏破铁鞋无觅处，得来全不费工夫呀！"

在我洋洋自得之时，花生朝孟炜阳飞去了，此时孟炜阳正在欣赏我的吃相呢，大个子胜一诺一个海底捞月，把花生勾跑了……

还是老师心疼我们，一兜子花生全倒在我们手中，口里吃着香喷喷的花生，还不停地说着真好吃！真的，花生甜甜的，软软的，香香的，并且一直渗透到我们的心里……

真是中学课堂趣事多，学习生活乐悠悠呀！

评语：小子，你知道吗？你的这篇文章除了真情实感外，你注意到“小题大做”，联想到当今中学生的幸福生活，起到以点带面的作用，其实，如果你再稍加用心的话，你的“小题大做”还可以引申为“大题小做”，这样你的生活作文更会得心应手的。加油，小伙子！

Yours Wang

2008.12

我心目中的笑星

八年级　乔雨

在我所知道的小品演员中，他是我最喜欢的一个。他那幽默风趣的语言，他那别具一格的外表，让人一见就忍俊不禁，他是我心目中的快乐天使。（开头成功）

他一米八五的个子，圆圆的大脸庞，两条浓浓的眉毛下一双大眼睛，还有一双小而灵巧的耳朵、一个挺直的鼻子。鼻子下一个大大的嘴巴，它的作用最大，只要它一动准能把观众逗乐。他光光的脑袋就像撒哈拉沙漠——寸草不生。（肖像描写成功）

每年的春节晚会都能见到他熟悉的身影，今年的春晚也不例外。

今年春晚，他以一个见义勇为者的身份出场。（应简介一下故事情节）

（用一句话过渡到下一句的动作）但当他将袖子捋起来，露出两个手臂上一块块金灿灿的手表时，我们就怀疑了：你这是怎么样的见义勇为呀？当他老婆追问他时，他那憨厚的表情让人们哭笑不得。随着剧情的跌宕变化，他从一个被老婆误认为是贪小便宜的人变成了媒体报道褒扬的新闻人物。整个小品在他的幽默话语和精彩演技中圆满结束。让人们享受了快乐，我多么希望能够天天看他精彩绝伦的节目呀。（读完本段，感觉你的语言很美，人物形象看似清晰，但总有种水里捞月、雾里看花的感觉，如果试着补出人物的语言、神态描写，是否会使人物形象更清晰？小伙子，试着写一下！）

在我的记忆中，他总是笑眯眯地面对观众，他就是我最喜欢的小品演员——郭冬林。（结尾很好，不用修改）

评语：乔雨，从文章看出你还真是个写作的好手，想把作文练成高分之王吗？那你得从细节——写具体开始。就从本文的修改开始，怎么样？

相信你的王老师

2008-5-22

我

六年级 孙嵩

“我是一个笨笨笨小孩……”我想这首歌是为我而写，为我而唱的。(小子，开头很是吸引人。从开头我猜测你应该围绕你的“笨”和“不笨”来写，但我从后文中未发现此内容，想想该怎么办？)

我叫孙嵩，今年13岁，生在濮阳，长在濮阳，身高1米58，吨位50公斤，是一个性格外向、活泼好动、开朗的小男孩。我每分每秒，每时每刻都在嘻嘻哈哈，非常快乐。从不把任何烦心事放在心上，总认为把这么多的烦心事放在心上，会觉得生活非常无聊。

我为我的名字骄傲，我与《孙子兵法》的作者是本家，与三国时代的孙权同姓，总认为嵩山是我建的。但实际意义是父母让我像嵩山一样坚强。（本段和上段颠倒一下，如何？看看下段内容，想想为何让你颠倒?)

有一次月考时，本认为考得很好，得意洋洋的，在家里看电视、玩电脑，摆出一副无所事事的样子。可是成绩发下来，在班里排到27名，十分难受，可过了几天，我就把这件事给忘掉了，该玩还玩。

我不仅很乐观，而且还很操心。（过渡的想法很好，但过渡语言不够严谨。我会这样说：“别看我整日乐乐呵呵，满不在乎，我还是个会操心的人呢，不信你看我的表现——”）

从记事起,我就和姥爷满濮阳市转,只要老爷看完戏站起来时,我就迅速地把姥爷的凳子拿起来,每次和父母出去玩时,我就问拿钥匙了吗?"孙嵩,以后少操心",我姨严厉地说。

"没办法,家族遗传",我沮丧地说。

我每次回老家,人们叫我"开心果回来了"或者说"老操心,你来了"。在班里,我还是一名副班长,因为同学们都说我很爱操心,可以管理班级内务。

这就是我,一个充满活力和朝气的我。(综合全文,想想你这种总结式结尾够味吗?用排比句归纳出来会更好!)

评语:看到老师的红字讨厌吗?本文的确写得不错,为什么王老师还老是指出不足呢?相信小笨笨孙嵩会知道的!修改后写出心得再发回来,就可以上博客了。

爱你的王老师

2008年9月3日

"责任合同书"

——我和责任有个约定

八年级　孙嵩

商人之间的合同,是搭建诚实守信的平台;师生之间的合同是搭建知识学习的平台;朋友之间的合同是相互信赖的平台。我与上帝签了一份合同,是让我增强责任的平台。现将合同展示如下:

责任合同书

甲方:孙嵩

乙方:上帝

合同签订的背景:

甲方:孙嵩,男,14岁,系濮阳市第一中学学生,我自愿与上帝签订一份责任合同书,目的是从小培养责任意识。

乙方:时刻督促甲方,让甲方从生活小事做起,从小事中学会承担责任。

合同内容：

1. 作为孩子，应履行孩子的责任，在生活中做到孝敬父母，尊老爱幼等。

2. 作为学生，应履行一名学生的责任，尊敬师长、言行举止文明有礼；维护班级和学校的利益。

3. 作为中华人民共和国公民，应履行一个中国公民的责任，应遵守社会公德、公共秩序，还应发扬民族传统，弘扬国威等优良作风。

4. 作为朋友，应履行一位朋友的责任，相互信赖、相互守信等。

5. 作为普通人，应履行……

奖惩制度：

如果甲方认真履行合同，乙方将奖励甲方实现所有的梦想。如果甲方违约，乙方将惩罚甲方在学校得不到知心朋友，在家里得不到父母的笑脸，在社会上受到别人的歧视。

甲方（签字）：孙嵩　　　　　　　　　乙方（签字）：上帝

一九九五年六月二十七日

十四年来，我一直是按合同书的内容去行动的，在家里，我尊老爱幼；在学校，我尊敬师长，言行举止文明；在社会上，我看见废纸会主动捡起、我履行社会公德，传承社会美德……

责任看似虽大，行动起来也确实困难，但我定能将合同付诸行动直到永远。

评语：思路清晰，格式新颖，语言真实，感情也自然流露其中。但王老师看重的不是这些，而是你那颗美好的心灵——将责任进行到底！中国就需要这样的人！

你的同伙——有责任心的王老师

2009.12

印象张皓天（两篇）

印象张皓天

八年级　孟伟阳

张皓天是一个活泼幽默的男孩，他经常编辑一幕幕的幽默剧，（上演一幕幕的滑稽剧，展示一幕幕的小丑剧）……让我们嘻嘻哈哈，让我们狼腔鬼调，让我们哭笑不得。别说行动，就他的那双大眼，简直就是卓别林再世，只是多了一副滑稽的方块镜罢了。他的脸又黑又圆，就像烤熟了的黑面包，他的头发短极了，就像撒哈拉大沙漠的草丛——几乎没有。

他的生活态度也是嘻嘻哈哈，他家里总有两三本幽默风趣的书，有天下午到校后他对我讲：“你有没有听过乌龟摇头的故事?”我立即摇了摇头，他哈哈大笑，弄得我不知所云，但想了想就明白了，可他呢?早跑没影了。

虽然他的眼睛很小，如果没戴眼镜的话，眼睛就眯成了“一线天”，很是可笑。可他说话时（却满是）一副自信的样子，眉毛仰起来，眼睛四处转，（看起来）好像心不在焉（实际上可是“眼睛一转，计上心来”）。

他走路就像站在一排用针铺成的路上，歪歪扭扭，双脚呈内八字，很慢很慢，给人以懒散的形象，（再加上他胖胖的身体，）跑也跑不快，跑的时候手使劲向上举，动作十分尖锐，脸上的肌肉紧绷，腿也使劲向前蹬，像火车一样有力量，又好像想将大地踏一个洞，（威猛起来，简直是“大力士再生”），让我感到害怕。

他就是一个班级“小丑”，更是一个“活宝”，让人讨厌又喜欢。

评语：语言幽默风趣，动作描写生动形象。但感觉词语贫乏，需要在优美语句积累上下工夫！

爱你的王老师

2008.8

印象张皓天

八年级　沈子昂

张皓天是我的一个同学，他的个子不高也不矮，瘦瘦的脖子上有一张可爱的小圆脸，鼻子耳朵共同架起了一副可笑的眼镜，眼镜后的一双小眼睛时不时像一双潜望镜一样左右摇晃，红苹果一样的脸蛋和那略显棕色的额头很不相称，头发则是典型的short straight black hair(应加个括号注明中文意思)了。

他经常穿一身滑稽的大红棉袄，好像年年都是他的本命年似的，每次和他说话几乎都会被打断，紧接着便是滔滔不绝地讲他自己的想象，讲的是“口若悬河、唾沫飞溅”，让人从心头升起一阵无奈……再加上他经常拿别人不是缺点的缺点开玩笑，更让人忍不住从心头蹦出一句话：“I really really服了you！”

他是我们班为数不多的几个“想象力丰富”的人之一，每次和他说正事，他都会将这件事通过自己的想象变成另一件似曾相识的事。有一次，几个同学在那里聊《跑跑卡丁车》，当谈到香蕉皮的用法时，他往里插了一句：“我直接从起点到终点都放上香蕉皮，那个跑的人直接从起点一路滑到终点去了，速度肯定是最快的。”听完这句话，那些围观的同学就都相互看了看，很无奈地朝手上吹着热气走开了。只剩下我们的皓天同学浩气直吹向天——一脸无辜，一脸无奈！

这就是我的同学张皓天。

评语：肖像描写是本文最成功之处。另外，你的选材很有新意，但你缺少的是什么？请你想一想？孩子，记住：最细微处乃是最动人处！

爱你的王老师

2008年3月

孩子手中的球

八年级　郭晓婷

我是一个不懂球的人，虽然分得清篮球、足球、乒乓球，但对各种球的玩法可以说是擀面杖吹火——一窍不通。今天，我却鬼使神差地进了乒乓球训练馆，看起乒乓球训练。

球馆里很亮，打球的人也很多。唯一值得关注的就是那几个小家伙。他们其中最大的也只不过上五年级，但他们在乒乓球上可是能玩出大花样的。

一个孩子，站在乒乓球台前，球台也只到她胸口，教练叫她琪琪。小琪琪个头不高，手也不大，右手刚刚可以握住球拍，眼睛盯着前面，只见她纵身一跃"啪"，球正好打在球拍上，飞一样地被反了回去。一旁的我不禁有些愧疚，如此小的小学生，都能打球打到这种地步，我这个十几岁的中学生连球拍怎么拿都不知道，更别说打球了。

另外，还有一个男孩子，也不过十岁，一米左右，只见他站在球台前，两脚分开，左胳膊微微抬起来，左手置于胸前，略微偏左，左手手指稍稍分开，右手紧握球拍，拇指与其他四指对扣，右胳膊伸向前方，他前身稍向前倾，两眼目光直视前方，死死地盯住飞过来的每一个球。只见他接球时，右手猛地向前迎去，手中的球拍在一瞬间向上翻过，与白色的乒乓球在半空中相撞，整个上半身先是向右侧扭去。在接球的一刹那身体又迅速扭向左边……只见他，一只脚猛地向外跨出，整个身体随着球的方向倾斜，右胳膊伸直了去接球。好几次，由于身体斜的角度大，他的身体失去了平衡，一头栽在了地上，差点儿没碰到头。我看到这，觉得他不会再练下去，可是我错了，他站起来继续又拿起了球拍。

这让我想了很多，让我想到了奥运精神——更快更高更强。如此小的孩子都能做到，何况我们呢？

评语：本文细节描写逼真，如身临其境，从侧面烘托了奥运精神，生动形象，希望下次继续努力，加油！

爱你的王老师

2007.5

______启发了我（七篇）

那根琴弦启发了我

八年级　曹艳楠

那一天，我和白露一起，走进白日欲落的远山，披衣凝神细视，远看那片红叶，幻化成一条优美的水红弧线，唤起我心中的那一角天。我不明白为什么，生命中有那么多美好的东西要我们舍弃，在那段空气中飘荡着淡淡花香的恋恋风尘里，有太多挥之不去的身影，在我心中忆起，直到遇见那根琴弦，我才明白，原来感恩就这么简单。

幽月无声，帘帷半掩，清茶的淡淡香味掺和着朦胧的月色，飘出了一段浪漫而隽永的梦——

我还清楚地记得，那几年里，爷爷总爱拿着一把二胡弹唱，老人认为，那就是晚年的一种最大的乐趣。岁月辗转，爷爷的七十岁生日到了，我们那一大家的人忙得不亦乐乎，有的接寿礼招呼客人，有的布置寿堂，看着那一个个彩灯在窗帷上闪烁，那一朵朵鲜花的香味弥漫在空气中，顿时有一种说不出的快意涌上心田。

晚上，亲人们一个个拿着礼物来贺寿，姑姑送上为爷爷亲手织的灰黑色毛衣，看上去特别柔软。爷爷笑着说："还是女儿想的周到啊！"伯伯给爷爷送来了一台健身器，说是可以锻炼身体，长生不老。爷爷依旧笑着接了过来，接着又是一件件的礼物，爷爷仍是笑着。最后，爸爸慢慢地拿出一个盒子来，让爷爷自己打开，我们都很好奇，"到底装着什么呀？"爷爷用他那粗糙的手颤抖地打开，啊！是一根琴弦，银白色的，在灯光下显得格外剔透。只见爷爷脸上收起了笑容，眼睛里充满了老人泪。爷爷感动地哭了，他说："我最大的幸福就是快乐，你们送的东西，我都有，唯一就是这根琴弦，让我知道了怀奇他懂我的心啊!"

我也掉下了眼泪，觉得世上最远的距离不是生与死，而是儿女不懂老人的心。感恩似一缕柔和的春风，它往往不需要太多的表达，只是一个小小的星辉，就表现得淋漓尽致，就像那根琴弦!

评语：本文语言优美，开头非常吸引人，让人读完后触景生情。本文从一次为爷爷贺寿而感悟出万物需感恩，从中也流露出老人的淳朴厚实。修辞手法的运用也是恰到好处。

与你同悟的王老师

2007.5

蜜蜂采蜜启发了我

八年级　马路红

俗话说："一分耕耘，一分收获。"你付出几分的汗水，就会获得几分硕果，春天里，你播种下辛勤，那么秋天收获的便是金黄的果实，你播种下懒惰，那么秋天你便一无所有，或者收获遗憾、后悔终生。如今的人们之所以看见蜜蜂后都会上去夸赞一番，那是因为它的辛勤，"勤"字的含义我就是从蜜蜂身上体会来的。

记得那是初春，当时花园里的花都开了，我选了一个阳光明媚的日子，同母亲一起去后院赏花。我与母亲来到后院里。院里开满了五颜六色的花朵，并且有许多蜜蜂在嘤嘤嗡嗡的闹着，阳光在与它们挑逗，真有"晓晴林鹊喜，昼暖蜜蜂喧"的意境。

我激动地脱离牵扶母亲的手，飞到蜜蜂中间，细细地观察起蜜蜂：这些小蜜蜂一会儿盯在鲜花上，一会儿又翩翩起舞，眼里全没有我这个庞然大物，难道蜜蜂也会这么执著？近日成绩的苦恼又入我心境，我为什么就不能考出好成绩呢？这时母亲已走到我身旁，轻声问我："红，你知道你为什么学习成绩不好吗？"还未等我回答，母亲便说："你要有蜜蜂那种品质就好了。"

母亲的话听得我丈二和尚摸不着头脑。我已经很爱学习了，其实我班学习好的同学还没我用功呢。母亲是知道的。于是我便好奇地问：“蜜蜂有什么好的品质。”母亲说：“当然首要的是勤喽，其实，这也是你的品质。但蜜蜂还宽容、大度、不自私。蜜蜂中有些公蜂虽只能活三个多月，但它们并不为此而悲哀，仍是每天都不辞辛苦地采蜜。它们这种辛勤为人类采蜜的无私奉献精神是多么值得学习呀！”听了妈妈的一席话，我很愧疚，我学习虽然很辛苦，但专心度不够呀，经常为一些鸡毛蒜皮的小事耽误学习，读书时还常常想一些东家长、西家短的话题，如果真正读懂了“采得百花成蜜后，为谁辛苦为谁甜”的含义，用宽容的心态、踏实的态度去对待学习，可能会收获一片蓝天。

但从那时起，我就开始使自己变得更勤快些，尤其是更宽容些，在学习上更是如此，没想到我的成绩还有些提高。

现在想来，不仅学习如此，生活也更是一样，只有你勤快了、执著了、静心了，才可能使自己变得更优秀！

评语：首先道声“对不起”，收到你的文章已近两周，今天才给你回复。（只要是学生发来的文章，我是每文必赏，并且写下真实感受和修改意见的。）这篇文章是以蜜蜂启发了自己为题，表明作者要像蜜蜂那样勤劳、大度，体现了“采得百花成蜜后，为谁辛苦为谁甜”的主题。中心明确、语言质朴。但美中不足的是抒情语言有空洞感，在描写上下点工夫可能文章更真实。

爱你的王老师

2007.5

对手启发了我

八年级　张文君

对手是我们通向成功的障碍，同时也是我们通向成功的平台。对手往往可以更加坚定人的意志。和对手较劲，常常可以在不知不觉中提高我们自己的能力。

雅典奥运会跳水男子三米板冠军彭勃，在赛后接受记者采访时说：“我特别感谢两个人，一个是队友王克楠，一个是对手萨乌丁。如果今天没有王克楠到场给我的鼓舞，我的金牌就不会拿得这么顺利。我之所以要感谢萨乌丁，是因为没想到他今天发挥得这么出色。他这么大的年龄还那样拼搏，这刺激了我，使我更努力地去比赛。”

彭勃的这几句话给了我们震撼，让我们明白，真正事业上的对手应该是受到尊敬的。对手可敬可畏。畏，是因为害怕被超越；敬，是因为对手能激发前进的动力。我们班就有一个这样的事例。

曹艳楠在班级里一直是“一马当先”，成绩很优秀，李琳紧随其后，她们的成绩不相上下，每次成绩上下只差那零点几分，每次的较量，带给她们的是不服输的动力，她们你追我赶。曹艳楠说：“我必须比她强。”李琳说：“我不能稍逊于她。”这样俩人天天像打仗似的。现在，李琳转走了，曹艳楠对我说：“我心里很空，没有危机感。我要感谢李琳，是她激发了我的动力。”

由此可见，对手之间是一种对立，也是一种统一。相互排斥又互相依存，相互压制又互相刺激。尤其是在竞技场上，没有了对手，也没有了动力。

对手是那个让你变得勇敢而坚强的人；对手是那个让你担心会跑到前面又阻碍你前行的人；对手是想要超过你往往又被你超越的人。谢他吧！感谢他像一位忠实的伴侣，更像一根皮鞭，使我们的人生一步步走到今日的辉煌！

评语：是呀，在人生当中，就应该有对手，不管走进社会，走出国外，要想自己变得更出色，就应当有一个比自己出色的对手，只要有了竞争对手，才可能会让自己更加进步。我相信在今后的过程中，你也会有更出色的对手。小冰心，加油！

小警钟：文章的最后一段属于什么表达方式？一般用在什么文体的作文中？今天用在这里还能说的过去，但是与本篇议论文还是不那么吻合。议论文应该句句铿锵有力，字字说的在理。千万要有文体意识，要不你的作文就变成“四不像”了。

和你一起进步的王老师

2007.5

梦，启发了我

八年级 王紫薇

扬帆远航，却不知彼岸在何方，一条路走了十五年，却不知目的在哪里，风雨兼程，满天星辰为自己指引方向，灿烂星空到底哪一颗才刻着自己前世的宿命。（问的好！你开始成熟了！）

雄鹰说："我要用毕生的精力来搏击苍穹。"井底之蛙说："我要跳出这阴暗的井底，开始新的生活。"蜗牛说："总有一天，我会爬上金字塔，面对这一生，我就无怨无悔。"风中奔跑的翩翩少年说："我要做一只生活中的雄鹰，与天比高。"窗前托腮的清纯少女说："我要做一只生活中的蝴蝶，翩翩起舞，还要采花蜜。"贝瑞说："我要超越贝多芬。"牛顿说："我要超越我的老师。"陈景润说："我要解读'1+1'的哥德巴赫猜想。"

1952年，一个叫查克·贝瑞的美国青年做了这样一个梦：超越贝多芬，并把这个消息告诉柴可夫斯基。多年以后，他成功了，成了摇滚音乐的奠基人之一。

我明白了，有了梦，才有梦想；有了梦想，才有了理想；有了理想，才有为理想而奋斗的人生历程。

没有梦的人，他的夜晚是黑暗的。

没有梦的人，他的白天是阴暗的。

太阳总在有梦的地方升起，月亮总在有梦的地方朦胧，梦是永恒的微笑，使你的双眼永远澄澈明亮。

看见天空中那飘荡的云了吗？它要飘向有梦的地方。看见天空中起舞的彩蝶了吗？它要飞向有梦的地方。

评语：你优美的语言、此起彼伏的排比，让我不得不竖起大拇指，全文用对话描写支撑，含义颇深，又引用贝瑞成功的事例告诉读者"人应该是有梦的"，但是读过文章之后总感觉离自己很远，你应该补入自己的事例才会更好！因为，王老师知道你就是一个有梦的女孩！

盼你成绩稳定的王老师

2007.5

盛夏的果实启发了我

八年级　梁丽婷

伴着盛开的花，蝴蝶才能飞舞。

带着希望的梦想，才能飞往高处。

迎着温暖的风，我们不再无助；

看看盛夏的果实，心中顿时开悟。

又是一个迷人的夏天，依旧坐在那古老的藤树下，没有一只鸟飞过天空，心中的那股惆怅依旧萦绕心怀……

看着那令人伤感的成绩单，犹如拿着一份罪人的内心感悟书，酸酸的不是滋味，我似乎不敢再抬头仰望那明媚的夏，但是，仍旧坚强地面对了蓝天，白云和周围的花草树木，一切都那么美好，那么惹人喜爱，突然眼前被那长着稀落桃子的桃树吸引了。（姑娘，你的切入点找的真好，这就是典型的写作生活化！）

它就是桃树，是一棵成功的桃树！桃子再少，它也结出了桃子，我为它能结出桃子而叫好！它的确努力了——它从一棵小幼苗开始，就在艰难地跋涉，一天天、一年年，花开花落，等待的就是收获的那一刻。现在，它做到了，虽然没有让那沉甸甸的果实长满枝头，但是，毕竟曾努力过，曾付出过，也不后悔。我呢?难道我就要从此落下吗?一次小小的考试就在我的人生路上画上不圆满的问号了吗?不，绝对不能，因为我现在也是一棵幼苗，我正在完美着我的枝干，不能不堪狂风暴雨一次打击，即使是失败。

“不经一番寒彻骨，哪得梅花扑鼻香”。其实，人生就是一本不薄不厚的书，无论如何都要一页页地翻过，也许会留下或疏或稠的字迹，但最主要的，要靠自己去装饰，华丽与拙劣，决策在于自我，我不能从此落下。

盛夏的果实，让我看见了希翼的光芒在闪烁，让我从此不再害怕挫折，它启发了我，让我明白：人生之路充满着荆棘与坎坷，既有荒凉的大漠，也有深长的山谷，既有横亘的高山，也有断路的激流，无论何时，我们都要满怀激情对自己说一声："我行，我能行。"

评语：本文语句优美，字句之间都表达着真情，字体也很美。最大的优点是学会了在生活中生活，在生活中学习，在生活中感悟人生的真谛。

命令你大声说话的王老师

2007.5

解绳子启发了我

八年级　边秀花

从小到大，一直启发着我的一件事，就是解一个九连环的经历。

小学三年级的时候，有一次刚回到家，爸爸就高兴地叫道："女儿回来啦，快看我给你买了什么东西。"我听到后高兴极了，是不是爸爸给我买了汉堡包，还是鸡腿，我脑中出现了一些画面。可看到那件东西后，我大为失望，原来是一个九连环，我脸上露出失望的表情。爸爸看出了我表情的变化，解释说："怎么？你不想做个聪明的孩子，能解开它的可就是聪明孩子啦！"爸爸好像故意在激我，让我解开它。

我什么也没说，拿着它就进了房间，其实我也很想解开它，于是坐在床上，专心致志地解着，可它好像淘气的小孩，我解开了一个圈，剩下的都没法动了。害得我绞尽脑汁，怎么也解不开，我又气又急，放下九连环，跑出去了。

走在街上，我看到有几个商贩在运东西，东西在车上绑得结结实实的，很牢固的样子，到站了，他们开始卸，可绳子那么结实，他们怎么才能解开呢？我于是停下了脚步，耐心地看了起来，他们解了不到三分钟就解开了，我好吃惊，他们是怎么解的呢？我跑过去问他们，他们笑了笑说：“我们运货，既要能绑得紧，又要能解开。这解绳子，关键就是要找根源，找到绳子的根源，自然也就解开了。”

我跑到房间，拿起九连环，看了一遍又一遍，终于找到了它的根源，不久也就解开了。

我太感谢那些商贩们的话了，也太感谢他们的绳子了，是他们启示了我。我更高兴的是，通过这件事我突破了我自己——原来，一切事情都很简单，只要找到它的根源。

评语：秀花同学，你写的very good，尤其心理描写十分到位，层次清晰明了。更重要的是你的写作切入点找的很好，就是在欣赏、回忆你的真实生活，在生活中寻找闪光点，并将闪光点的启示运用于生活。就这样坚持下去，你的写作就有特色了。但别忘了：闪光点中最亮的一缕应该详写，选择几处该描写的地方进行细节描写。

渴盼你数学和语文一样好的王老师

2007.5

那个画面启发了我

八年级　李瑞奇

暑假里，每天都要骑车去离家一公里远的学校补课，记得当时最大的无聊是骑车过那杂七杂八、噪声震耳的大街。

一个清幽的早晨，我五点就起床，为了避免那不堪入耳的画面——泼妇骂街的情景再现，便决定早点出发。又到了那条街，只有一个人坐在那儿，近一点才看清是一个头发到肩，披散着，并略带泥土的中年男人，上身穿了个破烂的皮大袄,下身穿了一件只有一条腿的裤子,唯一用的上“干净”一词的就是依靠在他身边的那只狮子狗。我很慢地骑着,心里想着这个极不协调的画面……“汪汪”、“汪汪”……小狗竟然跟在我车后不停地叫着，感觉就要咬着我的脚跟了。我害怕极了，便拼命地蹬车，如脚下生风一般，终于感觉摆脱了那只小狗了。

此时我竟有了想看看那对可怜的主仆的念头，就在我刚一转身的一刹那，一辆公交车从我身边飞驰而过，那只小狗已倒在血泊里，他的主人张大嘴巴呆呆地站着，没有丝毫反应——可能已经吓傻了，我本想上去安慰一番，但想到一些人随便抓替差的镜头，别再让我也惹火烧身了，赶紧走掉算了。边想边哀悼可怜的小狗：可怜的小狗呀，看见你饿得发昏的主人，估计你难留全尸了——估计你的主人要扒皮抽筋煮你入口了。

在一阵疯狂补课之后，我对小狗的惋惜之情也烟消云散了。回来的途中，赶上一阵好大的雨，反正是湿，我便硬着头皮拼命地骑，又到了那个熟悉的路口，我看到了这样的一幕：

一个中年男人，光着膀子，半蹲在那里，手上举着那件破烂的皮大衣，下面有个微微突起的小土堆，更像坟墓，我愣住了，难道是……站着的是那个被我视做极其残忍的家伙吗？土堆里是那个可怜的小生灵吗？我的车就这样，停在了雨里，陪伴着那边雨水中的“雕塑”……

雨水更大了，我和他就这样站着，直到父亲来接我。我感冒了，就再也没去补课，再也没去那条街，也许是对我的惩罚吧！

爱是没有选择的！那幅画时时提醒我——世间处处有真爱。

评语：很真实但又有传奇色彩！我坚信你的呼吁，我读懂你的爱心，我了解你内心的孤独。好孩子，走出自我天地宽！自信是你成功的首要条件。

和你一样用爱心营造生活的王老师

2007.5

与大自然交往

八年级 袁略

陶渊明有“采菊东篱下，悠然见南山”而与大自然契合；刘禹锡用“晴空一鹤排云上，便引诗情到碧霄”而与大自然同乐；刘方平“今夜偏知春气暖，虫声新透绿窗纱”而与大自然亲密。他们，都在与大自然的交往中，获得了心灵的美的享受。

可能会有人惊讶，大自然又不会说话，怎么可能与其交往呢？看上去确实这样，可你是否想过，当你看见鲜花盛开、绿树成荫而欣喜时，这难道不是一种交往吗？当你听见小鸟欢叫、河水唱歌而愉快时，这难道不是一种交往吗？当你抚摸枯藤古柏、苍枝劲松而平静时，这难道不是一种交往吗？当你观察花鸟鱼虫、飞禽野兽而惊异时，这难道不也是一种交往吗？是的，当你感悟大自然的一切时，你就在与它们交往。

大自然是最幻妙奇丽的了，也最能给人以灵感启迪。法布尔正是从最易被忽略的昆虫入手，写出了《昆虫记》这一传世巨作。徐霞客遍走名山大川，其游记也一直为后世传扬。达尔文面对同种生物的不同状态时，开始思索，终于写成了《物种起源》一书。他们在与大自然的交流中，有了新的发现。

大自然不仅在启发我们，还在教育着我们。克伦威尔在领导起义时，曾一度连连失败，从而灰心丧气。一天，正当他愁眉苦脸之际，一只蜘蛛引起了他的注意：大风一次又一次地将它的网吹破并将他从网上吹落，可它执著地一次又一次爬上网，修补好，并最终傲然地在网上宣布：“狂风，我赢了！”克伦威尔大有所悟，就是凭着这种“蜘蛛”精神，议会军战胜了国王军，他带领着人们推翻了封建统治。这就是大自然给我们上的许许多多课中的最精彩的一堂。

不过，迷恋金钱的人是无法与大自然交往的，因为他们没有平和的心；贪图权位的人是无法与大自然交往的，因为他们失去了淡泊的心；怨天尤人的人是无法与大自然交往的，因为他们发现美的心已被蒙尘。只有真正沉浸于大自然中，忘乎身外之物的人，才能与大自然交往。

让我们静下心，同大自然交往吧！

评语：构思奇特，在大家都选择与人物交往的时候，你独辟蹊径，选择了比较时尚的话题——大自然，保证了立意新颖的得分。并且开头也彰显了你丰厚的文化底蕴，结尾平淡自然，可能能保证你的高分。但是，中间内容我读着很空洞，是否应该再实际一些，生活化一些，社会一些，孩子，真正的好文章得耐读呀！

与你商榷的王老师

2006.10

那一次，我学会了感动

八中学生　张翩霄

又一次坐在这考场中，手握着笔，面对着作文纸构思。这一切，与一年前的一幕，是那么的相似……

八年级上学期期末考试，我坐在考场中，面对着仅剩的“北大荒”，无从下笔。心中，一边想着家长和老师等待凯旋的殷切笑脸，一边在苦苦思索着作文题目而抓耳挠腮毫无办法。时间所剩无几，但我仍然不知道该写什么。要求写一件你最感动的事，可我何时曾感动过？什么叫感动？我后悔了，为什么自己在生活中不曾仔细体味过其中的甜蜜，不曾认真思考过其中的辛酸，不曾专心观察过其中的咸涩，不曾倾情感悟过其中的苦闷？

好像是张晓风吧，曾说过生活中太阳初升、花蕾开放、鸡雏初生都是一份无比珍贵的感动。可为什么我，却偏偏缺少了那一份？但是，世上没有后悔药，自己精神的缺失，只得自己负责，这片“北大荒”，最终也未能成“良田万顷”。

考试后，我向老师倾诉了自己的苦闷：为什么我，会缺少那份感动？老师笑了，说了这么一番话：“孩子，其实每个人都不缺少感动，生活中也从来不缺乏感动。太阳初升时，每个人都会从心底里生发出一种澎湃的激情；花蕾初开时，每个人都会由衷地感到生命的奇迹；鸡雏初生时，每个人都会情不自禁地流露出一份爱心与呵护。康德也说过，当自己仰望星空时，更是为大自然那卓越创造而震撼，而感动。但是，关键在于我们能否去仔细关注某件事，体悟它，永久地把握这份感动。当家长们端茶送水，老师们嘘寒问暖，同学们有说有笑时，不都足以令你感动永久吗？孩子，用心去体味，感动就会在身边……”

我顿悟：妈妈精心准备的早餐，上学前的轻声唠叨，雨中等待放学时的不厌其烦，我因考试失误送给家人白眼而换回的是理解和笑脸……一切我眼里的司空见惯，为何不能引起我丝毫的感动？

老师沙哑的声音，课间十分钟的促膝谈心；作业本上的勾勾点点、因我的无知而把老师气得涨红的脸……一切我心中的顺其自然，为何不能引起我任何感动？

往事历历在目，今朝已然不同。面对生活点滴，我已学会了感动，其实只有两个字，就是“用心”。用心观察生活、体味生活，才能把握感动，才不至于在成功时骄傲自满，才不至于在失败时颓废消沉。话说回来，那场考试之后老师的话，不也是一份感动吗？

于是，我提笔写下了这次作文的题目：那一次，我学会了感动……

评语：自然恬淡就是我们写作的追求，也是我们对生活的追求，本文写的很真实，反映了当代中学生的普遍缺失的主题——感恩。孩子，有心插柳柳方能成荫，你知道吗，看到你心理的成熟是王老师最欣喜的，因为你的课程成绩已经很棒了。

笑盼你学会生活的王老师

2007.11

钱

八中　张翮霄

钱，是个好东西，有钱能使鬼推磨，但你得会用。看下面一“好”学生与钱的账本。

幼儿园，是家长花钱，上的高级幼儿园。（自已无开支）

小学时，科技产品样样俱全，CD歌片数不清，游戏CD成箱放。（小开支）

中学时，爱上高档服装，从头到脚最差的都是李宁，学习成绩成反比。

高中，花几万买个座位，晚上加了晚自习，每天都给家长要Money，说是学得晚，要加餐。其实“学”得比别人晚，成绩继续下降，虚拟角色越来越高。

大学，因成绩“太好”没人敢收。

几年后……

不知如何买了个官，前几年，一直给上级上贡，官职爬得还怪快。

官职上去了，不为百姓干实事，贪污腐败全学会，收的红包一叠叠。

到了老年，年龄到了不放权，非给儿子弄个官，也走自己的老路。

几月后……

共产党内查贪腐，家财万贯被充公，儿子妻子判无期。自己呢？砰的一声上青天。

几天后……

不得生前身后名——活该！

评语：格式新颖已经成为你的特色，内容有新意也成为你近段的写作追求，特别是本文从生活的点点滴滴写起，真实的通过生活再现了金钱的一个侧面，是社会的缩影。

其实我更喜欢你课堂上的思路——我追寻金钱，你的豪言壮语，你的独特个性，让我感觉到青年一代的壮举，想象到你们这一代人成为国家中流砥柱时的壮行——美哉我青年中国，壮哉我中国青年！

坚信“只要写的顺畅，写的可信就是好文章”的王老师

2008.1

小学生“生活化写作”作品

“吹泡泡”系列（两篇）

吹泡泡

三年级　楚雅涵

今天，老师让我们吹泡泡，只见老师拿了一个盆子和一块肥皂走进了教师，在我们七嘴八舌的议论中，大家成功制成泡泡水，从上课算起，不到3分钟，我们的吹泡泡比赛就开始了。

（补入：吹的步骤是什么？吹时的心理活动。）

有的人吹得大，有的人吹得小，有得吹得像不倒翁，有的吹得像一串串珍珠，有的吹得像奥运五环，还有的吹得像一排可爱的牙齿。还有的人从楼上往楼下吹，泡泡像天女散花一样飘飘落地，美丽极了。

（补入：同学吹时的表情。）

（补入：关于泡泡的特写和场面描写。）

这时老师说了一句话，把我们都给弄得没了兴致。你知道老师说了一句什么话么，想你也猜到了：“不玩了，回教室上课了。”

有的人慢吞吞地走进了教室，有的走进了老师的办公室和老师赌气，还有的假装去了厕所。

我心想：此时的泡泡飞到天空中，一定在观察我们有没有伤心，有没有开心，它肯定伤心地看着我们说：“好可怜的孩子，我多想帮助她们呀！”

吹泡泡真有意思呀！

评语：雅涵，你是个有写作天才的学生，你写的很真实，特别是结尾看着与中心无关，其实更能表达中心。另外，你的想象力也很奇特。

如果你能将要求补入的内容补写出来，你的文章就可以和五年级的同学比美了!小家伙，要学会脚踏实地呀!再偷懒就要收拾你了。

爱你的王老师

2007年11月19日

吹泡泡

五年级　邢振铎

今天老师让我们吹泡泡，开始大家都没吹成，老师叫拿了一点盐回来了，我们试着把盐放进去，再搅一搅，结果，还真能吹成泡泡了。

开始，那个小个子先吹，本来是个小瘦子一吹变成了小胖子，两腮鼓鼓的。那时候，他看起来很紧张，因为他是第一个吹的人。不知怎么回事，他心里越来越放松，随着成功泡泡的增多，他变得轻松极了，他吹的泡泡有的像珍珠，有的像葡萄，有的像糖葫芦，还有的像奥运五环，大大小小、胖胖瘦瘦的泡泡漫天飞舞，像天女散花。

我当然也不甘落后。开始，我吹得像大鸡蛋，弄得满楼道都是泡泡，大家追着我的泡泡满楼道跑。后来，大家觉得用一个盆子不过瘾，于是，又找来杯子，大家还把泡泡吹到窗子外面，下面的人都很奇怪地四处张望，好像在问："哪里来的泡泡啊?"

最后，我们进行了比赛，大家都吹出了各种各样的泡泡，那个场面真是精彩极了。真想把那个场景拍下来：有的泡泡像三胞胎，有的像西红柿，还有的像姐妹俩，有一个人把一个泡泡吹到别人家的香蕉上了呢！难道说这不是泡泡的天堂吗？成千上万的泡泡在天空中飘荡，大家都很高兴。

我问泡泡你要去哪？泡泡说："飞向宇宙，飞向天空，飞到地上，让人们一起高兴呢!"

吹完了泡泡，老师让我们回班里，我不想回班里，就躲在了办公室，老师的脸红得像一个小泡泡一样圆。调皮的我们，最后也变成了听话的泡泡，高高兴兴地和老师一起回到教室。

评语：会想象的孩子就是有成功迹象的孩子，但仅仅靠想象是不够的，还必须有实干精神！小伙子，静下心来，用你的想象能力，丰富你的学习生活，用你的踏实、耐劳的学习习惯完善你的想象能力，你一定成为你自己的、你们班的乃至你们学校的最棒！付诸行动。

预言家王焕银

2008.11

话题"妈妈"系列（十二篇）

给妈妈洗脚

四年级　于培驰

今天晚上，我给妈妈洗脚。因为今天是三月八日，是妈妈的节日——妇女节。

我把盆子里装好水，端到了妈妈的面前。妈妈把袜子脱了下来，我看到妈妈的脚都掉皮了。（应加上对妈妈脚的描写）

我心想妈妈因为我们才成了这样。我想：（妈妈年轻时候的脚应该是：请接着写下去）

我用手试试水温，让妈妈把脚泡了进去，我的手在水里轻轻地揉搓着，我一边揉，一边是思绪万千——（补充妈妈平时为你洗脚的镜头）

妈妈说："你揉的好舒服。"我对着妈妈笑了一下。然后我又搓妈妈的脚。妈妈将头慢慢地靠在沙发上，轻轻地闭上眼睛，我用水轻轻地撩着，去洗脚脖处。妈妈又说："孩子，别洗了，让我自己来吧！谢谢你。"我摇摇头，洗了一会儿（感觉妈妈的脚彻底洗透了），又帮妈妈擦了擦脚。（此时，劳累了一天的妈妈竟斜躺在沙发上睡着了）

我悄悄走进屋里，拿出买好的康乃馨和老师发的贺卡，轻轻地放在桌子上，并写了一个条子："今天是天下所有母亲的节日，祝天下所有母亲节日快乐。”此时，陆游的“谁言寸草心，报得三春晖”竟在我耳畔响起……

我不由得暗下决心：我定用寸草心，报答母亲！

评语：聪明孩子都是这样的：很善于发现生活中的美，也很善于总结生活中的美。但往往不能静下心来欣赏生活中的美。今天，你如能静下心来，按老师的提示修改文章，那你就学会欣赏生活了。

培驰，你的文章已经进步很大了，起码已知道写真实了，王老师的真理千万不要忘记：真实是写作最好的老师。如果能加上两处描写，你的文章可就大大超过四年级水平了！

对你充满信心的王老师

2008.3

妈妈，我爱你

四年级　刘姿妤

妈妈，以前我对你那么的不好，不会善解人意。您对我的关爱，我接受时，总会觉得平淡如水。但是经过了近几年的生活，特别是感受到您的用意后，我越来越体会到您是多么的爱我！（就得这样，直抒胸臆！有爱就得说出口。）

在今天这个特别的日子里，早上起来我给您写了一封信，踏（迈）着风一般的步子，我默默地走向您的床头，悄悄把信放在您的胸前。

当您正在睡梦中时，我已为您做好香喷喷的饭，妈妈，这是我亲手做的。

当您涮完牙时，我又已经为您拿好了衣服；妈妈，您已为我拿了无数次。

当您吃完饭，我又为您洗好了碗……

不管我再干多少次活，不管为您服务多少次，我也丝毫感觉不到累，因为我享受过，平淡地享受过您的无数次。只要能回报一次，我都会感到无比的快乐。

今天中午，您看完电视（躺在沙发上休息）的时候，我知道您早已疲劳过度，我给您做了眼保健操，那时，您脸上露出了甜蜜的笑容，我很快乐；您快睡着时我又给您捶了捶腿，给您按摩胳膊，您伸了伸胳膊和腿，好像很舒服，我享受了快乐。

妈妈,您以前对我那么好,像太阳里的一束光,我享受着您的温暖。

今天，落日的余晖染红了窗棂。我踏着春天的气息，走向爱的道路，在爱的引导下，我向您表示忠心的感谢！在三八节，在以后的日子中我会更好地爱您。

妈妈，我真的爱您！

评语：诗一样的语言，诗一样的心灵！为你妈妈有这样的好女儿自豪！姿妤，如果学会给优美的语言加上过渡语、描写语，那才叫真正的美文呢！

爱你的王老师

2008年3月12日星期三

别给妈妈过节日

（题目新颖，吸人眼球）

四年级 张岚清

"谁言寸草心，报得三春晖。"每当我听到这两句诗时，就会想到我的妈妈，想到我这棵小草该如何回报妈妈。

妈妈为我操碎了心，每天接送我上下学，每天为我做饭，妈妈的爱就在日常生活中，但我品尝到了，品尝到了平淡如水而浓似咖啡的母爱的滋味。在今天这个特殊的日子里——妇女节，我一定要为妈妈做一件好事，让妈妈体会到我的这颗寸草心。

而我，这个被妈妈宠惯了的小苗，又能为妈妈做什么呢？想啊想，突然，我想出来了一个好办法，就是为妈妈剪指甲。

主意一定，我便大叫：“妈妈，我想为您剪一剪指甲。”

妈妈高兴地说：“好！谢谢你，岚清！”

我拿了一个小板凳，妈妈坐在沙发上。我坐在凳子上，拿起指甲剪儿，认真地剪起来。

平时，都是妈妈为我剪指甲，我还从来没有好好看过妈妈的手呀。天哪，妈妈的手好粗糙，一定是为我洗衣服洗的，也许是为我做饭用油烟熏的，不对，一定是妈妈拖地拖的……妈妈的手指甲好长啊，一定好久没有剪过了。也是，妈妈哪有时间剪指甲呀？妈妈天天除了上班，还要做家务，辅导我学习，妈妈真是太辛苦、太忙碌了，连坐下来剪手指甲的时间都没有。于是，我更加认真地剪起来，妈妈的指甲硬硬的，黄黄的，我用力剪都觉得剪不动，我很费劲地剪着。妈妈笑着说:“有心就行了，瞧你笨手笨脚的，我自己剪吧！”我执意不肯，我知道今天的意义不在于剪一次指甲，这是我对妈妈的回报——剪着想着，想着剪着，眼前浮现出妈妈的点点滴滴，我感到我的两腮挂满了眼泪。

不一会儿，我把妈妈的指甲剪得干干净净，我心里高兴极了。

我真爱妈妈，妈妈也非常爱我，我衷心地祝愿妈妈妇女节快乐。

评语：从老师的修改中你感觉到什么？你体会到写作的招式了吗？写出真实的生活场面——写实，会给文章添彩 。

你注意到了吗？你是个会给生活添彩的孩子，因为有你妈妈幸福，因为有你老师幸福，因为有你同学幸福，孩子，坚持做一个给社会添彩的人！

读完本文，又觉得题目有不妥之处，为何别给妈妈过节呢？初见题目觉得是怕自己伤心不给妈妈过节，想从另一个侧面表达对妈妈的爱，读完本文后，又觉得没处加这一句话，也没有从“别过”的角度表达。建议修改题目。（作者后来将题目改为《也给妈妈剪一回》）

Yours Wang

2008年3月13日星期四

洗 脚

三年级 骆令达

今天，是妈妈的节日，我就把给妈妈洗脚当成送给妈妈的最好礼物。

吃过饭，我拿了一个盆子，又把水壶的水倒进盆子里，我就洗了起来。（你给妈妈说了哪些话？妈妈让你洗吗？你是怎样说服妈妈的？把语言描写补写出来！）

洗完脚后，我又拿了一块布给妈妈擦，妈妈说儿子长大了。（妈妈是怎么说的？有动作吗？又是什么表情？请写出来）

我说是我应该做的！

评语：令达，其实你是个非常聪明的孩子，老师特别喜欢你！春节前你的作文进步很大。开学后还能突飞猛进吗？小伙子加油，自己的生活自己支配，自己做主！老师相信你。

反思眉批，是否要求过高了？别忘了令达仅仅是三年级的孩子。描写到四年级才训练呀！不补充也可以。

爱你的王老师

2008-3-13

母爱的传递

（将静止的爱变成动态的，很好）

四年级 杨安琪

当我在写作业的时候，当我在睡觉的时候，当我在吃饭的时候……都能感觉到母亲宽容和纯洁的爱在向我合拢。（语言生动形象）

（第一段和第二段有重复的感觉，调整和梳理一下，看怎么样？）

有妈妈真好！有妈妈的生活里充满了爱的阳光，感觉生活暖洋洋的！妈妈的爱真好，她就如神棒一样，向我传递母亲的爱，让我天天都能感觉到母亲宽容和纯洁的爱在向我合拢。

每天上学，母亲就会习惯性地问我："书都装好了吗？别忘了带水！"当这种话语在我耳际响起的时候，我会耐心地对妈妈说："妈妈，我知道了。"因为，问候中包含了母亲的爱意。

母爱在我的感觉中，在我的在意下，如清风流水般流淌在我的身边——母亲（妈妈）在给我梳头的时候，梳子是母爱的接力棒；当我在写作业时，妈妈的眼睛负责进行母爱的传递；当我吃饭的时候，喷香可口的饭菜将母爱进行到底……

记得那个星期一的早晨，等我急匆匆地赶到教室时，我才想起我忘了带作业本，正在我急得如热锅上的蚂蚁时，我听到了一声熟悉的声音："安琪，你的本子！"我抬头看了看是妈妈，妈妈因为紧张都失去了本色——一张蜡黄的脸膛，一双疲倦的眼睛，两片干裂的嘴唇，绿豆般的汗珠从额头上落下来……我感觉到妈妈是我的"救命草"，只有妈妈，也只有妈妈才会这样！还更感到一股无私的爱向我走来，我呆呆地看着妈妈，妈妈说："没来晚吧！"我只是拼命地点了点头，妈妈远去的身影在我的眼前消失了，眼泪在眼圈中转了几圈，终于，经不起母爱的诱惑，流了下来。（语言太逼真了！）

母爱是我人生的支柱，纯洁的母爱时时刻刻洗刷着我的心灵。

评语：安琪，今天我才发现你有很好的语文素养，你也有很宽的知识面，下一步你需要的是"读写结合"的训练，如果能将你积累的内容，恰当地用到你的写作中，那你就是真正的才女了！

和妈妈一样爱你的王老师

2008-3-26

致妈妈的一封信

敬爱的妈妈：

您好！

妈妈，我是您可爱的儿子。妈妈我爱你。很抱歉，我没有给您过节，您过节快乐么？妈妈我知道，我理解您很长时间见不了孩子思念孩子的伤心情。我上一年级时您和爸爸就把我放在姑姑家，一年我只和你见几次面。

您最近快乐么?

我知道了，小时候我不应该向您要玩具，妈妈给我买玩具的钱都是血汗钱，请您原谅我，好么?

妈妈，今天是妇女节，我未能给您献上鲜花。我知道，您想看到的不是鲜花，而是您儿子很好的成绩。

此致

敬礼

您的儿子：董晨曦

2008年3月8日星期六

评语：这是一个寄宿生的真情流露，语言并不优美，甚至有颠三倒四的感觉，但写的很真！小学生文章就是讲究“真”。可少写，甚至有些语法错误，但要说真话。晨曦坚持写，写真话就是成功。

相信你的王老师

一封充满爱的信

三年级　何英华

亲爱的妈妈：

您好，我是莹莹，今天是您的节日，我先给您说声节日好!

妈妈，从我上小学的那一刻起，我就没少给您闯祸，让您伤心生气!但自我上了三年级起，我就好好学习，给您取得好成绩。上一学期，我语文考了九十五分，数学考了九十九分，您吃惊不小！这回数学第一次测验，我考了满分，您立刻从超市买了一个大玩具熊作为对我的奖赏。

其实，我不要玩具熊，也不要任何奖励，我只要您对我的一片爱心呀！自从我上了小学，我就不停地学习，好不容易到了周末，又要上许许多多的周末班，都是让您高兴啊！

莹 莹

2008年3月8日

评语：三年级的孩子，多懂事呀！我也很想拥有一个这样的女儿。莹莹我代表所有的妈妈谢谢你！文章最后一段很是感人，孩子如果实在觉得委屈，不妨和妈妈谈一次，以便找到真实的你自己。

Miss Wang

我的妈妈

四年级　黎明月

我的妈妈有一双大大的眼睛，鼻子高挺着，像个贵族，一张能说会唱的嘴巴，有一双勤劳的手，身体瘦瘦的，妈妈爱穿整洁、艳丽的衣服，有一双强健有力、活泼爱动的腿，妈妈的个头不高不矮正好一米六一。

我有一个关心我的好妈妈，她每天起早贪黑，早上五点半就起床为我做饭，中午回家还没换衣服就急急忙忙地给我做饭，做完饭等我吃完妈妈她才肯吃，吃完饭刷碗和洗我们的衣服，晚上回来给我做饭、帮我检查作业，等我睡了以后才上床休息，有时到了十一点才睡觉，还有时候十二点都睡不了——写东西。妈妈不管什么天气，不管生不生病，天天都不误给我做饭、洗衣服、做家务，还不让我帮她一点忙，妈妈她不辞辛苦地挣钱供我上学、上辅导班，让我长大有理想的工作，有好的成就。于是我早就知道：最初是小学的基础，基础打不好以后就没有好的初中、高中、大学，没有好的初中、高中、大学，就没有理想工作了。

有一次，妈妈五点半起来给我做饭，那时我正好去上厕所，我看见了妈妈辛苦的样子，想想妈妈做的好吃的东西背后的辛苦，真想大喊一声“妈妈你休息一会吧！”但我没有，因为那样妈妈会担心我没睡好觉，会给我讲我早就懂得了的道理。我再次看看妈妈，看看穿着睡衣、拖鞋，耷拉着脑袋的妈妈，我想妈妈一定还很困。我忍不住又看了一眼妈妈，她的脸冻得像苹果那么红，妈妈起得太早了！

我伤心地流泪了，我想对妈妈说声“妈妈，谢谢您!您辛苦了!”但我没有说，我又悄悄地溜回房间，蒙住被子……

这就是我妈妈，一个关心我而又爱我的妈妈。

评语：结尾的描写让人潸然泪下，因为你写的很真实。真实是好文章的标志！相信有了妈妈的爱做铺垫，有了你的理解和感恩，妈妈一定会实现她美好的愿望。

和你一样爱妈妈的王老师

2008.3

修改：

我的妈妈

濮阳红蜻蜓艺术学校　黎明月

（我有一个漂亮的妈妈——）我的妈妈有一双大大的眼睛，鼻子高挺着像个贵族，一张能说会唱的嘴巴，有一双勤劳的手，有一条强健有力、活泼爱动的腿，身体瘦瘦的，妈妈爱穿整洁、艳丽的衣服，妈妈的个头不高不矮正好一米六一。（你真幸福，有这么漂亮的妈妈！想想我为什么把“有一个”这句话调到前面。）

我有一个关心我的好妈妈——她每天起早贪黑，早上五点半就起床为我做饭，中午回家还没换衣服就（跑进厨房）急急忙忙地给我做饭，做完饭等我吃完妈妈她才肯吃，吃完饭刷过碗又开始洗我们的衣服，晚上回来又是重复每天的工作——给我做饭、给我检查作业，等我睡了以后才上床休息，特殊时候，熬到了十一点才睡觉也很正常，因为有时候写东西，都写到十二点，用妈妈的话说，只有晚上十点以后，才是妈妈的自由支配时间！

妈妈不管什么天气，不管生不生病，天天都不误给我做饭、洗衣服、做家务，还不让我帮她一点忙。妈妈她不辞辛苦地挣钱供我上学、上辅导班，让我长大有份理想的工作，有好的成就。虽然妈妈的这些唠叨我很不愿意接受，但“最初是小学的基础，基础打不好以后就没有好的初中、高中、大学，没有好的初中、高中、大学，就没有理想工作在这里了”的理念却印在我脑子里，让我为之奋斗。

有一次，妈妈五点半起来给我做饭，那时我正好去上厕所，我真正看见了妈妈辛苦的样子，原来妈妈为了给我包饺子，特意起了个大早，看看妈妈做的排放的很整齐的饺子，再看看妈妈穿着睡衣、拖鞋，耷拉着的脑袋，乱蓬蓬的头发，我想妈妈一定很困。我还看见妈妈的脸冻得像一个苹果那么红，我知道妈妈起得太早了，怕吵醒我，妈妈一直站在没暖气的厨房里，想着，想着，我伤心地哭了，我多想对妈妈说声“妈妈，谢谢您，您辛苦了”，但我没有，因为妈妈要我保证睡眠在9小时以上，妈妈见我醒了，肯定又心痛了。

这就是我妈妈，一个关心我而又爱我的妈妈。

评语：你的肖像描写很成功！读你的文章后发现：肖像描写在不同环境中还真能发挥不同的作用。好了，你又引领了写作班的先河——用肖像描写组成文章也很美。以后写文章注意文章的前后连贯。

欣赏你的王老师

2008-7-26

妈妈的爱

三年级　何英华

妈妈的爱，
伟大的爱，
无私的爱，
如春风拂面，
如婴儿吸取乳汁，
爱是大家的，
是我们的。

妈妈我爱您，
您是我们心中的榜样，
您每天6点起床，
为我们做饭，
为我们整理书包，
让我们的生活增添活力，
让我们的学习有进步。

妈妈您起早贪黑，
为我们洗衣服，
为我们做饭，
养活我们，
让我们有个家，
让我们吃穿好。
那一次，
我起晚了，
那一天又该我们值周，
我慌得不知怎么才好，
妈妈马上帮我穿上衣服，
给我盛饭，
这一次我没有迟到。

妈妈的爱
是金子般的爱，
三八妇女节
我想对您说；
妈妈您辛苦了，
我会用优异的成绩回报您。

评语：这就是很好的自由体诗，在诗中写真事、诉真情也是优秀文章的标志，小诗人，加油！

2008.3

我给妈妈过节日

三年级　楚雅涵

今天是“三八”妇女节，是妈妈的节日。

一大早，我去学画画，放学时我把画得最好看、最美丽的画送给了妈妈。妈妈笑着说：“天哪!太漂亮了，谢谢宝贝！”妈妈说：“这是宝贝送给我最好的礼物。”

中午时候，我带妈妈去了一家玩具店，给妈妈买了一枚神奇的鸡蛋，它可不是一般的鸡蛋，可以种出意外的惊喜，就是叶子上会长出字来呢！我送给妈妈的字是“万事如意”。

下午上完作文课，我兴高采烈地跑去给妈妈买了一束鲜花，红红的鲜花漂亮极了。妈妈说：“我的女儿知道送给妈妈礼物了，我好高兴啊！”

今天，我终于回报了妈妈的爱，我好高兴啊!不由得想起了孟郊的诗：“谁言寸草心，报得三春辉。”

评语：第二段和第三段是否应该加上“妈妈说:”，只是商量，加不加你决定！文章中的你妈妈好幸福，文章中的你好可爱！愿可爱的你能带给你妈妈一世的幸福！

Miss Wang

学炒菜

四年级　黎明月

今天，可是个重要的节日，是妈妈独有的三八妇女节。我该怎么让妈妈高兴一场呢？买花，有点浪费！请妈妈吃饭，我兜里没有这么多钱！……思来想去，就为妈妈做一件有意义的事。

说干就干，我可快刀斩乱麻，吆喝着爸爸就决定了——我要为妈妈炒一次菜。

我和爸爸开始了，我先把菜切好，(姑娘，想想做菜的顺序：①择菜；②洗菜；③切菜；④放油；⑤炒菜。请将本段重新写一下)

我先（补充　　　　　　），然后，用一个小盆子，接半盆水，我的手放进水里，又洗了起来。“哇，好凉啊。”我大声喊叫。可是，我又想起妈妈做饭时的辛苦，我又忍着凉洗了起来，洗完后，手又凉又冰，通红通红，像冻僵了一样。

(想想妈妈平时是怎么做的，她冷吗？补写出来)

最后，把锅放到火上，打开火，把切好的菜放到锅里，然后放了盐，我学着妈妈的样子，先用铲子在锅里翻来翻去，像是在寻找什么，可不是，这是在炒菜。不一会，菜炒熟了，我一看色多美呀!我又盛到盘子里。我品尝了一下，味真香啊!可惜淡了点，但甜在了心里。

(加一段：你和爸爸会给妈妈带来什么惊喜？猜猜妈妈会怎么做？怎么说?)

啊!今天我真高兴，又学会了一件新本事。

评语：明月，你是个有心的孩子。你的每件事都选得很平淡，能把平淡的事情写真实是写作高手。你离写作高手就差一步——把事写具体！别忘了，描写是写具体的法宝。

王老师

2008-3-13

“______的自白书”系列（十五篇）

我的自白书

四年级　何菲雪

任脚下拖着发霉的油条

任你把面包举得高高
我不需要什么吃饭
哪怕胸口对着带油的菜刀
人不能张开高贵的嘴
只有饿死鬼才乞求吃饭
鸡蛋香肠算得了什么
肯德基也无法叫我开口
对着肯德基我放声大笑
五星级饭店在笑声中动摇
这就是我
一个饱死鬼的自白
高唱凯歌
埋葬美食王朝

评语：仿出来就是好作品！你的作品好在“真实”，真实再现了当代孩子厌食的现状，其实，还是家长的悲剧呀！孩子养成吃饭的好习惯应该是健康成长的基石。小雪，我知道文中的孩子肯定不是你！

Yours Wang

2008.3

老鼠的自白书

五年级　张岚清

Hi，我是一只住在城市中的小白鼠，今日，我要写一篇我的自白书，这一首诗我好像在哪儿见过，嗨！不管它了，我还是快写我的“自白书”吧！

先来自我介绍一下吧！我是一只宠物鼠，在我出生后不久，小主人就买下了我，给了我一个温馨的家，还给我起了一个名字——舒塔。每天，我都会与小主人一起看电视——《舒克和贝塔》，虽说我不是像电视中的两个小伙伴舒克和贝塔那样棒，但是，我也很不赖哟！我会唱歌、跳舞、讲故事，可以说是老鼠中的佼佼者了。

那么，我又是怎么会唱歌、跳舞、讲故事的呢？其实，很简单，就是在小主人学习时，常常与小主人一起学就行了。在学习中，我掌握了许许多多的“秘密武器”，听小主人说这叫“知识”。我很喜欢在那些“知识”上面遨游。记得我曾经在一句叫“老鼠过街，人人喊打”的句子上游玩过，我对这个小知识上的“风景区”感到很不满意，因为我们“老鼠王国”早就有了许多族人改了本性。我本人不就是一个很有力的证明吗？如今，我不去偷抢，也照样能过得十分安稳、快乐。这与小主人常看的电影《精灵小鼠弟》中的小老鼠又有什么不同？

可是，我们“老鼠国”的一些居民们仍然改不了坏毛病——偷东西，所以经常被人类发现后“赐”死，那么，我们的老鼠家族会灭亡吗？告诉你吧！这是不可能的，因为我们鼠族每年都会有成千上万的老鼠诞生，所以我们是不会灭亡的！

也许就是因为我们在每年都会有许许多多的老鼠出生，所以有些老鼠的粮食不够，被迫去偷去抢，从而世世代代都是被人们称为“贼”。其实，我们也是万不得已的，其一是因为我们每年的生产率较高（这刚才已经说过了）；其二是因为我们的个子矮，而且又是超级“近视眼”，所以为了生存不得不去偷东西，但最重要的还是因为我们的祖先有偷东西这一门“特长”。不过，我仍然希望我们老鼠能改掉这个坏毛病，多做些好事，让我也过把被人们表扬的瘾。

“舒塔，舒塔！”咦，怎么是小主人的声音，难道她回来了？Oh! My God！我的小主人回来了，我得马上躲藏起来，因为，我不小心在她的作业本上“画”了几笔。记住，你可千万不要去告诉我的小主人哟！

这——就是我的自白书，现在，你应该会对我们老鼠一家有所了解了吧？

评语： 小家伙，明白吗？你是个善解人意的家伙，你更是和谐的使者！

Yours
2008.3

老鼠的自白书

四年级 于培驰

我是一只小小的老鼠，虽然人们很讨厌我偷粮食，可是，这也是我迫不得已的呀！假如你们不让我偷粮食，我们老鼠还怎么活啊？我们身材弱小，我们手不能提篮，肩不能挑担，我们只能用一张小小的嘴巴运送一些粮食，其实，我们深更半夜偷来的粮食又哪能比得上你们粮囤里的粮食的万分之一呢？为了生活，为了有口饭吃，我们得时时提防人类的老鼠夹、老鼠粘板、老鼠药……

同在一个地球，同是太阳的孩子，为什么差别就这么大呢？你们人类对我们不好也就算了，可你们做的最让我们生气的是你们是非不分、黑白颠倒的用人逻辑：对我们恨之入骨，而对大奸臣猫却宠爱有加，你知道猫为什么是我们的天敌吗？我今天就讲给你们人类听。

其实我的祖先和猫还是好朋友呢，这里面有一个小故事：从前，猫和老鼠是一对友好的邻居，在秋天的时候，猫和老鼠弄了一罐猪油放在了一所破庙里，猫的嘴开始馋了，对老鼠说：“我家大姑要生孩子，要我去给他取名字。”“行，去吧，有好吃的别忘了我呀！”老鼠说。“当然。”猫来到庙里，把盖打开，舔呀舔，把上面的一层舔得干干净净，猫回到家，老鼠说：“你取的什么名？”猫说：“没有顶。”过几天，猫还用原来的方法骗了老鼠，老鼠又问取了什么名，猫说：“少了一半。”第三次，老鼠又问什么名，猫说：“全部吃了。”冬天来了，老鼠和猫去了破庙，一看猪油没了，老鼠这才知道了原因，猫说：“我肚子饿了，就拿你来当食物把我肚子填饱吧。”说完就把老鼠吃了。

这个故事就是猫的不对，明明说好了冬天一块吃，猫却自己全部吃了，这对老鼠来说多么不公平呀！老鼠和猫是天敌可以理解，谁愿意跟一个不守信用的人交朋友呢？可现实生活却这么残酷，明明是猫的不对，人们还把它当宠物，并且这么恨我们老鼠，这对我们老鼠家族来说多么不公平呀?

人类呀，请你睁开公平的眼睛吧，我需要自白，我需要理解!

评语：小伙子，读读打印的文章，看看哪是老师修改的，哪是你写的？用笔标出我修改的地方，读一读，写出心得体会。老师让写出肖像和动作描写，你小子给忘了吧！不过本文确实是我喜欢的作品。

2008-4-2

老鼠的自白书

四年级　杨安琪

我是小老鼠咪咪，耳朵灵的连猫的脚步声都能听见，眼睛眯成一条线，胡须像电线杆子一样长，一张小巧玲珑的嘴巴，我还喜欢吃奶酪。（语言好可爱!）

我的性格很平静，但很傲气。上一次，我和小伙伴去偷吃奶酪，他们争着吃，我说：“反正大花猫也不来，吃那么急干嘛!”过了一会儿，我有点儿饿了，正准备去吃奶酪的时候，大花猫来了，大家都赶快逃走了，我在那正津津有味地吃那块奶酪。我手忙脚乱，跑着跑着，不小心踩着一块小石头，绊倒在地板上。我一手揉着屁股，一手扶着墙逃跑。我前脚刚进洞口，猫后脚就追上来了，差一点我就命丧黄泉了。可我还没吃饱呢，哎！真后悔当初不早点吃奶酪。

我们老鼠生来就招人烦，说我们偷吃东西，可是我们也要养活自己呀！我们为了活命找点食物吃都不允许，上天对我们是否也太不公平了？想想“老鼠过街，人人喊打”这句侮辱我们人格的话，我要抗议：

老鼠，也是一条生命
老鼠的母亲也是地球
可共拥一娘的猫
要吃掉我们的生命
一母同胞的人类

对我们使用的是无尽的
欺凌、陷害，甚至是下毒谋杀
……
这就是我——一个老鼠的自白书
高举和谐的战旗
埋葬霸权王朝！

评语：安琪，读读打印的文章，看看哪是我修改的，哪是你写的？用笔标出我修改的地方，读一读，写出心得体会。本文的肖像和动作描写很成功！

文如其人，人当如其文，大作家莫得意太早了，离成功的路还有一段距离。

2008-4-3

老鼠的自白书

四年级　刘姿妤

我是一只胆小的幼鼠，刚刚学会跑步。

小小的眼睛眯缝着，瓜子脸，小小的鼻子，在月光下轻轻翕动着。这就是小小的我，弱弱的我，在光天化日之下竟然没有立足之地的我。(排比用得好！)

在路上，在我眼里看来都可以称为巨人的人，一脚都能把我踩扁，杠子一样粗的两手指就能把我捏死！更可恨的动物同类——猫，对我更是凶狠之极，总是将我们调戏一番后，把我们吞进肚里。渐渐地，我们老鼠吓破了胆，有时一只蚂蚁也能把我吓倒，噢！我就不能坚强点吗？我总是伤心地埋怨自己。

当夜幕降临，恐惧就迎面向我扑来。我紧闭双眼，缩成一团。粮食也吃完了，再说，人们为了防止老鼠进来偷食，不仅把粮食藏得无逢可钻，还常常在我们经常出入的地方放上老鼠夹、灭鼠药、捕鼠器……此时我算真正明白了“天无绝人之路”的谎言。我无法去偷粮食，我最终要活活饿死。难道真是天要绝我吗！

记得有一次，我去偷粮食，被那家主人发现了，拿着棍子，气冲冲地朝我扑来。我被吓得晕头转向，抱头鼠窜，幸好，由于营养不良，我还保持了我窈窕的身材。肥胖的主人还没来得及打我，我已经四处逃窜了。有了这次教训，我再也不敢偷粮食了。

我好可怜，我孤孤单单，没有人心疼，也没有一个人同情我。天天受苦，从来没有大吃过一顿，我真是生不如死呀。人类呀，苍天呀，面对一个瘦弱的每天垂头丧气的幼鼠，你们又是何苦呢？

接下来的生活可以维持下去吗？天哪！我是一只可怜的小老鼠，我为我的胆量感到自卑！我居住的社会是一个没有平等、没有爱心的社会，难道还要继续下去吗？

评语：姿妤，读读打印的文章，看看哪是我修改的，哪是你写的？用笔标出我修改的地方，读一读，写出心得体会。本文的肖像很成功，但动作描写有所欠缺！

2008-4-2

老鼠的自白书

二年级　王煜夫

我叫老鼠，有一些人叫我耗子。我长着长长的胡子、金光闪闪的牙齿、长长的尾巴、圆圆的耳朵。

因为，我没有吃的东西，趁夜黑人静的时候出来偷吃东西。但是，晚上行动也没有好处。因为，猫头鹰正等着我们呢。就这样我也得吃东西呀。于是，我们就跑到厨房去偷吃东西。再加上我还偷吃庄稼，于是我就时时被人们追杀。人们杀我的工具有夹子、鼠药、灭鼠器等。

可怜可怜我这只饥饿的老鼠吧！

评语：我们的夫夫真棒！你是咱班唯一一个按老师的要求写作文的同学，并且写得很好哦！小伙子，加油。

2008-4-2

我是老鼠

四年级　邢振铎

“我”是一只与众不同的老鼠，“我”是一只很不起眼的老鼠。我长着一双不大不小的眼睛，但炯炯有神。“我”长着一双大大的、圆圆的耳朵，嘴巴尖尖的，大家以为“我”啃东西时弄坏的。“我”还不是为了不让自己的牙长长才拼命啃的呀！希望了解我的朋友一定为老鼠报仇申冤呀。

有一天，“我”的牙又长长了，我想出去磨牙。我正在悄悄地寻找磨牙的地方，我看见了一个扑鼠器，吓得“我”赶紧回了家。第二天我又去看，上面夹着我的同伴，那时，我是那么伤感，人类呀，你们为什么要把我们赶尽杀绝呀！

静下来想想，我们的确有很多对不起人类的事。比如：当我们磨牙时咬了主人的衣服，当我们饥饿时，偷吃了主人的食物。因为身体问题，有时给人类带来了疾病。所以，我想对所有的老鼠说：“让我们挺起腰板，不再做对不起人类的事！”同时，我也向人类呼吁：“我们共同拥有地球，让我们不要伤害老鼠！”

评语：你是个有爱心的孩子，你对老鼠的爱不仅从开头和结尾表现，并且能一分为二地分析优劣。篇幅不长，但中心明确。语言简练，生动有趣！

2008-4-2

老鼠的自白书

四年级　邢振铎

我是一只小老鼠，
我不需要一双大大的眼睛；

我也不需要一对长而胖的腿；
我更加不需要一双勤劳的手；
我只需要一双明亮的眼睛。

我是一只小小的老鼠，
我们的老本行可是小偷，
为了生存，
我甘愿做过街时人人喊打的老鼠，
可我们也是迫不得已而为之！
聪明的你，告诉我，
我们怎能改掉偷东西的毛病呢?
不，不行，
虽然，我们也不想天天偷东西！

每当夜深人静，
我们跑出洞来，
看见主人盘子里香喷喷的肉，
我就眼睛发光口水直流，
我蹑手蹑脚地上去，
我偷偷地把肉搬到了洞里，
……
天哪，好悬！

我们最害怕的就是，
老鼠夹、老鼠药，
还有蛮横的拳打脚踢 。
与饿死相比，
害怕又算得了什么，
只要别被你抓住。
偷偷摸摸是我的特性，

哪怕死亡在向我招手。
这就是我最无奈的，
一只胆小无能的小老鼠的自白书，
高唱凯歌填饱我松软的肚皮。

评语：振铎，今天的你方显英雄本色，其实你不仅聪明，而且特别能干事，这两堂作文课你就表现得很棒。

2008-4-3

老鼠的自白书

四年级　董晨曦

我叫老鼠，有些人叫我耗子，我最怕猫。我的祖宗和猫是好朋友。可是，在一件事情中我祖宗和猫却成了冤家:它和猫在临近冬天时，合伙弄了一罐猪油，放在了一个破庙里。一天，我祖宗嘴一馋，便对猫说：“我姑要生娃我去一趟。”“行，去吧。”猫说。祖宗来到破庙，打开猪油罐子盖，它一闻好香啊，上去吃了一口，哪曾想一口就吃掉了一层，它舔了舔嘴上的猪油，用手一抹，开开心心地回家去了。回到家猫问：“生的娃叫什么名字?”我祖宗回答说：“叫一层。”猫一想：这名怎么那么奇怪？第二天，我祖宗还想吃，就说：“我姨生娃，我去一趟。”它走到庙里，又一下子吃了一半儿，它回到家告诉猫说：“娃叫一半儿。”第三天，它又说：“我姐生娃，我去一趟。”它到破庙里，这次一下子把猪油都吃完了。它回到家说：“我姐生的娃叫完了。”猫去破庙里一看，猪油一滴不剩。猫回到家就把我祖宗吃了。

我们老鼠的一生都被它毁了，但我们做子孙的，谁也不能怨，怨只怨我的祖宗贪婪！——于是我们的鼠类流传的谚语是——做鼠填饱肚子即可，千万不能贪婪。

“一失足成千古恨”，老祖宗一时贪吃，给我们后人造成千古磨难：

我们现在过冬连食物都很少，在街上走，形成了“老鼠过街，人人喊打”的不良局面。

我们的祖宗太可气了，但祖宗的事只是祖宗的事，我们没有回天之术。但我用我的鼠眼发现，“现在的人也很贪婪，他们是否也会给子孙后代留下后患呢？我很想用我们老鼠的名言给人类敲响警钟”！

评语：晨曦，读读打印的文章，看看哪是我修改的，哪是你写的？用笔标出我修改的地方，读一读，写出心得体会。其实你本文最大的优点是修改了故事，偷换了故事的主题，使你的文章立意新颖，特别是结尾，更是寓意深刻而没有丝毫牵强。

本文的肖像、动作描写有所欠缺！

相信你有火眼金睛的王老师

2008-4-2

老鼠的自白书

四年级　张岚清

任“我”的身躯钻进黑黑的地洞，
任“我”身后追着贪吃的老猫，
“我”是一只可怜的，受人欺负的老鼠。

曾被一只只花猫追赶，最后死里逃生；
曾差点儿被鼠夹夹住；
也曾差点被毒药毒死。
“我”为什么要忍受这么多的危险？
难道“我”真的胆小，爱偷东西吗？

“我”的确偷过东西；

“我”也的确在房子里打过洞；
“我”更偷吃过粮食。
但，也请人们原谅。
“我”干的这一切究竟是为什么？

为了安家，
为了吃饱，
为了生活，
对一只只求生存的老鼠，
又能有什么苛求呢？

“我”不需要像孔雀一样美丽的羽毛；
“我”也不需要像老虎那样大的眼睛；
“我”更不需要像猴那样聪明的脑袋。
但，“我”需要人类的理解，
希望他们理解一下，
我这只可怜的、小小的老鼠。

评语：岚清，仿写比较成功，语言很有感染力。但从我的修改中你又能体会到什么？如果能在诗中加上肖像、动作文章会更好。

2008-4-3

老鼠的自白书

四年级　楚亚涵

“我”是小老鼠——咪咪。“我”的头上戴着一个红色的帽子，上面画着一个老鼠和一些星星，脸上有一对大大的眼睛，大大的鼻子，小小的嘴巴，头部两旁还均匀地长着一对又大又圆的耳朵。

我特喜欢吃。有一天我打球回来，感觉非常饿，心想该去找吃的啦，于是我就把球放在了洞里。一出洞，看见一座房子，我跑进房子，来到厨房，看见一袋大米，我拿出一个袋子，把米放在袋子里，左手抓住袋子口，右手抱着往家跑，在路上，我高兴地笑着。回到家，我坐在桌子上，把米放在上面，就左手拿住一把米，右手拿起一把米，大口大口地吃起来。（动作描写生动形象）

还有一次，我来到一家饭店，钻进屋子把人家的衣服给咬破啦，这时，有个小孩子发现了我，拿起扫帚就打我，幸好我跑得快，要不然被他给打死啦。

（是否还少点什么？请补写一个结尾。）

评语：文章的真实是值得表扬的！小姑娘，你写这只小老鼠的目的是什么？想告诉大家什么道理呢？千万记住：不管写什么，自己得知道为什么写，想表达什么目的。

爱你的王老师

2008-4-3

我看老鼠

四年级 于培驰

我最喜欢的动物是老鼠。为什么呢？还得从“猫是老鼠的天敌”这句话说起。

对于这句话，我有不太一样的看法。因为在我的感觉中，我和妈妈也像他们一样善斗，我好比老鼠，妈妈好比猫，为什么这么说呢？因为我和妈妈经常吵架，而且每次都是妈妈赢，我最后还得挨一顿打，所以我非常不服妈妈，把她看成敌人。但我们却是一对欢喜冤家，打上一仗，好上一天，天天如此，周而复始。

因为自认为是老鼠，所以对小老鼠也关爱有加。“小老鼠”一个小不点，一个不起眼的小动物，长相很可爱，现在人把它关进笼子里供人参观，还得到了实惠。我很喜欢它，有时也恨它，因为它经常偷吃农民伯伯辛苦种出的粮食。

老鼠，我终于体会到了你有多么可怜，在你磨牙的时候就咬别人的衣服；在你饿的时候偷吃别人的东西；在你身患疾病的时候，你却将身上的病菌散布在人间。

可想一想，人与动物生活在一个地球上，小老鼠们饿的时候去偷吃并受打。想想也很可怜的。我有点怜惜你们——小老鼠。

评语：看看老师的修改，想想修改原因是什么？因为你很爱学习，所以我想让你自悟，自己提高。

2008-4-3

猜猜“我”是谁

三年级　何英华

“我”是一个与猫有大仇的小动物。因为猫天天欺负“我”，害得“我们”的家族越来越小。

“我”长着小小的眼睛，绿豆般大小的鼻子，尖尖的嘴巴，灰色的毛，长尾巴，看着既小巧又可爱。可是，人类就是不珍惜我们那宝贵的生命，用药来药“我”，或用夹子夹“我”，反正，什么可怕的方法都用上了。

人类还不给我们粮食吃，逼得我们只能偷食吃。记得有一次，我们实在饿得不行了，就去他们家里偷东西吃。当我们小心冀冀地爬到厨房，看到了美味的烧鸡，正准备去偷，却被人发现了。这次行动伤了我们很多兄弟姐妹。

看到被杀的兄弟姐妹，我们怎能不生气呢？但想想我们的所作所为，也觉得有点儿对不起人类。我们为了填饱肚子，不是把他们好吃的东西给吃了吗？我们为了找一个舒服的地方磨牙，不是把他们的生活用品咬烂了吗？有时因为我们不讲卫生，还给人类传播鼠疫……伤心之余，我们也该好好改正自己的缺点了。为了与人类和平共处，我们应该从自身做起！

现在猜出我们是什么小动物了吗？我们就是小老鼠。

评语：写作比较成功，语言很有感染力。但从我的修改中你又能体会到什么？如果能在文中加上肖像、动作，文章会更好。写文章一定要写真。

2008-4-3

猫和老鼠

三年级　胡润泽

这儿有只可爱的小老鼠，只见它摇着尾巴，眼睛欢快地转着。我尝试着摸摸它光光的身子，猜想它没毛的原因。它丝毫没有害怕的样子，温顺地趴在我手下，看他倒像大少爷一样。

我们正尽兴地玩着，猫也出来了，它们俩正好碰着。猫看到了美食就去抢，老鼠也早吓得窜啦。猫跑的是快，但老鼠已钻到了洞里，它只能待在外面干着急。猫不大一会儿就用那长长的胡须探探老鼠洞，老鼠可非常聪明，拿起剪刀，把猫的胡须给剪了，猫痛得只得离开。可把我笑坏啦。心想，小老鼠个头不大，尖头尖脑的还真聪明。

评语：今天的语言很优美，相信你今天的收获也一定很大！坚持下去，你一定能成为一个优秀学生。（能写就是胡润泽的进步！其实润泽应该是个有心的孩子，相信有了今天良好的开始，就一定有润泽成功的一天。）

2008-4-3

老鼠的自白书

二年级　王煜夫

"我"是一只小小的白老鼠，"我"的鼻子长长的，因为我的鼻子很灵敏。另外，我鼻子上还有6根细小的胡子，一双明亮但小巧的眼睛，大大的嘴里有两个大大的牙，耳朵大大的，立在脸的两旁。

因为我怕猫，所以我只要听到猫的声音就赶紧跑，并且我有决心能跑过猫，要不然我就得遭殃了。因为跑不过它我就得成为他口中的美食。所以，我的四只小腿，不仅机灵，还特别有劲，不信，你看！

今天，我和伙伴去偷吃面包，刚到那儿，老猫就发现了我们，我俩撒腿就跑，猫干着急，就是拿我们没办法！

评语：把修改后的文章，读读背下来。（二年级的孩子能写这么好就是奇迹。其实你的成功就在于你写的很真，孩子，手写所见、所听、所想，就是好文章！）

2008-4-3

“写写身边的人和事”系列（十六篇）

大胖墩

二年级　王煜夫

我们班里有一个大胖墩。他戴着一副眼镜，上身穿着蓝色的褂子，下身穿着黑色的休闲裤，脚上穿着运动鞋，性格很暴躁，动不动就和别人打架。（肖像描写比较成功！）

评语：二年级写的很棒！小家伙，你能棒到底吗?！相信你！

想摸摸你的聪明脑袋的王老师

2008.4

瞧这小子

二年级　王煜夫

你瞧这个人！

背着手，弯着腰，歪歪扭扭地站在讲台上。耷拉着大脑袋，还有点不好意思呢！

上台后的他开始读作文了，脑袋扎到"作文本"里，嘴里哼哼叽叽，到底读的是什么，可能只有他自己知道。再加上他抓耳挠腮的滑稽像，逗得大家哄堂大笑。

他的脸扑哧一声红了……

评语： 夫夫，你最聪明的地方是你的"想法奇特"，以后善于把自己的想法写出来，那你就不得了了！——大作家，想当吗？

爱你的王老师

2008-3-13

多变的王老师

濮阳红蜻蜓艺术学校　二年级　王煜夫

王老师的头圆圆的，戴着一副眼镜。上身穿的是一件大毛衣，(是紧身的，还是宽松的？写出来。) 下身穿牛仔裤。从王老师的打扮你就知道她是一个（加一个词来写王老师的性格）的人。

王老师一会儿很温柔，一会儿很暴躁，两件事比起来，简直判若两人。不信，我告诉你：

(写一件温柔的事)

(再写一件暴躁的事)

我想用但不会用的词语：精神焕发、狼狈、疲惫不堪、判若两人、跌跌撞撞、顿时、精神抖擞、疲惫不堪、愁眉苦脸、对比手法。气喘吁吁、神清气爽、风尘仆仆、返老还童。

评语： 夫夫，你的积累很认真，能用上这些词语写两件事吗？如果能写出来，那你可就真棒了！写不出来但知道这几个词，理解这几个词语的意思，你也很棒！

喜欢你的王老师

2008-5-22

真诚的朋友

濮阳红蜻蜓艺术学校　何英华

我有一个好朋友，她叫黄静。

我喜欢叫她静静，因为她活泼机灵，真诚文静。她长得高高的，很漂亮，她经常绑着一个小辫子，走路时一摇一摆的，展现出了她的活泼可爱。静静的嘴唇红扑扑的，可漂亮了！她的眼睛亮晶晶的，像一个玻璃球镶在了她脸上。（肖像描写很成功）

她非常聪明，老师出的题没有能难倒她的。不管老师提问什么问题，她都把手举得老高，而且每次回答问题，都能又对又快地答上来呢！（小丫头，肖像描写很成功，但你是否感觉你的开头这么好，文章应该更好呀！结果你来了急刹车。不行，得写一件具体事。举一个她回答问题的例子，保证用上动作、语言、神态描写）

（加一个过渡句，让上下两段联系起来）

跳操时，她的动作很优美，也很协调。只见她紧跟音乐，一会扭屁股，一会扭腰，一会高高举起她白嫩的小手，一会又将胳膊直直地放到腰间。总之，这个小丫头什么都能做得很好。

这就是静静——我的好朋友，一个多才多艺的人。

评语：你也是个多才多艺的人！你的书法、你的朗读、你的写作都很好。如果你能再把人物的动作、语言、神态等细节描写出来就更好了。其实，三年级的孩子写得已经够棒了！

爱你的王老师

2008年5月22日星期六

我的弟弟

濮阳红蜻蜓艺术学校　胡润泽

我的弟弟非常可爱，他有一张嫩嫩的脸，还有一双明亮的眼睛。

两个圆圆的小耳朵均匀地分布在脸的两边，那张大大的嘴，口齿清楚，表达清晰；再加上他那小小的鼻子，简直是帅呆了、酷毙了！这就是我的弟弟李昊。

聪明的弟弟有很强的模仿能力，不信，你看——

今天，我去弟弟家玩，中午我们正在吃饭，我不小心摔了一跤，我那可爱的弟弟马上也摔了一跤，并且连摔跤的姿势和动作都是原版下载我的，丝毫没有变化！逗得大家哈哈大笑起来！

（其实，你弟弟还有很多事，比如小时候要红包的语言，现在学习时的要强表现，滑滑板的滑稽动作等，选择一件写下来，好吗?）

（根据以上事件，用一句话概括弟弟做结尾。）

评语：润泽，其实你真的是个聪明的孩子，你要是学会坐下来用心学习就好了。记住，一定要根据老师的要求，修改文章，再偷懒，杀无赦！

小伙子，加油！

信任你的王老师

2008-6-22

淘气的姐姐

濮阳红蜻蜓艺术学校　骆令达

原文：

姐姐的眼睛很小，带着一副眼镜，鼻子很大，耳朵很小，姐姐有一张能说会道的嘴。

我的姐姐很喜欢跟小孩玩，姐姐长着美丽的头发，衣服很漂亮。

今天，妈妈在做饭，姐姐在玩。妈妈说：“别玩了，该吃饭了。”姐姐就说：“我不吃，我想玩。”妈妈很着急，妈妈走进来了，姐姐还在玩，妈妈吵她她也不听，妈妈就火了。妈妈就动手打了姐姐，姐姐哭了，饭都糊了。爸爸来了，说：“怎么了?”妈妈说：“该吃饭了，不吃，光玩。”爸爸说：“不想吃就玩。”爸爸把妈妈拉走了。

姐姐真是个淘气鬼。

修改后的文章：

我的姐姐是一个漂亮的人，虽然她的眼睛很小，但鼻子上架着的那副眼镜却让她显得很有文化；鼻子很大，与那双小小的耳朵极不相称，这些缺点，都让她那张能说会道的嘴跟盖住了。而我喜欢她，是因为她喜欢跟小孩玩。

今天，妈妈在做饭，姐姐在疯狂地玩（补写出玩什么——）。妈妈说："别玩了，该吃饭了。"姐姐就说："我不吃，我想玩。"妈妈一连叫了好几遍，姐姐跟没听见一样。妈妈很着急地走进来了，姐姐还在玩，简直是无视妈妈的存在。妈妈的脸都气红了，扯着嗓子喊了起来，妈妈这样吵她她还不听，妈妈就起火了，动手打起了姐姐。姐姐哭，妈妈打，家里都乱了套，我闻到锅里的饭都糊了。看着妈妈还没有停下的意思，我赶紧走上前去，连喊带拉起来！

爸爸来了，生气地问原因。妈妈说该吃饭不吃饭，一直玩。姐姐在一旁撅着嘴，一声不吭，看来淘气鬼终于认错了！

最后，爸爸把妈妈拉走了。

这就是我的姐姐，一个假小子一样的淘气鬼！

评语：令达，按老师的修改意见修改文章好吗？读读改后的文章，对比一下原来的文章，你能发现什么？聪明孩子，你得学会每天进步一点点呀！

祝你进步的王老师

2008年6月22日星期六

美丽的王老师

有人说老师是辛勤的园丁，还有人说教师是塑造人类灵魂的工程师。我倒觉得我们的王老师是普通的人，是像我们朋友一样的人，更是一个美丽的人！不信，你们看——王老师长着圆圆的脸，高高的鼻梁上戴着一副眼镜,红红的嘴唇,讲课时露出洁白牙齿,身穿灰色的大毛衣,像裙子,下边穿一条牛仔裤,看起来不仅十分漂亮,而且是一个有学问的人。(谢谢夸奖,我的修改是不是有点老王卖瓜,自卖自夸了?)

王老师每次给我们上课,同学们都特别专心听,老师用的词语和精彩句子,讲得非常好,教我们怎么去写作文、审题……

(能选择一个老师上课的具体例子吗?如果用上"动作、语言加上你的心理描写"可能会使老师的形象更清楚。补出例子:)

(本段放在最后)王老师就像蜡烛燃烧了自己照亮别人,我喜欢您老师,多么可爱的王老师!

评语:老师看出来了,你很想把今天的作文写好,并且你还把你平时的积累都用在作文上,表明你是个有心人,但记住"写人离不开事,写事离不开人"!没有事例的人物太虚,给人模糊的感觉。相信功夫不负有心人,只要按老师的修改去改作文,你一定会成为一个写作高手。

盼你成功的王老师

2008-6-26

我的朋友于晓萌

濮阳红蜻蜓艺术学校　邢振铎

于晓萌有一双葡萄似的大眼睛,鼻子高高的,像个高傲的人,有一双能说会道的嘴巴,一双有力量的手,两条长又粗的腿,爱穿洁静的牛仔衣服。

告诉你们一个小秘密——他最无聊的时候总爱给大家乱。(这种语言很吸引人!)而我最烦的就是他捣乱!他有多烦人呢?你一听就知道了——

在一节自习课上,我在写作业,他就朝我坐的地方投废纸。我不理他,他越玩越来劲,使我写不成作业。我想了想,我在(再)忍一会，给他一次改过自新的机会，如果他在（该怎么改啊？再）投我，不把握住这次机会（我很想暗暗原谅他），我就告诉老师说他上课给我捣乱。果然不出所料，他还在投我，（我）无奈地告诉了老师，老师把他教训了一番，我对他说："活该，不是我没给你机会，是你自找的，我也没办法。"

于晓萌虽然爱捣乱,但也乐于助人,就拿上次修车的那件事来说吧。

有一次，我在下面遛车，不小心车链子掉了。我也不会修，这可让我左右为难了。忽然，于晓萌疑神疑鬼（故作神秘）地说："怎么了，车链子掉了，你怎么不修呢？哦，我想起来了，你不会修链子，对不起，我把这事给忘了，为了补偿你，我帮你！"看他那能样，简直他就是大慈大悲的救世主，我才不用你修呢。还未等我回答，他便蹲在我的车子旁，更没看清楚他是怎么弄的，三下五除二，车链子已被他修好了。这小子，动作真够快的！我再不说话他该说我不懂事了(注意主动句和被动句)。我不好意思地说："谢谢你帮我修链子。"但我心想，他怎么修得那么快?我还得向他学学怎么修的呢，要么以后还得让人家帮我修链子，显得我笨手笨脚，太没面子了。

你还别说，就这样一个调皮鬼，就这样一个热心人，我俩却成了一对欢喜冤家，特别是修车事件，让我俩成了好朋友。

评语：小伙子，我越来越欣赏你的雷厉风行了！说你邋遢吧，你丢三忘四，说你敏捷吧，你还真行，三篇文章齐刷刷地放到我的邮箱里。孩子，努力发挥你的聪明才智，铸就你小学生涯的最后一段辉煌吧！

对你充满信心的王老师
2008年7月26日星期三

我的弟弟

濮阳红蜻蜓艺术学校　邢振铎

我的弟弟有一双水灵灵的大眼睛，有一张大大的嘴巴，个子不高不矮，一米四五左右，有一个小小的鼻子。弟弟爱留短发，爱穿牛仔裤，爱穿大棉袄，弟弟最无聊的时候最感兴趣的事就是给我捣乱。(幽默风趣的话多说，可以将幽默风趣定为你的写作风格！)

他活泼（下面的事是说活泼吗？可以略写一件事表示他的活泼。）

活泼的他的确可爱，可调皮的他却让人生气！有一天晚饭后，我弟弟在做四年级的奥数题，我正在看电视，他一会儿用我的这个东西，一会儿用我的那个东西，他看我实在懒得搭理他，便装模作样地对我说：“我用一下你得（的）计算器可以吗？哥哥。”我说：“好啊，你拿去用吧”。

得到允许后的他，飞快地跑进我的屋里，好长时间没有出来，我感觉到不对劲冲进我房间时，一切已经晚了——我的屋子已被他玩得像刚刚打过仗的战场一样，很干净的屋子弄得脏兮兮的，好歹把他请出房间，麻烦事又来了——

他竟然把我哥哥送的计算器摔坏了！他摔我的计算器时我正在看电视，想他刚刚被我训了一顿，还不老实一会？我错估他了，这小子趁我没注意，拿着计算器就使劲向下面摔去，只见碰了一下学习桌，计算器就坏了。我生气地说道：“你怎么那么不小心啊，你故意的！”他却害怕地说：“哥哥对不起，我不该玩你的计算器。”我气得不理他，那时从他的眼神中可以看出他内心很懊悔。我还能怎样，谁让他是我弟弟呢！

这就是我的弟弟，一个天真、可爱、活泼、调皮的小男孩。

评语：想得好，用词也很好！如果将想到的用心写出来，你的文章会更好！肖像描写成功后，还得练习人物的动作、语言、神态等细节描写！加油，成功在向你招手。

爱你的王老师

2008年7月26日

爸爸酷

濮阳红蜻蜓艺术学校 刘姿好

哇，我有一个很酷的老爸，眉毛往上翘，丹凤眼，头发造型也很漂亮，说起话来神气、清爽，一见就使人产生爱慕之心。（恭喜你有个好爸爸！有了你的神笔，你的爸爸更酷了。）

有一次老爸喝醉了酒，回到家，一摇一晃地走了进来，脸蛋红红的，像“猴屁股”一样（比喻很好，但总觉得比喻爸爸有点不礼貌，换个比喻好吗?），脸上苦笑着，有点害怕的样子，可越这样，越像个流行帅哥。

我坐在客厅里正美滋滋地欣赏这位“帅哥”，突然一个“巨人”手掌猛得把我抱了起来，掐住我的腰，将我举过头顶，我吓得全身发抖，我更加疑惑不解，爸爸平时挺喜欢我的呀！在我连打带喊的求助下，他非但不放我，还高兴地说：“我要把你扔下去！”我小心地抓住门，挣扎起来，我终于逃出了“魔掌”；可是我刚下来的第一步，又被爸爸抱了起来，他咬着牙，皱着眉头，一副恶狠狠的造型，肯定在逞能。我说：“一点都不好看。”他好像不灰心，去镜子面前拿了梳子，开始整理发型……，一分钟，两分钟……，半个小时过去了，他才肯罢休。他脸上的红色渐渐消失（但“猴屁股”也在逐渐消失。删除此句）。哇！还真酷。前面的头发尖尖的，后面的头发直直的，一个标准的酷哥出现在我的眼前，酒醉后的他还真酷！

平时清醒的时候，爸爸就爱打扮自己。记得有一次，他正在对着镜子打扮，我和妈妈都在偷笑着看他——爸爸先是精心梳头，然后把胡子刮了刮，洗了洗脸，戴了一个帽子，穿了件大衣，不拉拉链，敞着口，两边大衣角一晃一晃的跟模特一样的出了门。天哪，爸爸这是怎么了？还真想当个“流行酷男子”。

后来，我才知道：（请补写爸爸打扮的原因，表明爸爸的什么性格?）

我的爸爸做起事来雷厉风行。打扮也很酷，眉毛向上挑，头发有规律，笑的时候，绽开了花，真是我心目当中的模（榜）样，好帅，我的酷爸爸！

评语：写任何事，都得为中心服务！你给爸爸的想象描写很成功，但你忘了第二次描写的作用是什么，你的爸爸仅仅是外表酷吗？肯定不是，一定是心灵也酷，文中的第二次打扮是有原因的，写出来文章就完美了！

与你一同进步的王老师

2008-7-26

“淘气包”刘文宇

四年级　张岚清

一双小巧玲珑的眼睛，脸蛋圆圆的，还有几个黑斑，颇似一个小丑儿，非常可爱。两片儿红红的嘴唇一看就很好笑，圆圆的脸在一头黑发的衬托下显得更加帅气。这就是我们班的“淘气包”，名叫刘文宇，一个非常淘气（不用“淘气”，避免与上文重复，改为“有活力”）的小男孩。

别看他模样长得挺帅气，可要是淘气起来那可不得了。不信，请你欣赏——

这是一节音乐课，他没有专心听讲，在座位上跳舞。一会儿左三拳，一会儿右三拳，一会儿脖子扭扭，一会儿又屁股扭扭。过了一会儿，他嫌这样玩没意思，就用白纸叠成了个“金箍棒”——用纸叠成的棒子，打来打去的。有时学孙悟空，有时可笑地说：“呼呼哈嗨，我会使用双节棍，一呀呀嗨——！”让人哭笑不得，有时又把棒子抛出去，又接住，让好多人笑得前俯后仰。最后，他因违反了“上课不遵守纪律”的班规，而要被老师强行拉出门，但他就像爬山虎的脚一样牢牢地扒在桌子上，免得被老师拉出去。最后还是被老师连桌子带人一块儿请了出去，让全班同学哄堂大笑，我笑得都肚子疼了！

这就是我的同学，一个非常淘气的同学。

刘文宇同学虽然是个淘气的小孩，但我非常喜欢他。因为他还——：（请补写一件让人喜欢的事）

评语：你喜欢他，肯定不仅仅是因为他的淘气，还有什么？再写一件让人喜欢的事——比如热爱班集体、心地善良、聪明等，能选出一件吗？要不然我们这位主人公会显得很没规矩，如果让他的童真童趣再显示一下，那就是活泼可爱的新少年了！

你的王老师

2008-8-24

"狼狈"的王老师

（题目真实，很吸引人）

濮阳红蜻蜓艺术学校　于培驰

短短的头发，小小的鼻子，一张不大不小的耳朵，和一头乌黑的头发，再加上一双被眼镜覆盖着的眼睛，便凑成了我的王老师。（你小子写得不错）

王老师戴着一副眼镜，看上去知识很渊博。老师讲课可是一说一大堆的词语，一说一大堆的美句。王老师讲课一点也不快，眼睛好像发光，让我们都想听她的课。别看老师来时这么斯文，这天我可抓住老师的狼狈样了。（语言朴实自然）

一天课间时，我正在和同学打着玩，只听门响了一声，我们的目光马上投向那里，我们一看，王老师弓着腰、弯着背，跌跌撞撞，从外面气喘吁吁地来到了教室，天哪！此时王老师的脸色发黄，头发特别乱，衣着不整齐，眼睛睁不开，像是刚刚跑完马拉松一样。正在我们对王老师的举止进行猜测之时，王老师气喘吁吁地说："对不起，我迟到了，我一口气跑到四楼，因为刚才去开会了！"

这时，有一位同学给老师拿了一个凳子，老师坐上去，还在大口地喘气，“同学们，快点抢我的镜头——邋遢大王王老师进行写作训练!”哎呀，也只有这个老师，时时不忘写作。你还别说，这时写她还真不难，你看同学们的动作和表情就知道有内容可写！真是见缝插针的老师。

同学们笔还未停，这个王老师就精神抖擞地站了起来。只见老师把外套一脱，右手好像给自己洗洗脸，又用两手捋了捋头发，嘴巴、眼睛配合做了几个古怪的动作后。哎呀，脸色跟刚才大不相同了，头发像是用梳子梳过一样，精神十足的样子。此时的衣服也显得整齐了，连身子也变得笔挺顺眼！现在的王老师跟刚才大不一样，简直是判若两人！

这就是我的王老师，她可不是我“狼狈”的王老师了，她是我精神抖擞的王老师！

评语：真实是文章的本色，你的本篇文章就是具有本色的文章。不过在文章本色的基础上，你得学会写完整的事，写有意义的事，写能表现人物性格的事。明白我的意思吗？

欣赏你的王老师

2008年9月27日星期四

我的弟弟

四年级　何璐畅

说起我的弟弟，我会情不自禁地说，三天三夜也说不完。

我的弟弟是个爱哭鬼，也是个胆小鬼。如果想把他弄哭，对我来说那是张飞吃豆芽——小菜一碟。我的弟弟有一对小巧玲珑而精神的眼睛，大大的耳朵和瘦小的身材，让人感到精灵古怪。

记得上一年，我去捉蚂蚱，可弟弟怎么也不去，我好说歹说才把他叫了出来。我不一会捉了好几只，突然有人大叫一声，我一看原来他旁边有一只小蚂蚱。我曾经和他说过多少遍：蚂蚱不咬人！没事儿，可他丝毫没长进。什么？你说我给他说得少？我说过多少次,只有天知道。

有一次我们在家玩游戏，他一不小心摔倒了大哭起来。大人们见了说：“是不是你又欺负他?”我说不是，可大人们却说不是你是谁呀，我是跳进黄河也洗不清了。

还有（别看他小,）他可是家里的二把手，除爷爷外他可是第二。他犯什么错了一律不批评，而我做的事甚至有时不管对错一律批评。如果只有这些我就谢天谢地了，他犯的错和我有什么联系的话，那就是我没错也得有错，百分百把错误转让给我，唉！我无能为力呀！一张嘴斗不过几张嘴，人多力量大，人少力量薄（谁让咱势单力薄了）呀，就是我再聪明，我自己的力量再多（大）也是没用，因为谁都知道“三个臭皮匠顶个诸葛亮呀!”

我对这个弟弟是也爱也恨哪！（我读这句话怎么不对，先不考虑中心，你应该落脚在也恨也爱上，让爱作为压轴戏。再回头读全文，你写到弟弟的可爱了吗？要知道，最后一句点明中心的句子，必须围绕文章的中心、重心点评。）

评语：力争让平淡甚至是稍有恨意的调皮，写得字里行间透露出可爱，以表达对弟弟的真爱。

王老师

2008-9-29

瞧，那臭小子

（题目自然恬淡，很真实）

濮阳红蜻蜓艺术学校　何璐遥

一天，我们上学去了（改为：上课铃响了），老师走进教室说：“同学们，今天考试。”老师发了卷子，因为有事就走了。（我觉得这位老师不是太负责任。）

突然，一个同学上到课桌上用脚踩着卷子走了过来（一圈）。他踩了好多卷子，还踩坏了几张。（同学们的表现如何？能补写出来吗?）

过了几天，又要考试，他又用脚踩了很多卷子。（老师知道这件事吗？老师是怎么做的？能补写出来吗？）

我这个同学长的脸是椭圆的，很胖。他是个调皮的孩子，我们都希望他改好。

评语：二年级的孩子写出这么好的文章，真不简单。你真是个有爱心的孩子，并且你很有眼光，会观察，如注意一下写作顺序，文章会更好。相信你一定能成为一个会写作的孩子。

喜欢你的王老师

2008-9-30

一位爱笑的老师

濮阳红蜻蜓艺术学校　张岚清

这是一位能说会道而又爱笑的老师。

一上课，她总会有好多有趣的游戏等你参加，并且她的游戏常常让我们捧腹大笑，但更多的是锻炼我们的能力，培养我们的习惯。

记得在一次写作指导前，老师笑嘻嘻地说：“请同学们用你的左手抓你的右耳。”老师在夸张的大笑声中将自己的左手指在她自己的脑门上。同学们在她的诱导下，不自觉地将自己的手也指在脑门上。老师笑哈哈地说道：“孩子们，左手指到右耳上——右耳上！”我们才回过神来。

老师笑着说：“臭小子们，你们的耳朵和脑子哪里去了？看我的动作倒蛮准的！用心开始——将你的左手指到脑门上——”又有人将手指到耳朵上，哈哈哈，在我们的笑声中开始了我们的写作课堂。

课前游戏是王老师激发我们兴趣的绝活，上课的活动更把我们带到写作的课堂——

记得那是一堂绘画写作课，王老师让我们都到黑板上画画，想怎么画就怎么画。于是我们这些疯狂的孩子们便疯狂地画开了——天安门上小鸟飞，鲤鱼来到八宝山，太阳笑了，小鸟哭了…… 总之凡所应有，无所不有。我画的是一条鱼，老师给它添了一只翅膀，于是我便想起了“气球鱼历险记”，另一个女孩子则想起了“小鲤鱼历险记”。我在带翅膀的鱼旁又加上水纹，在水里又画了海带等水草，标上“水下飞鱼”的题目。

一节课我们画了满满一黑板，我们说的磨薄了嘴唇，我们写的累酸了手……一节课，我们忙碌着。

这位老师，真行！

评语：写真是本文的特色，语言描写又成了真的根本，本文的语言描写很成功。如果我是你，我还会适当地找地方把王老师说的话点评一下，起到画龙点睛的作用。

你的王老师

2008.9

真的勇士

二年级 赵欣

有一名军人，姓丁名小兵，他是一位顶天立地的男人。

丁小兵抓敌人的时候，右胳膊被炸断了，人被炸晕了。丁小兵醒来后一个敌人正好也醒了。丁小兵扑过去想伸手掐住那个敌人，但是他的骨头扎在了地里，这时候他才知道自己的右胳膊炸断了。抢救了两天三夜才把丁小兵救了过来。

在一次发大水的时候，别人都用双臂扛沙袋就行了，而丁小兵只是用左手挨着墙，再用膝盖来帮忙他才能背动。他说过这样一句话：“共和国，请允许我用左手敬礼！”主持人评价他说：“我们以他为骄傲，战时能舍身，平时能忘我。从逆境中保持清醒，沙场带兵敢称无愧无悔，把守国门能说有骨有节。他像一把号角让理想与激动在士兵心中蔓延。”

丁小兵一条臂膀也能撑起血染的军旗，他是真的勇士！他的精神、他的意志都值得我学习，我真的好感动！

评语：坚持、坚持、再坚持，你一定能成功！欣欣，其实，你是很棒的！大家都喜欢。（本评语看似与文章内容无关，其实就本文来讲已经是赵欣同学的最棒了，因为文章中的每一句话都是赵欣同学用心听来的。这也是笔者写评语的特点，鼓励在前，写的真实就是好为次要条件，语言优美感人那是最高条件。相信有了老师的欣赏，赵欣是会更优秀的。）

Yours Wang

2007.11

“看图写文”系列（八篇）

猫和小鸟的故事

二年级　王煜夫

有一只刚出壳的小鸟在枝头上歌唱，她用好奇的眼睛看着这个漂亮的小树林，她真喜欢这美丽的春天。

突然，一阵冷风吹来，这只太小的鸟竟然被风吹到了地上。她扑扑翅膀，想飞却怎么也飞不起来，你看，她的羽毛还未丰满起来呢！她焦急地四下里看，哭着叫妈妈。

这时，有一只觅食的猫走过来了，他听到叽叽的鸟叫声，两只眼睛瞪得圆圆的，耳朵都竖起来了。于是，他迈着轻轻的步子，循声走去，坏了，眼看小猫就发现小鸟——

就在这时，小鸟妈妈赶来了，她拼命地用嘴巴啄小猫的眼睛，小猫吓跑了。这只猫生气地边走边喊：“下次，我再吃你！”

鸟妈妈搂着小鸟说：“孩子，快快锻炼，等你有本事了，它就不会欺负你了。”

评语：煜夫，你的想象力实在太丰富了！老师真的好喜欢你。二年级的学生，写的很清楚，还用了好的描写。小伙子，加油！

爱你的王老师

2008年11月24日

小鸡历险记

三年级　楚雅涵

绿茵茵的草地上有棵树，树杈上有个蛋，是鸟妈妈生下来的。在一个天气很好，小草很绿，小花笑掉了大牙的下午，鸟妈妈出去找吃的，鸟蛋一摇一摇咕噜一声从树上滚了下来，蛋裂开了，一只不到一寸的可爱的小鸟蹦出来了，小鸟好高兴啊！

小鸟左看看右瞧瞧，自言自语地说道："呀！世界原来这么美丽呀！可惜我还看不到整个世界，不过，四周可比我在蛋壳里好看多了。"（再补点小鸟看到的美丽景色）

忽然，有一只饿极了的小猫走了过来，小鸟的心里一下子紧张起来，心想：小猫会不会看见我呀！要是看见我了，我又该怎么说呢！不到一分钟，小猫看见了小鸟，猛扑过来，一下子来到了小鸟的面前。小猫的心里有说不出的高兴，他对小鸟说："哈哈，小东西，你可轮到我吃了，乖乖地做我的美餐吧！"（语言生动形象）

小鸟心里好紧张呀！想想出生还不到半天，就让别人做美餐了，急得大哭起来："妈妈，快来救救我呀!妈妈快来救救我呀!"

小鸟哭得好伤心啊!或许是小鸟的哭声太凄惨，让小猫有些不忍心了。小猫笑呵呵地说："小鸟我不吃你了，以后你要注意安全啊!"

小鸟脱离了危险，也记住了这次教训，再也不敢乱跑了。

评语：读着你的文，好比看到你的人，你不知道老师有多喜欢你！喜欢你的作文有新意，喜欢你的作文有独特的细腻描写，但我可不喜欢你潦草的字体！

盼你书写认真的王老师

2008年12月1日星期六

小鸟历险记

三年级　赵鑫

在一棵茂密的大树上住着一个鸟宝宝和鸟妈妈，他们过得很幸福。

有一次小鸟实在是太饿了，妈妈赶紧去找食物，小鸟在家里等着，他等得实在不耐烦了，就探出头来看看鸟妈妈来了没有，小鸟吃惊地发现：春天来了，树上的嫩芽抽出来了，地上的小草长出来了，很多小鸟也飞出来了……小鸟看得入了迷，身子不由自主地往外挪……“扑腾”一声掉在了绿油油的草地上。

“啊！真疼呀！”小鸟想飞到鸟窝里，可怎么也飞不起来，未见过世面的小鸟急得快哭了。越是着急越出错，这时，竟然有一只小白猫走来了，看起来他也饿了，很想找些东西吃。只见这只小猫东张西望，他忽然发现了一只可爱的小鸟，他一想这只小鸟的肉一定又嫩又香，不如把小鸟吃了吧！他一边想，一边朝小鸟走去……

小鸟很害怕，对猫说：“猫哥哥求求您放了我吧！如果您肯放了我，我会报答您，好吗？再说我们都是动物，还都有生命。”小猫看着可怜的小鸟，竟然想到他妈妈失去儿子的可怜相，觉得小鸟说的话也很在理，他竟不舍得吃小鸟了。他便将小鸟轻轻地衔起来，送回了鸟窝。

小鸟得救了，鸟妈妈回来了，小鸟把事情的经过告诉了妈妈，鸟妈妈夸小鸟真是一个聪明的好孩子。小猫是个有善心的孩子。

评语：用词准确，好词好句多，感情深。对话描写生动形象。景物描写好。

希望你作文更上一层楼的王老师

2008年12月1日

小猫和小鸟

三年级　胡润泽

一天，在一片绿色的草地上有一只小鸟，屁股还坐在蛋壳里。一只小猫走来，小猫好像听见了什么。“叽叽叽、叽叽叽……”只见这只小鸟，忽闪着嫩嫩的翅膀，眼睛里流露出恐惧和害怕，嫩黄色的小嘴一张一合地叫着……小猫悄悄地走近小鸟，嘴里直流口水，自言自语地说道：“好鲜嫩的美餐哟。”小猫看到小鸟馋极了。

正在这时，鸟妈妈叼着虫子来了，看到小猫要吃小鸟的样子，立刻把虫子扔了，拿起电话打了“110”，“狗警长快来呀，小猫要吃小鸟了！”鸟妈妈焦急地说。

狗警长立马赶到现场，看了看情况说：“快把小鸟送到屋里！”小猫灵机一动说：“好吧！”小猫把小鸟放到鸟家里，趁别人不注意，就一口把小鸟吃掉了，狗警长发现了，也把小猫吃掉了。鸟妈妈嚎啕大哭起来，泪水唰唰地往外流！

狗警长说：“别哭了，将心比心。”

小朋友们，世界就是这么无情，我们一定要珍爱生命。

评语：小伙子，写得很好，但想一下，这样的结果多伤心呀！还不如让狗警长将小猫教育成一个好孩子呢！不过，本文你是作者，还是以你为主，我只不过提个建议而已。

喜欢你的王老师

2008年11月20日

小鸟和小猫

三年级　何英华

在一片青得闪光的草地上，有一个“叽叽”的声音，原来有一只小鸟，她的屁股还坐在蛋壳里呢！她的眼里还有着一种异样的光——好奇、胆怯。

突然，吹来一阵凉风，小鸟冻得直发抖，小嘴巴一张一合，又发出了“叽叽”的声音，嫩嫩的翅膀一鼓一鼓，努力地扇着，但她实在太小了，翅膀根本扇动不起来。

正在她着急的时候，来了一只猫，正在找食物，听到了叽叽的声音，往那儿一看，有一只小鸟，这可把小猫乐坏了，高兴得都差点坐地上。小鸟的眼神由胆怯变成了恐怖，看样子，小鸟很害怕。就在猫要吃小鸟时，小鸟想出了一个好办法，忙说：“猫大哥，你别吃我了，我们都是小生命，如果咱们自己杀自己的朋友，那不就没有人情味了吗?”小猫听了就缩回爪子，准备放过小鸟。

鸟妈妈正好回家了，一下子把它抱走了。小猫高兴地伸出手：“再见，咱们以后就是好朋友了。”

评语：小鸟的表情写得很成功，还赞扬了猫的同情心。外貌、语言、心理描写都很成功。通篇运用拟人的手法，很招读者喜欢。

愿你进步的王老师

2008-12-1

小鸟历险记

五年级　邢振铎

一个阳光明媚的早晨，青青的草地上，有一只刚出生的小鸟，他还坐在蛋壳里，像刚出生的小孩子坐在床上。突然一阵阵微风吹来，他扇动着翅膀，像一只展翅欲飞的雏鹰。但他怎么也飞不起来，不料被一只正在找食的小白猫看见了，小猫说：“哈哈，今天我有午餐啦！”小猫一步一步地逼近小鸟……

突然来了一只小黄狗，他对小猫说：“你不放开小鸟，我就把你吃了。”猫的脸气得像一个大大的皮球，猫马上捧起小鸟，把小鸟放回了鸟窝里，他说以后会像鸟妈妈一样给小鸟找虫子、找水，不让小鸟受半点委屈，小鸟的脸上像开了一朵花，灿烂地笑着，猫心里却非常不高兴，但他知道，假如不放开小鸟，他就会被狗吃掉的。

鸟妈妈回到家，听小鸟说了事情的来龙去脉，鸟妈妈非常感激地对狗说："狗先生，谢谢你救了我的孩子，我一定会报答你对我孩子的救命之恩。"这时，狗的脸上也像开了一朵花似的，灿烂地笑着。

鸟妈妈对它的诺言付出了很多，鸟妈妈每次找到肉，都会告诉狗，狗也是这样做，每当小鸟遇到困难时，狗都及时帮助它，最后，它们成了一对很要好的朋友。

可见，人人都需要朋友，互相帮助的朋友才是真正的朋友。

评语：比喻、拟人手法用得很多，语言描写也很优美。句子通顺流畅，会用好词好句，故事悬念设置的好。

祝你越写越好的王老师

2008-12-1

小鸟历险记

四年级　黎明月

有一天，一只刚出壳的小鸟，想出来看看外面的大世界，因为身子太弱小了，竟然"扑通"一声掉到了绿茵茵的草地上。

正在他着急呼救时，突然，一只小猫朝他走来了。只见这只小猫东瞅瞅，西看看，眼睛滴溜溜地转着。

小鸟更害怕了，吓得浑身直哆嗦："叽叽，叽叽，妈咪，妈咪……"这下可惹祸了，微弱的声音传到猫的耳朵，他快速朝呻吟声发出的地方跑去。

可怕的景象出现了——一只娇嫩的小鸟和一只馋嘴的猫见面了。小鸟拼命地缩着身子，小猫得意地捋着胡子："这么小的鸟，一定味道鲜美。"只见他两眼一瞪，两条前腿凌空驾起，身体向前扑去——

“猫崽子，你疯了！躲开！”一只老猫飞速赶来。将小猫撞了个趔趄。原来是猫妈妈及时赶来了。她扶起摔倒的小猫说：“孩子，我们动物家庭都在一起生活，我们应该互相帮助才对。再说，这只小鸟也是益鸟，长大后他还得给农民伯伯捉害虫呢！如果树有了病，他还能给树当医生，保护树木。你看看，这么有用的鸟咱们能吃他吗？”

小猫听了妈妈的话，低下头。他连连给小鸟说对不起。正在这时，鸟妈妈也赶来了，她问清事情的来龙去脉后，高兴地说：“谢谢！谢谢！让我们交个朋友吧！”两家人都幸福地笑了。

评语：语言生动形象，很清楚地讲述了一个童话故事。如果再在前面加入环境描写就更好了！一定把你的踏实、用功发扬下去！

2008年11月22日

小鸟历险记

四年级　何霏雪

非常晴朗的一天，阳光照在大地上，就像金子撒满了整个世界。鸟妈妈去给刚出壳的小鸟找食物吃。

鸟妈妈走后，小鸟对外界充满了好奇，便把头伸出窝外。他用好奇的眼神看着这个漂亮的小树林，他实在太喜欢这美丽的春天了。越看越想看，“扑通”摔了下去，正好栽到绿茵茵的草地上。一阵风吹来，小鸟感觉凉凉的，便张开嫩嫩的翅膀想飞回温暖舒适的鸟窝，可怎么也飞不起来。

这只着急的小鸟，张开黄色的小嘴巴，叽叽、叽叽地叫着，好像在喊“妈妈，妈妈……”这时，走来一只正在四处找食物的饥饿的小猫。只见他东瞅瞅，西望望，忽然听见了叽叽的叫声，他眼睛紧盯着地面，一点点地寻找，发现了毛茸茸的小鸟……心想：“这小鸟的肉一定很鲜美吧。”于是，他蹑手蹑脚地走到小鸟背后，张开大嘴要吞下小鸟。

正在这危急的时刻，出来玩耍的小狗看见小鸟要成为小猫的晚餐了，便一个箭步冲上去，凶狠地对小猫说："你要吃了小鸟，我就先吃了你!"小猫害怕极了，转身遛了。

鸟妈妈回来后，问清了来龙去脉，感激地说："谢谢你救了我的小宝贝，在你有困难的时候我会帮助你的。"说完带着小鸟回家了。

在小狗困难的时候，鸟妈妈遵守自己的诺言帮助了小狗。小鸟和小狗也成了一对好朋友。

患难朋友才是真正的朋友!

评语：小雪，今天就送你一句话："写作能达到吸引人眼球的目的，有两大绝招，一是有新意，二是有细节。"想想我说的话，把它用到作文上，你就是作家的苗子了。

盼你成功的王老师

2008年11月20日

"抉择"系列（两篇）

抉　择

三年级　胡润泽

今天，我和楼下的小朋友一起玩滑板，我们一会儿快滑，一会儿慢滑，一会儿转圈滑，我可是这帮小朋友中滑滑板高手哟。正玩得起劲，忽听有人喊："泽泽，去阿姨家看弟弟啦!"原来是妈妈叫我去阿姨家。阿姨家的小弟弟好可爱了，比我小三岁，每到周末都打电话约我一起玩，我们一起打游戏，一起放炮，一起滑滑板。弟弟虽小，但一点也不落在人后，事事做得都很认真，也很听我的话，我可喜欢他啦。妈妈一说去阿姨家，我就欢呼。

"哦，妈妈喊我，要去阿姨家了!"我激动地说。

"胡润泽别走呀，我们还要比个高低呢!"其中一个小朋友说。

"就是呀，别这么急着走呀，我还请你教我怎么上板滑呢。""是呀，别急着走呀!"小朋友们都不让我走。

我真有点舍不得走了，因为正和小朋友们玩得起兴，我们还要比赛呢，我很有把握得第一名，因为我是他们的滑板老师，我玩滑板玩得最早，我学会了，他们才买来滑板，然后我用我的经验教他们，比如：先让人扶着学平衡，然后学上板，最后是上板再用巧劲运板。我在这帮小朋友当中很受欢迎，也最有面子了，越想越得意。可离开现在的小伙伴跟别的小朋友比，就不一定有这优势了，我当然想一直当老大了，如果是你的话，也不会乐意马上离开吧。

可是我早已和弟弟约好去他家玩，做人怎么能不守信用呢？那怎么办呢？既想和这儿的小朋友玩，又想和小弟弟玩。你能给我想办法吗？“胡润泽，让你小弟来和我们一起玩吧，你就不用去找他啦。”我一听这主意不错，就让妈妈给阿姨打电话，让弟弟到我家来，和这儿的小朋友们一起玩。

这不是一举两得吗，我终于解决了矛盾。

评语：孺子可教也！今天的作文告诉了我你的进步，你超乎老师想象的进步！语言的真实，心理描写的细腻，润泽，有心插柳柳树能成荫！你的作文已经能和四年级的同学比美了！

相信你下篇文章进步会更大的王老师

2008.4

抉 择

四年级 张岚清

(开门见山，是好事，但开头能用优美的句子，可能会使文章出彩，请补写一个开头。)

那是一个星期天的晚上，我最喜欢看的动画片——《虹猫蓝兔七侠传》马上就要开始了，可是，第二天是星期一，该我们班升国旗了，如果我看动画片，睡觉晚了，明天上学可能会迟到，我自己多没面子啊！不看吧，我又很舍不得！

当时我心里非常矛盾，急得像热锅上的蚂蚁团团转。《虹猫蓝兔七侠传》那些精彩而又动人的画面一直浮现在我的脑海里，我不断地回忆着以前的《虹猫蓝兔七侠传》，心里难受极了。

再说，迟到可不是仅仅我自己的面子问题，那牵涉到的可是我们班集体的荣誉！我又想起以前迟到时候的狼狈样儿，心里也不知道是什么滋味儿，再说，这次又是我们班升国旗，如果迟到了，不但自己挨批评，而且还给班级抹了黑。并且，假如我错过了这次升旗仪式，就是失去了一次展示自我风采的好机会。我想象着站在主席台上那无比光荣的样子，心里不由有点儿想上床睡觉了。

我暗暗地想：还是顾全大局为重，升国旗比看动画片要重要多了，动画片我还可以看重播，但要是错过升国旗这个展示自我的好机会，说不定一生都没有机会站在主席台上了。

于是，我最终选择了睡觉。我走在回卧室的路上，身上感到无比的轻松、愉快。

我上床睡着后做了个梦，梦见我没有迟到，当我站在主席台上的时候，心里高兴极了。

评语：你的名字很吸引人，你的表现更吸引人，争取让你的文章最吸引人，有信心吗？孩子！其实你的写作基本功很好，你需要的是“文章的出彩”以及“文章的写作技巧”，而它们恰巧就在你的用心思考中。

Mrs.Wang

2008-3-13

“生活随笔”系列（两篇）

游仓颉陵

南乐县第一实验小学　王嘉希

昨天，王老师领着我和同学们去仓颉陵，不用我说，你们一猜，就知道我们玩得非常好。因为这不算是野炊，也可以说是夏令营吧！(对我们现在的学生来说，能走出校门，走向大自然就已经是万福了！何况，能师生同游，好友为伴呢？)

天呢？怎么这么慢呢？都7点半了，两辆小轿车才载着我们这20来人出发，尽管大人们都觉得太早，好些商店还没开门呢！

车在我们的催促下，在路上飞奔向目的地，在我一直埋怨车慢的抱怨声里，飞一般地朝仓颉陵进军。妈妈一直嘱咐“开慢点，注意安全”。

终于到了仓颉陵！进去以后，（补：我稍微有些失望，好像和我所见的寺庙一样），到处（加“都”）是一个挨一个的朱漆门。来回(换成“前后”）一共有四个，每一个里面都有泥塑的石像。边走边觉得无聊，心中竟涌出一丝不快之意。

虽然园里处处有仓颉的足迹，而令我记忆犹新的是仓颉像和仓颉造字的演变过程。

仓颉像，把仓颉做成了四只眼。为什么是四只眼呢？有两种理由，第一种是：仓颉非常有能耐，玉皇大帝又赐他一双眼睛，让他上知天文，下知地理。第二种是说：他生下来就是四只眼，因为有四只眼，所以才这么聪慧。

最有趣的要数仓颉造字了。整个墙面全是与字形有关的内容，通过一个个鲜活的例子，展示该字的演变过程。并且，我们还发现了六书。你们可能会问：六书是什么呀？那我就告诉你，六书是造字的六种方法，分别是：象形、会意、指示、形声、转注和假借。

仓颉陵转完了，改（该）吃午饭了，跟我一起来吧！

自评：通过这堂课，我学会写作文的一点技巧——在写景时，一定要抓住重点去写，不要像写流水账似的：先……再……，一定不能这样。只有把重点抓住，才能把写景的文章写好。

评语：小姑娘，你的细节描写和前后照应还得下工夫。前半部分改得较多，没用红笔，对比一下，写出感受。时间有限，不再表扬。

Miss wang

2009-10-09

红　薯

南乐县第一实验小学　王嘉希

今天，妈妈买了一堆红薯，放在桌子上，让我们挑选。

“这个好看，我选这个!”

“这块红薯，颜色漂亮，身材修长，我要。”

“这个又粗又短，肯定好吃，非我莫属。”

大家看到桌子上的红薯，都在争先恐后地选着。我选了一个又光又滑又饱满的大红薯，心里想着那红薯的好吃劲儿，嗯！我甜甜地笑了。

大家都选到了自己喜欢的红薯，但是桌子上还放着一个又烂又丑、身上还有几块伤疤的大红薯。它孤零零地躺在桌子上，没有人理它。

我不由自主地放下了手中的红薯，拿起了那块遍体鳞伤的烂红薯，轻轻地抚摸它。看着这个受伤的红薯，可想而知，它在小时候受了多少折磨。

这个红薯身上的十几个伤疤，估计是农民伯伯在刨它的时候，不小心用铲子弄伤的。而其他的大洞，是那些无情的虫子咬出来的。不过，可以看出，它并没有因为这重重的苦难退缩，而是勇敢地去面对，用自己剩余的力量，努力地吸收着大地的营养，用这些营养助自己长大。现在，长得比普通的红薯还大，真是不可想象。

再想想自己，遇到一点困难，就想退缩，比起红薯，我真有点惭愧。

可见，红薯不可貌相呀！我就选这块能带给我思考的红薯了，相信吃起来时它会比别的红薯更甜！

自评：一块小小的红薯，引起了我的思考，让我受到了一些启发，懂得了一些道理。真是“生活处处皆学问”啊！

评语：小丫头，明白王老师的写作生活化了吗？不仅是红薯，所有的动植物，所有的生活用品，所有人的言谈举止……所有的能入耳、入眼、入心的自然界，都是你的写作对象，真实是基础，感人是目标。王老师相信你既能做到真实，又能做到感人。

和你一样爱生活的王老师

2009年10月

备注：小学生例文笔者大部分选的是原始作品及原始评改，意在引导师生清楚地认识到“在写作训练时，只有写真实才能写出有个性的文章”。另外，根据学生写作情况，笔者针对每一训练选取了不同学生的不同作品，意在拓宽读者的思维，培养读者写作的敏感性，让读者在平常的生活中随时随地都能发现写作材料，达到“生活处处皆写作”的目的。再者，例文只选取了部分学生修改后的文章并与原文一并刊发，目的是引导学生意识到“文不厌改”。随文的点评性语言，目的是给读者留下想象的空间，甚至可以引导读者在原文上进行尝试修改，以培养某方面的写作能力。

后　记

我的“写作生活化，生活写作化”之路

曾经写过这么一篇《自题小像》：

山水边
住一过客
饱览自然景观
唯求一生顺畅自然恬淡

草木间
行一闲人
尽享雨后彩虹
只愿生活多彩诗意盎然

教室里
有一朋友
静观学生这道靓丽风景线
最盼幼苗变成大树浓荫遮天……

2003年从黄山参加“创新写作”会议归来后，我便莫名其妙地学会了思考，学会了渴盼，有一丝幼苗从心中悄悄生根、发芽，甚至长成大树，已经浓荫遮天。

伴随着课程改革的深入，我活跃的心变得更坚定，因为目标认定后的我已经走向成熟。

参加新课程培训会后，心中升起的是无尽的激动，尤其是孟素琴

老师的“洗脑”更让我理清了思路，调整了心态，当夜，便立下了雄心壮志——

心扉敞开迎课改，
风调雨顺润校园。
寄意幼芽苗茁壮，
我以我心献杏坛。

教龄的增长增加了我的教学实践经验，新课程的培训清洗了我的大脑，我的教学观、学生观也发生了翻天覆地的变化。我的心明亮起来了，再次奋笔嫉书——

自题小像

望着的不是学生
是希望
站着的不是课堂
是祖国的城乡
身后是一片
黝黑的沃土吗
耕种的已不再是大豆高粱
讲台，已是一座座大厦的象征
书本，已盛满四海知识的苍茫
那一头斑白的头发
是智慧的源泉吗
眼镜下的眼睛
便是那闪烁的烛光
希望真的很远吗
你看——
那深沉而自信的表情
多少希望

已成为身边的栋梁

一旦走进去，便发现教海真宽广——教育教学理论的引领是那样的科学，名人、专家的课堂是那样的充满智慧；自己的课堂同样是那样的趣味昂然，特别是与学生手拉手、心贴心的交流，又是那样的幸福和谐；自己的服务对象——学生，更是一潭春水，清亮、透明，令你激情荡漾……幸福地走进去，机智地领出来，让学习与生活接轨，让知识与能力并行！真正落实了大语文教学关。轰轰烈烈在教海漫游之时，拦路虎又出现了——真怕社会这个大染缸呀！

为了净化同学们的双眼，特别是他们的心灵，我们便喊起了“从我做起”的口号，我们设想了好多职务、好多场景，进行了“应该做怎样的人”的大讨论，我们通过诗朗诵、讲故事、演讲赛等形式，锻炼自己，陶冶自己的心灵。记得2005年暑假游桂林漓江后，我又来了一首《自题小像》——

丹心寸许育桃李
愁肠一点空忧民
毅然自比漓江水
青山伴随可净人

我就是我，我幸福地做着教师。幸福的我，自有我的幸福，不论走到哪里，我都是一个幸福的人。从教师走到教研员，我仍然是我，我仍然幸福地做着我喜欢做的工作，书写着我的生活，行走在生活化写作之路上：

丑居轩中，明窗之前。
肤色如铁，貌不惊人。
深吸宛然，风雨不惊，
虽是庸人，乃胜神仙。
心口常吟，笔墨长练。
虽曰傻子，也有烦煎。
不爱拘束，自医风寒。
文字尚通，乃悟真诠。
好朋久坐，纵论前闲。

后 记

喜寻知己，乐修丑轩。

潇洒、休闲，而又不失勤奋、执著的就是我，保持良好心态，幸福着自己幸福的人就是我，我幸福地做着我的工作，做着我自己……

王焕银

2010年4月1日